Android
移动开发
慕课版

明日科技·出品

◎ 陈佳 李树强 主编　◎ 谷灵康 副主编

人民邮电出版社

北京

图书在版编目（CIP）数据

Android移动开发：慕课版 / 陈佳，李树强主编
. -- 北京：人民邮电出版社，2016.4（2021.12重印）
ISBN 978-7-115-41830-2

Ⅰ. ①A… Ⅱ. ①陈… ②李… Ⅲ. ①移动终端—应用程序—程序设计 Ⅳ. ①TN929.53

中国版本图书馆CIP数据核字(2016)第033799号

内 容 提 要

本书系统全面地介绍了有关 Android 程序开发所涉及的各类知识。全书共分 14 章，内容包括 Android 简介、Android 开发环境、第一个 Android 程序、Android 生命周期、用户界面设计、组件通信与广播消息、Service 应用、数据存储与共享、图像绘制技术、位置服务与地图应用、网络技术、Widget 组件开发、综合开发实例——个人理财通、课程设计——简易打地鼠游戏。每章内容都与实例紧密结合，有助于学生理解知识、应用知识，从而达到学以致用的目的。

本书是慕课版教材，各章节主要内容配备了以二维码为载体的微课，并在人邮学院（www.rymooc.com）平台上提供了慕课。此外，本书还提供所有实例、上机指导、综合案例和课程设计的源代码，制作精良的电子课件 PPT，自测试卷等内容，读者也可在人邮学院下载。其中，源代码全部经过精心测试，能够在 Windows 7 和 Windows 8 系统下通过 Android 5.0 模拟器运行。

◆ 主　编　陈　佳　李树强
　副主编　谷灵康
　责任编辑　刘　博
　责任印制　沈　蓉　彭志环

◆ 人民邮电出版社出版发行　北京市丰台区成寿寺路 11 号
　邮编 100164　电子邮件 315@ptpress.com.cn
　网址 http://www.ptpress.com.cn
　固安县铭成印刷有限公司印刷

◆ 开本：787×1092　1/16
　印张：23.25　　　　　　　2016 年 4 月第 1 版
　字数：610 千字　　　　　2021 年 12 月河北第 13 次印刷

定价：49.80 元

读者服务热线：(010)81055256　印装质量热线：(010)81055316
反盗版热线：(010)81055315

前言
Foreword

为了让读者能够快速且牢固地掌握 Android 开发技术，人民邮电出版社充分发挥在线教育方面的技术优势、内容优势、人才优势，潜心研究，为读者提供一种"纸质图书+在线课程"相配套，全方位学习 Android 移动开发的解决方案。读者可根据个人需求，利用图书和"人邮学院"平台上的在线课程进行系统化、移动化的学习，以便快速全面地掌握 Android 移动开发技术。

一、如何学习慕课版课程

本课程依托人民邮电出版社自主开发的在线教育慕课平台——人邮学院（www.rymooc.com），该平台为学习者提供优质、海量的课程，课程结构严谨，用户可以根据自身的学习程度，自主安排学习进度，并且平台具有完备的在线"学习、笔记、讨论、测验"功能。人邮学院为每一位学习者，提供完善的一站式学习服务（见图1）。

图 1 人邮学院首页

为了使读者更好地完成慕课的学习，现将本课程的使用方法介绍如下。
1. 用户购买本书后，找到粘贴在书封底上的刮刮卡，刮开，获得激活码（见图2）。
2. 登录人邮学院网站（www.rymooc.com），或扫描封面上的二维码，使用手机号码完成网站注册。

图 2 激活码

图 3 注册人邮学院网站

3. 注册完成后，返回网站首页，单击页面右上角的"学习卡"选项（见图4），进入"学习卡"页面（见图5），输入激活码，即可获得该慕课课程的学习权限。

图4　单击"学习卡"选项

图5　在"学习卡"页面输入激活码

4. 输入激活码后，即可获得该课程的学习权限。可随时随地使用计算机、平板电脑、手机学习本课程的任意章节，根据自身情况自主安排学习进度（见图6）。

5. 在学习慕课课程的同时，阅读本书中相关章节的内容，巩固所学知识。本书既可与慕课课程配合使用，也可单独使用，书中主要章节均放置了二维码，用户扫描二维码即可在手机上观看相应章节的视频讲解。

6. 学完一章内容后，可通过精心设计的在线测试题，查看知识掌握程度（见图7）。

图6　课时列表

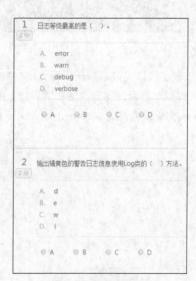

图7　在线测试题

7. 如果对所学内容有疑问，还可到讨论区提问，除了有大牛导师答疑解惑以外，同学之间也可互相交流学习心得（见图8）。

8. 书中配套的 PPT、源代码等教学资源，用户也可在该课程的首页找到相应的下载链接（见图9）。

图 8　讨论区　　　　　　　　　　　　　图 9　配套资源

关于人邮学院平台使用的任何疑问，可登录人邮学院咨询在线客服，或致电：010-81055236。

二、本书特点

Android 是 Google 公司推出的专为移动设备开发的平台。从 2007 年 11 月 5 日推出以来，在短短的几年时间里就超越了称霸 10 年的诺基亚 Symbian 系统，成为全球最受欢迎的智能手机平台。应用 Android 不仅可以开发在手机或平板电脑等移动设备上运行的工具软件，而且可以开发 2D 甚至 3D 游戏。目前，大多数高校的计算机专业和 IT 培训学校，都将 Android 作为教学内容之一，这对于培养学生的计算机应用能力具有非常重要的意义。

在当前的教育体系下，实例教学是计算机语言教学的最有效的方法之一。本书将 Android 知识和实用的实例有机结合起来，一方面，跟踪 Android 的发展，适应市场需求，精心选择内容，突出重点、强调实用，使知识讲解全面、系统；另一方面，全书通过"案例贯穿"的形式，始终围绕最后的综合案例——个人理财通设计实例，将实例融入知识讲解中，使知识与案例相辅相成，既有利于学习知识，又有利于实践。另外，除第 1 章、第 2 章、第 13 章和第 14 章外，本书在每一章的后面还提供了上机指导和习题，方便读者及时验证自己的学习效果（包括动手实践能力和理论知识）。

本书作为教材使用时，课堂教学建议采用 30～35 学时，上机指导教学建议采用 13～18 学时。各章主要内容和学时建议分配如下，老师可以根据实际教学情况进行调整。

章	主要内容	课堂学时	上机指导
第 1 章	Android 简介，包括手机操作系统、Android 发展史、Android 特征、Android 平台架构	1	
第 2 章	Android 开发环境，包括安装 Android 开发环境、Android SDK	2	
第 3 章	第一个 Android 程序，包括创建 Android 应用程序、Android 项目结构说明、管理 Android 模拟器、运行项目	2	1
第 4 章	Android 生命周期，包括 Android 程序生命周期、Android 程序的基本组件、Activity 生命周期、程序调试	3	1
第 5 章	用户界面设计，包括用户界面基础、界面布局、界面组件、Fragment、操作栏（Action Bar）、界面事件	6	1
第 6 章	组件通信与广播消息，包括 Intent 简介、Intent 过滤器、BroadcastReceiver 使用	2	1
第 7 章	Service 应用，包括 Service 概述、本地服务、跨进程调用 Service	3	1
第 8 章	数据存储与共享，包括 SharedPreferences 存储、文件存储、数据库存储、数据共享	4	1
第 9 章	图像绘制技术，包括绘制 2D 图像、应用 OpenGL 实现 3D 图形	3	1

续表

章	主要内容	课堂学时	上机指导
第 10 章	位置服务与地图应用，包括位置服务、百度地图服务	2	1
第 11 章	网络技术，包括通过 HTTP 访问网络、使用 WebView 显示网页	3	1
第 12 章	Widget 组件开发，包括 Widget 简介、Widget 基础、Widget 配置、Widget 与 Service	2	1
第 13 章	综合开发实例——个人理财通，包括系统分析、系统设计、系统开发及运行环境、数据库与数据表设计、创建项目、系统文件夹组织结构、公共类设计、登录模块设计、系统主窗体设计、收入管理模块设计、便签管理模块设计、系统设置模块设计		5
第 14 章	课程设计——简易打地鼠游戏，包括课程设计目的、功能概述、设计思路、设计过程、运行调试、课程设计总结		1

本书由明日科技出品，由陈佳、李树强任主编，谷灵康任副主编。其中陈佳编写第 1 章～第 5 章，李树强编写第 6 章～第 10 章，谷灵康编写第 10～14 章。

编　者
2016 年 1 月

目录 Contents

第 1 章　Android 简介　1

1.1　手机操作系统　2
1.2　Android 发展史　3
1.3　Android 特征　4
1.4　Android 平台架构　5
小结　7
习题　7

第 2 章　Android 开发环境　8

2.1　安装 Android 开发环境　9
　　2.1.1　安装与配置 JDK　10
　　2.1.2　获取 Android SDK　12
　　2.1.3　Eclipse 的安装与启动　18
　　2.1.4　安装 ADT 插件　19
2.2　Android SDK　22
　　2.2.1　目录结构　22
　　2.2.2　示例程序　23
　　2.2.3　帮助文档　23
　　2.2.4　开发工具　24
小结　26
习题　27

第 3 章　第一个 Android 程序　28

3.1　创建 Android 应用程序　29
　　实例：创建个人理财通项目
3.2　Android 项目结构说明　32
　　3.2.1　src 目录　32
　　3.2.2　gen 目录　33
　　3.2.3　android.jar 文件　34
　　3.2.4　libs 目录　35
　　3.2.5　assets 目录　35
　　3.2.6　res 目录　35
　　3.2.7　AndroidManifest.xml 文件　37
　　3.2.8　project.properties 文件　38
3.3　管理 Android 模拟器　38
　　3.3.1　创建 AVD 并启动 Android 模拟器　39
　　3.3.2　删除 AVD　44
3.4　运行项目　45
小结　46
上机指导　46
习题　47

第 4 章　Android 生命周期　48

4.1　Android 程序生命周期　49
4.2　Android 程序的基本组件　50
　　4.2.1　Activity　50
　　4.2.2　Service　50
　　4.2.3　BroadcastReceiver　51
　　4.2.4　ContentProvider　51
4.3　Activity 生命周期　51
　　4.3.1　Activity 的 4 种状态　51
　　4.3.2　Activity 的事件回调方法　52
　　实例：重写 Activity 不同状态的回调方法
4.4　程序调试　56
　　4.4.1　在 LogCat 中输出日志　57
　　实例：输出不同等级的日志信息
　　4.4.2　Eclipse 调试器调试　60
　　4.4.3　Android Lint 调试　62
小结　63
上机指导　63
习题　64

第 5 章　用户界面设计　65

5.1　用户界面基础　66
　　5.1.1　了解 UI 界面　66
　　5.1.2　UI 设计相关的几个概念　66

5.2 界面布局 69
　　5.2.1 相对布局 69
　　　　🔗 实例：设计个人理财通的系统设置页面
　　5.2.2 线性布局 73
　　　　🔗 实例：设计个人理财通的新增便签页面
　　5.2.3 帧布局 77
　　　　🔗 实例：实现居中显示层叠的正方形
　　5.2.4 表格布局 79
　　　　🔗 实例：应用表格布局设计用户登录页面
　　5.2.5 网格布局 82
　　　　🔗 实例：实现QQ聊天信息列表页面的布局
5.3 界面组件 86
　　5.3.1 Button 和 ImageButton 86
　　　　🔗 实例：添加普通按钮和图片按钮
　　5.3.2 TextView 和 EditText 89
　　　　🔗 实例：实现为文本框中的 E-mail 地址添加超链接、显示带图像的文本、显不同颜色的单行文本和多行文本
　　　　🔗 实例：实现个人理财通项目的登录页面
　　5.3.3 RadioButton 和 CheckBox 93
　　　　🔗 实例：实现在屏幕上添加选择性别的单选按钮组
　　　　🔗 实例：实现在屏幕上添加选择爱好的复选按钮，并获取选择的值
　　5.3.4 ImageView 99
　　5.3.5 Spinner 100
　　　　🔗 实例：在个人理财通的新增收入页面中使用 Spinner 选择类别
　　5.3.6 ListView 102
　　　　🔗 实例：设计个人理财通的收入信息浏览页面
　　　　🔗 实例：通过在 Activity 中继承 ListActivity 实现列表
　　5.3.7 GridView 106
　　　　🔗 实例：实现个人理财通系统主窗体
　　5.3.8 AlertDialog 对话框 109
5.4 Fragment 110
　　5.4.1 创建 Fragment 111
　　5.4.2 Fragment 与 Activity 通信 111
　　　　🔗 实例：应用 Fragment 显示新闻
5.5 操作栏（Action Bar） 116
　　5.5.1 选项菜单 117
　　　　🔗 实例：在操作栏上显示的选项菜单
　　5.5.2 实现层级式导航 120
　　　　🔗 实例：实现带向上导航按钮的操作栏
5.6 界面事件 123
　　5.6.1 按键事件 123
　　　　🔗 实例：屏蔽物理键盘中的后退键
　　5.6.2 触摸事件 124
　　　　🔗 实例：处理按钮触摸事件
小结 125
上机指导 126
习题 128

第6章 组件通信与广播消息 129

6.1 Intent 简介 130
　　6.1.1 创建并配置 Activity 130
　　6.1.2 启动 Activity 132
　　　　🔗 实例：实现启动显示详细信息的 Activity
　　　　🔗 实例：实现使用 Intent 打开网页功能
　　6.1.3 使用 Bundle 在 Activity 之间交换数据 137
　　　　🔗 实例：获取填写的用户注册信息
　　6.1.4 调用另一个 Activity 并返回结果 141
　　　　🔗 实例：实现用户注册中的返回上一步
6.2 Intent 过滤器 143
　　　　🔗 实例：实现在 Activity 中使用包含预定义动作的隐式 Intent 启动另外一个 Activity
6.3 BroadcastReceiver 使用 147
　　6.3.1 BroadcastReceiver 简介 147
　　6.3.2 BroadcastReceiver 应用 148
　　　　🔗 实例：实现当接收到短信时给出提示信息
小结 149
上机指导 149
习题 153

第7章 Service 应用 154

7.1 Service 概述 155
　　7.1.1 Service 简介 155
　　7.1.2 Service 生命周期 155
7.2 本地服务 157
　　7.2.1 使用线程 157
　　　　🔗 实例：通过线程实现持续产生随机数
　　7.2.2 创建 Started Service 163
　　　　🔗 实例：创建并配置 Service
　　7.2.3 服务绑定 168
　　　　🔗 实例：以绑定方式使用 Service
7.3 跨进程调用 Service 171

7.3.1 AIDL 简介 171
  实例：创建并绑定远程服务
7.3.2 使用 AIDL 语言定义远程服务接口 172
7.3.3 通过继承 Service 类实现远程服务 172
7.3.4 绑定和使用远程服务 173
小结 175
上机指导 175
习题 178

第 8 章　数据存储与共享　179

8.1 SharedPreferences 存储 180
 8.1.1 SharedPreferences 180
 8.1.2 使用 SharedPreferences 保存输入的用户名和密码 181
  实例：使用 SharedPreferences 保存输入的信息
8.2 文件存储 183
 8.2.1 内部存储 184
  实例：使用内部存储保存用户输入的用户名和密码
 8.2.2 外部存储 187
  实例：实现在 SD 卡上创建文件的功能
 8.2.3 资源文件 188
  实例：读取 raw 目录下的文本文件
  实例：实现从保存客户信息的 XML 文件中读取客户信息并显示
8.3 数据库存储 191
 8.3.1 手动建库 191
 8.3.2 代码建库 196
  实例：通过代码创建个人理财通的数据库
 8.3.3 数据操作 197
  实例：向个人理财通的数据库中添加、删除、更新和查询收入信息
8.4 数据共享 201
 8.4.1 Content Provider 概述 201
 8.4.2 创建数据提供者 202
 8.4.3 使用数据提供者 204
  实例：查询通信录中全部联系人的姓名和手机号码
小结 208
上机指导 208
习题 211

第 9 章　图像绘制技术　212

9.1 绘制 2D 图像 213
 9.1.1 常用绘图类 213
  实例：实现创建绘图画布功能
 9.1.2 绘制几何图形 216
  实例：绘制个人理财通的支出统计图表
 9.1.3 绘制文本 220
  实例：在个人理财通的支出统计图表上绘制说明文字
 9.1.4 绘制路径 221
 9.1.5 绘制图片 222
  实例：在屏幕上绘制指定位图
9.2 应用 OpenGL 实现 3D 图形 224
 9.2.1 OpenGL 简介 224
 9.2.2 构建 3D 开发的基本框架 225
 9.2.3 绘制一个模型 226
  实例：绘制一个 6 个面采用不同颜色的立方体
 9.2.4 应用纹理贴图 231
  实例：为绘制的立方体进行纹理贴图
 9.2.5 旋转 233
  实例：实现一个不断旋转的立方体
 9.2.6 光照效果 234
  实例：为旋转的立方体添加光照效果
 9.2.7 透明效果 235
  实例：实现一个透明的、不断旋转的立方体
小结 236
上机指导 237
习题 239

第 10 章　位置服务与地图应用　240

10.1 位置服务 241
 10.1.1 获得位置源 241
  实例：获得当前模拟器支持的全部位置源
 10.1.2 查看位置源属性 242
  实例：获得 GPS 位置源的精度和耗电量
 10.1.3 监听位置变化事件 244
  实例：获得更新后的经纬度信息
10.2 百度地图服务 245
 10.2.1 获得地图 API 密钥 246
 10.2.2 下载 SDK 开发包 250

10.2.3 新建使用百度地图 API 的
　　　　 Android 项目　　　　　252
　　　🔗 实例：实现在项目中显示百度地图
10.2.4 在地图上使用覆盖层　　254
　　　🔗 实例：在百度地图上标记北京北站的位置
小结　　　　　　　　　　　　　　255
上机指导　　　　　　　　　　　　256
习题　　　　　　　　　　　　　　258

第 11 章　网络技术　　　　　259

11.1 通过 HTTP 访问网络　　　　260
　11.1.1 使用 HttpURLConnection 访问
　　　　 网络　　　　　　　　260
　　　🔗 实例：向服务器发送 GET 请求
　　　🔗 实例：实现向服务器发送 POST 请求
　11.1.2 使用 HttpClient 访问网络　268
　　　🔗 实例：使用 HttpClient 向服务器发送 GET 请求
　　　🔗 实例：应用 HttpClient 向服务器发送 POST 请求
11.2 使用 WebView 显示网页　　　273
　11.2.1 使用 WebView 组件浏览
　　　　 网页　　　　　　　　273
　　　🔗 实例：应用 WebView 组件浏览指定网页
　11.2.2 使用 WebView 加载 HTML
　　　　 代码　　　　　　　　275
　　　🔗 实例：实现个人理财通的帮助功能
　11.2.3 让 WebView 支持 JavaScript 276
　　　🔗 实例：控制 WebView 组件是否允许 JavaScript
小结　　　　　　　　　　　　　　278
上机指导　　　　　　　　　　　　278
习题　　　　　　　　　　　　　　283

第 12 章　Widget 组件开发　　284

12.1 Widget 简介　　　　　　　　285
12.2 Widget 基础　　　　　　　　286
　12.2.1 设计原则　　　　　　286
　12.2.2 开发步骤　　　　　　288
　　　🔗 实例：实现开发第一个 Widget 组件
　12.2.3 安装及删除　　　　　291
12.3 Widget 配置　　　　　　　　292
　　　🔗 实例：实现一个配置 Widget 的示例

　12.3.1 在 Widget 元数据文件中声明
　　　　 Activity　　　　　　292
　12.3.2 创建配置 Widget 的 Activity　293
　12.3.3 获取 Widget 的 ID　　294
　12.3.4 更新 Widget　　　　　294
　12.3.5 设置返回信息并关闭
　　　　 Activity　　　　　　295
12.4 Widget 与 Service　　　　　　296
　　　🔗 实例：实现一个定时更新的 Widget
小结　　　　　　　　　　　　　　299
上机指导　　　　　　　　　　　　299
习题　　　　　　　　　　　　　　303

第 13 章　综合开发实例——个人
　　　　　理财通　　　　　　304

13.1 系统分析　　　　　　　　　305
　13.1.1 需求分析　　　　　　305
　13.1.2 可行性分析　　　　　305
　13.1.3 编写项目计划书　　　306
13.2 系统设计　　　　　　　　　307
　13.2.1 系统目标　　　　　　307
　13.2.2 系统功能结构　　　　307
　13.2.3 系统业务流程图　　　308
　13.2.4 系统编码规范　　　　308
13.3 系统开发及运行环境　　　　310
13.4 数据库与数据表设计　　　　310
　13.4.1 数据库分析　　　　　310
　13.4.2 创建数据库　　　　　310
　13.4.3 创建数据表　　　　　311
13.5 创建项目　　　　　　　　　312
13.6 系统文件夹组织结构　　　　312
13.7 公共类设计　　　　　　　　313
　13.7.1 数据模型公共类　　　313
　13.7.2 Dao 公共类　　　　　314
13.8 登录模块设计　　　　　　　318
　13.8.1 设计登录布局文件　　319
　13.8.2 登录功能的实现　　　320
　13.8.3 退出登录窗口　　　　320
13.9 系统主窗体设计　　　　　　321
　13.9.1 设计系统主窗体布局文件　321

- 13.9.2 显示各功能窗口 322
- 13.9.3 定义文本及图片组件 324
- 13.9.4 定义功能图标及说明文字 324
- 13.9.5 设置功能图标及说明文字 324
- 13.10 收入管理模块设计 325
  - 13.10.1 设计新增收入布局文件 326
  - 13.10.2 设置收入时间 329
  - 13.10.3 添加收入信息 330
  - 13.10.4 重置新增收入窗口中的各个控件 331
  - 13.10.5 设计收入信息浏览布局文件 331
  - 13.10.6 显示所有的收入信息 332
  - 13.10.7 单击指定项时打开详细信息 333
  - 13.10.8 设计修改/删除收入布局文件 333
  - 13.10.9 显示指定编号的收入信息 337
  - 13.10.10 修改收入信息 338
  - 13.10.11 删除收入信息 339
  - 13.10.12 收入信息汇总图表 339
- 13.11 便签管理模块设计 343
  - 13.11.1 设计新增便签布局文件 343
  - 13.11.2 添加便签信息 344
  - 13.11.3 清空便签文本框 345
  - 13.11.4 设计便签信息浏览布局文件 345
  - 13.11.5 显示所有的便签信息 347
  - 13.11.6 单击指定项时打开详细信息 348
  - 13.11.7 设计修改/删除便签布局文件 348
  - 13.11.8 显示指定编号的便签信息 350
  - 13.11.9 修改便签信息 351
  - 13.11.10 删除便签信息 351
- 13.12 系统设置模块设计 351
  - 13.12.1 设计系统设置布局文件 352
  - 13.12.2 设置登录密码 353
  - 13.12.3 重置密码文本框 353
- 小结 354

第14章 课程设计——简易打地鼠游戏 355

- 14.1 功能概述 356
- 14.2 设计思路 356
- 14.3 设计过程 356
  - 14.3.1 搭建开发环境 357
  - 14.3.2 准备资源 357
  - 14.3.3 布局页面 358
  - 14.3.4 实现代码 358
- 14.4 运行调试 359
- 14.5 课程设计总结 360

第1章

Android简介

本章要点：

常用手机操作系统简介
Android的发展史
Android平台的特征
Android平台的重要组成部分

■ 随着移动设备的不断普及发展，相关软件的开发也越来越受到程序员的青睐。目前移动开发领域，以Android发展最为迅猛，它推出短短几年时间，就撼动了诺基亚的霸主地位。通过其在线市场，程序员不仅能向全世界贡献自己的程序，而且还可以通过销售获得不菲的收入。本章将对手机操作系统、Android的发展史、Android特性和Android平台架构进行介绍，让大家对Android有一个基本的了解。

1.1 手机操作系统

在手机发明初期，很长一段时间内，都是没有智能操作系统的，所有的软件都是由手机生产商在设计时定制的。但是随着通信网络的不断改善，由早期的模拟通信网络（1G 网络），发展到广为使用的数字通信网络（2G 网络），再到能方便访问互联网的第三代通信网络（3G 网络），到现在正在发展的 4G 通信网络，以至于现在的手机已经不再像最早的手机只满足基本的通话、短信功能，而是开始逐步变为一个移动的 PC 终端，从而它也拥有了独立的操作系统。目前，手机上的操作系统主要有 Android、iOS、Windows Mobile、Windows Phone、BlackBerry 和 Symbian 等，各操作系统占据的市场份额如图 1-1 所示。

手机操作系统

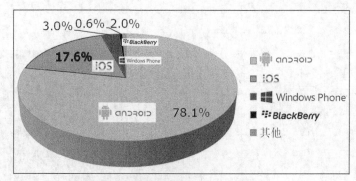

图 1-1 各手机操作系统的市场份额

下面分别对这几种常用的手机操作系统进行介绍。

1. Android

Android 是 Google（谷歌）公司发布的基于 Linux 内核的专门为移动设备开发的平台，其中包含了操作系统、中间件和核心应用等。Android 是一个完全免费的手机平台，使用它不需要授权费，可以完全定制。由于 Android 的底层使用开源的 Linux 操作系统，同时开放了应用程序开发工具，这使所有程序开发人员都在统一的、开放的平台上进行开发，从而保证了 Android 应用程序的可移植性。

Android 使用 Java 作为程序开发语言，所以不少 Java 开发人员加入到此开发阵营，这无疑加快了 Android 队伍的发展速度。在短短几年时间里，Android 应用程序的数量已经超过了 100 万款，增长非常迅速。

2. iOS

iOS 操作系统是苹果公司开发的移动操作系统，主要应用在 iPhone、iPad、iPod touch 以及 Apple TV 等产品上。iOS 设备的屏幕是用户体验的核心，用户不仅可以在上面浏览优美的文字、图片和视频，也可和多点触摸屏进行交互。另外，iOS 允许系统界面根据屏幕的方向而改变方向，用户体验效果非常好。

iOS 使用 Objective-C 作为程序开发语言，苹果公司还提供了 SDK，为 iOS 应用程序开发、测试、运行和调试提供工具。iOS 应用程序的数量也已经超过了 100 万款。

3. Windows Mobile

Windows Mobile 操作系统是微软公司推出的移动设备操作系统。由于其界面类似于计算机中使用的 Windows 操作系统，所以用户操作起来比较容易上手。它捆绑了一系列针对移动设备而开发的应用软件，并且还预安装了 Office 和 IE 等常用软件，还有很强的媒体播放能力。但是由于其对硬件要求较高，并且系统会经常出现死机，所以限制了该操作系统的发展。

4. Windows Phone

Windows Phone 也是微软公司推出的移动设备操作系统。之前，微软公司的移动设备操作名称为 Windows Mobile，2010 年 10 月微软推出了新一代移动操作系统，称之为 Windows Phone。该系统与 Windows Mobile 有很大不同，它具有独特的"方格子"用户界面，并且增加了多点触控和动力感应功能，同时还集成了 Xbox Live 游戏和 Zune 音乐功能。

> 虽然 Windows Phone 和 Windows Mobile 都是微软公司推出的移动设备操作系统，但是这两个系统上的应用软件互不兼容。

5. BlackBerry

BlackBerry（黑莓）操作系统是由加拿大的 RIM 公司推出的与黑莓手机配套使用的系统，它提供了手提电脑、文字短信、互联网传真、网页浏览，以及其他无线信息服务功能。其中，最主要的特色就是它支持电子邮件推送功能，邮件服务器主动将收到的邮件推送到用户的手持设备上，用户不必频繁地连接网络查看是否有新邮件。黑莓系统主要针对商务应用，因此具有很高的安全性和可靠性。

6. Symbian

Symbian（塞班）操作系统是一个实时性、多任务的纯 32 位操作系统。它最初是由塞班公司开发的，后来被诺基亚收购。智能手机就是由诺基亚率先开发的，并且使用的就是塞班操作系统。该操作系统具有功耗低、内存占用少等优点。另外，它还具有灵活的应用界面框架，并提供公开的 API 文档，不但可以使开发人员快速地掌握关键技术，还可以让手机制造商推出不同界面的产品。但是由于 Symbian 系统早期只对手机制造商和其他合作伙伴开放核心代码，这就大大制约了它的发展。后来随着 Android 和 iOS 的迅速发展，Symbian 系统最终被诺基亚放弃。

1.2 Android 发展史

Android 发展史

Android 本义是指"机器人"，标志也是一个机器人，如图 1-2 所示。它是 Google 公司专门为移动设备开发的平台，其中包含了操作系统、中间件和核心应用等。Android 最早由 Andy Rubin 创办，于 2005 年被搜索巨人 Google 收购。2007 年 11 月 5 日，Google 正式发布 Android 平台。在 2010 年底，Android 超越称霸 10 年的诺基亚 Symbian 系统，成为全球最受欢迎的智能手机平台。

图 1-2　Android 的标志

在 Android 的发展过程中，已经经历了十多个主要版本的变化，每个版本的代号都是以甜点来命名的，该命名方法开始于 Andoird 1.5 版本，并按照首字母顺序：纸杯蛋糕、甜甜圈、松饼、冻酸奶、姜饼、蜂巢……Android 迄今为止发布的主要版本及其发布时间如表 1-1 所示。

表 1-1　Android 的主要版本及发布时间

版本号	别名	发布时间
1.5	Cupcake（纸杯蛋糕）	2009 年 4 月 30 日
1.6	Donut（甜甜圈）	2009 年 9 月 15 日
2.0	Éclair（闪电泡芙）	2009 年 10 月 26 日
2.1	Éclair（闪电泡芙）	2010 年 1 月 10 日
2.2	Froyo（冻酸奶）	2010 年 5 月 20 日
2.3	Gingerbread（姜饼）	2010 年 12 月 7 日
3.0	Honeycomb（蜂巢）	2011 年 2 月 2 日
4.0	Ice Create Sandwich（冰激凌三明治）	2011 年 10 月 19 日
4.1	Jelly Bean（果冻豆）	2012 年 6 月 28 日
4.2	Jelly Bean（果冻豆）	2012 年 10 月 30 日
4.3	Jelly Bean（果冻豆）	2013 年 7 月 25 日
4.4	KitKat（奇巧巧克力）	2013 年 11 月 1 日
5.0	Lollipop（棒棒糖）	2014 年 10 月 15 日
6.0	Marshmallow（棉花糖）	2015 年 9 月 29 日

目前，采用 Android 平台的手机厂商主要包括 Google Nexus、HTC、Samsung、Motorola、LG、Sony、华为、联想、中兴、小米等。

1.3　Android 特征

Android 作为一种开源操作系统，其在手机操作系统领域的市场占有率已经超过了 70%，是什么原因让 Android 操作系统如此受欢迎呢？本节将介绍 Android 的一些主要特性。

Android 特征

1．开放性

Android 平台首要优势就是其开放性，开放的平台允许任何移动终端厂商加入到 Android 联盟中来。显著的开放性可以使其拥有更多的开发者，随着用户和应用的日益丰富，一个崭新的平台也将很快走向成熟。

开放性对于 Android 的发展而言，有利于积累人气，这里的人气包括消费者和厂商，而对于消费者来讲，最大的受益正是丰富的软件资源。开放的平台也会带来更大竞争，如此一来，消费者将可以用更低的价位购得心仪的手机。

2．挣脱束缚

在过去很长的一段时间，特别是在欧美地区，手机应用往往受到运营商制约，使用什么功能接入什么网络，几乎都受到运营商的控制。自从 iPhone 上市，用户可以更加方便地连接网络，运营商的制约减少。随着 EDGE、HSDPA 这些 2G 至 3G 移动网络的逐步过渡和提升，手机随意接入网络已成为常态。

3．丰富的硬件

这一点还是与 Android 平台的开放性相关，由于 Android 的开放性，众多的厂商会推出千奇百怪、各具功能特色的多种产品。功能上的差异和特色，并不会影响到数据同步，甚至软件的兼容。就像你从诺基亚 Symbian 风格手机一下改用苹果 iPhone，同时还可将 Symbian 中优秀的软件带到 iPhone 上使用，联系人等资料更是可以方便地转移。

4．开发商

Android 平台提供给第三方开发商一个十分宽泛、自由的环境，因此不会受到各种条条框框的限制，可想而知，会有多少新颖别致的软件诞生，但这也有其两面性，血腥、暴力、情色方面的程序和游戏如何控制正是留给 Android 的难题之一。

5．Google 应用

如今叱咤互联网的 Google 已经走过数十年历史，从搜索巨人到全面的互联网渗透，Google 服务（如地图、邮件、搜索等）已经成为连接用户和互联网的重要纽带，而 Android 平台手机可以无缝结合这些优秀的 Google 服务。

1.4　Android 平台架构

Android 平台架构

Android 平台主要包括 Applications、Application Framework、Libraries、Android Runtime 和 Linux Kernel 5 部分，如图 1-3 所示。

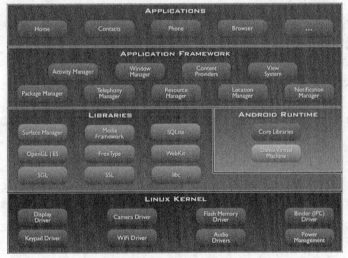

图 1-3　Android 平台架构

1．Linux 内核

Android 的核心系统服务是基于 Linux 2.6 内核的，比如安全性、内存管理、进程管理、网络协议栈和驱动模型等都依赖于该内核。Linux 内核（Linux Kernel）同时也作为硬件和软件栈之间的抽象层，而 Android 更多的是需要一些与移动设备相关的驱动程序，主要驱动如下：

- ❑ Display Driver：显示驱动，基于 Linux 的帧缓冲驱动。
- ❑ Camera Driver：照相机驱动，基于 Linux 的 v412 驱动。
- ❑ Bluetooth Driver：蓝牙驱动，基于 IEEE 802.15.1 标准的无线传输技术。
- ❑ Flash Memory Driver：Flash 闪存驱动，基于 MTD 的 Flash 驱动程序。
- ❑ Binder(IPC) Driver：Android 的一个特殊的驱动程序，具有单独的设备节点，提供进程间通信的功能。

- ❑ USB Driver：USB 接口驱动。
- ❑ Keypad Driver：键盘驱动，作为输入设备的键盘驱动。
- ❑ WiFi Driver：基于 IEEE 802.11 标准的驱动程序。
- ❑ Audio Drivers：音频驱动，基于 ALSA（Advanced Linux Sound Architecture）的高级 Linux 声音体系驱动。
- ❑ Power Management：电源管理，比如电池电量等。

2．库

库（Libraries）主要提供 Android 程序运行时需要的一些类库。这些类库一般是使用 C/C++ 语言编写的，主要包括以下类库。

- ❑ libc：C 语言标准库，系统最底层的库，C 语言标准库通过 Linux 系统来调用。
- ❑ Surface Manager：主要管理多个应用程序同时执行时，各个程序之间的显示与存取，并且为多个应用程序提供了 2D 和 3D 涂层的无缝融合。
- ❑ SQLite：关系数据库。
- ❑ OpenGL|ES：3D 效果的支持。
- ❑ Media Framework：Android 系统多媒体库，该库支持多种常见格式的音频、视频的回放和录制，比如 MPEG4、MP3、AAC、JPG 和 PNG 等。
- ❑ WebKit：Web 浏览器引擎。
- ❑ SGL：2D 图形引擎库。
- ❑ SSL：位于 TCP/IP 协议与各种应用层协议之间，为数据通信提供支持。
- ❑ FreeType：位图及矢量库。

3．Android 运行时

Android 运行时（Android Runtime）包括核心库和 Dalvik 虚拟机两部分。核心库中提供了 Java 语言核心库中包含的大部分功能，虚拟机负责运行程序。Dalvik 虚拟机专门针对移动设备进行编写，不仅效率更高，而且占用更少的内存。

> 这里面的 Dalvik 虚拟机与 Java 虚拟机 JVM 不同，Dalvik 是基于寄存器，而 JVM 是基于栈的，基于寄存器的虚拟机对于大程序来说在编译时，花费的时间更短。另外，Java 虚拟机运行的是 Java 字节码，而 Dalvik 虚拟机运行的是专有的文件格式 Dex（Dalvik Executable）。

4．应用框架

应用框架（Application Framework）是编写 Google 发布的核心应用时所使用的 API 框架，开发人员可以使用这些框架来开发自己的应用程序，这样可以简化程序开发的架构设计。Android 应用框架层提供的主要 API 框架如下。

- ❑ Activity Manager：活动管理器，用来管理应用程序声明周期，并提供常用的导航退回功能。
- ❑ Window Manager：窗口管理器，用来管理所有的窗口程序。
- ❑ Content Providers：内容提供器，它可以让一个应用访问另一个应用的数据，或共享它们自己的数据。
- ❑ View System：视图管理器，用来构建应用程序，比如列表、表格、文本框及按钮等。
- ❑ Notification Managere：通知管理器，用来设置在状态栏中显示的提示信息。
- ❑ Package Manager：包管理器，用来对 Android 系统内的程序进行管理。

- Telephony Manager：电话管理器，用来对联系人及通话记录等信息进行管理。
- Resource Manager：资源管理器，用来提供非代码资源的访问，例如本地字符串、图形及布局文件等。
- Location Manager：位置管理器，用来提供使用者的当前位置等信息，比如 GPRS 定位。
- XMPP Service：Service 服务。

5．应用层

应用层（Applications）是用 Java 语言编写的运行在 Android 平台上的程序，比如 Google 默认提供的 E-mail 客户端、SMS 短信、日历、地图及浏览器等程序。作为 Android 开发人员，通常需要做的就是编写在应用层上运行的应用程序，例如，大家所熟知的愤怒的小鸟、植物大战僵尸、微博客户端等程序。

小 结

本章首先对常用的智能手机操作系统进行了简要的介绍，然后介绍了 Android 的发展史，以及 Android 发布以来重要的版本，接下来又介绍了 Android 的平台特征，最后介绍了 Android 的平台架构。本章内容是为了让大家对 Android 有一个基本的了解。

习 题

1-1 简述常用的手机操作系统。
1-2 Android 手机操作系统的创始人是谁？它在哪一年由谁正式发布的？
1-3 简述 Android 的平台特征。
1-4 Android 迄今为止发布了哪几个主要版本？
1-5 Android 平台主要由哪几部分组成？

第2章

Android开发环境

本章要点：

- 搭建Android开发环境
- Android SDK的目录结构
- Android SDK的示例程序
- Android SDK帮助文档的使用
- Android SDK的常用开发工具

■ "工欲善其事，必先利其器"，在学习 Android 开发之前，必须先熟悉并搭建所需要的开发环境。本章将详细介绍如何搭建 Android 开发环境、Android SDK 的目录结构、示例程序、帮助文档，以及常用的开发工具。

2.1 安装 Android 开发环境

Android 开发环境概述

要进行 Android 应用开发，需要有合适的系统环境。在表 2-1 中列出了进行 Android 开发所必需的系统环境需求。

表 2-1 进行 Android 开发所必需的系统环境需求

操作系统	要求	
	系统版本	内存
Windows	Windows 8/7/Vista/2003（32 或 64 位）	最小 2GB，推荐 4GB
Mac OS	Mac OS X 10.8.5 或更高	最小 2GB，推荐 4GB
Linux	Linux GNOME 或 KDE（K 桌面环境）	最小 2GB，推荐 4GB

由于开发过程中需要反复重启模拟器，而每次重启都会消耗几分钟的时间（视机器配置而定），因此，使用高配置的机器能节约不少时间。

进行 Android 应用开发，除了要有合适的系统环境外，还需要有一些软件的支持。通常情况下，我们需要图 2-1 所示的这些软件支持。

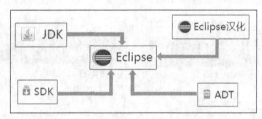

图 2-1 进行 Android 应用开发所需的软件

在进行 Android 应用开发时，首先需要有 JDK（推荐使用 JDK 7）和 Android SDK 的支持，之后还需要准备合适的开发工具，目前常用的是 Eclipse。另外，在 Google 的官方网站中又推出了一个新的开发工具——Android Studio。鉴于 Android Studio 正式版本推出不久，所以本书仍然使用的是 Eclipse。对于 Eclipse，要求其版本号为 3.6 或更新，具体版本选择"Eclipse IDE for Java Developers"即可。此外，还需要为 Eclipse 安装 Android Development Tools 插件（简称 ADT 插件）。

① JDK 是 Java 开发工具包，包括运行 Java 程序所必须的 JRE 环境及开发过程中常用的库文件；Android SDK 是 Android 开发工具包，它包括了 Android 开发相关的 API。
② Android Studio 是 Google 公司推出的，基于 IntelliJ IDEA 的 Android 开发工具，它主要用于开发和调试 Android 程序。它提供了功能强大的布局编辑器，可以实现拖拉 UI 组件并进行效果预览。

2.1.1 安装与配置 JDK

在安装 Android 开发环境时，首先需要安装支持 Java 程序开发和运行的 Java 开发工具包（JDK），因为 Eclipse 是用 Java 语言编写的应用程序，所以它的运行需要有 JRE 的支持。另外，通常情况下，在进行 Android 应用开发时，采用 Java 作为编程语言，所以需要有 JDK 的支持。而且在 JDK 中包含了完整的 JRE，所以只要安装 JDK 后，JRE 也将自动安装在操作系统中。下面将详细介绍 JDK 的安装和配置过程。

1. JDK 的安装

JDK 原本是 Sun 公司的产品，不过由于 Sun 公司已经被 Oracle 收购，因此 JDK 需要到 Oracle 公司的官方网站（http://www.oracle.com/index.html）下载。目前最新的版本是 JDK 8 Upadate 40，但是由于在进行 Android 应用开发时，推荐使用的是 JDK 7，所以下面将以 JDK 7 Update 75/76 为例进行介绍。具体安装步骤如下。

JDK 的安装

如果您的系统是 Windows 32 位，那么下载 jdk-7u75-windows-i586.exe；如果是 Windows 64 位的系统，那么下载 jdk-7u75-windows-x64.exe。

（1）由于作者使用的是 64 位的 Windows 7 操作系统，所以下载的是名称为 jdk-7u75-windows-x64.exe 的文件。双击该文件，在弹出的欢迎对话框中，单击"下一步"按钮，将弹出"自定义安装"对话框；在该对话框中，可以选择安装的功能组件。这里选择默认设置，如图 2-2 所示。

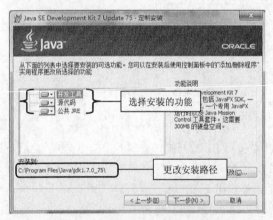

图 2-2　JDK"自定义安装"对话框

图 2-3　更改 JDK 的安装路径对话框

（2）单击"更改"按钮，将弹出更改文件夹的对话框，在该对话框中将 JDK 的安装路径更改为 C:\Java\jdk1.7.0_75\，如图 2-3 所示，单击"确定"按钮，将返回到自定义安装对话框中。

（3）单击"下一步"按钮，开始安装 JDK。在安装过程中会弹出 JRE 的"目标文件夹"对话框，这里更改 JRE 的安装路径为 C:\Java\jre7\，如图 2-4 所示。

JRE 全称为 Java Runtime Environment，它是 Java 运行环境，主要负责 Java 程序的运行，而 JDK 包含了 Java 程序开发所需要的编译、调试等工具，另外还包含了 JDK 的源代码。

（4）单击"下一步"按钮，安装向导会继续完成安装进程。安装完成后，将弹出图2-5所示的对话框，单击"关闭"按钮即可。

图2-4　JRE安装路径

图2-5　JDK安装完成对话框

2. JDK的配置与测试

JDK安装完成后，还需要在系统的环境变量中进行配置，下面将以在Windows 7系统中配置环境变量为例来介绍JDK的配置和测试。具体步骤如下。

（1）在"开始"菜单的"计算机"图标上单击鼠标右键，在弹出的快捷菜单中选择"属性"命令，在弹出的"属性"对话框左侧单击"高级系统设置"超链接，将出现"系统属性"对话框。

JDK的配置与测试

（2）在"系统属性"对话框中，单击"环境变量"按钮，将弹出"环境变量"对话框，单击"系统变量"栏中的"新建"按钮，创建新的系统变量。

（3）在弹出的"新建系统变量"对话框中，分别输入变量名"JAVA_HOME"和变量值（即JDK的安装路径），这里为C:\Java\jdk1.7.0_75，如图2-6所示，读者需要根据自己的计算机环境进行修改。单击"确定"按钮，关闭"新建系统变量"对话框。

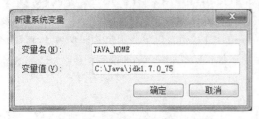

图2-6　"新建系统变量"对话框

图2-7　设置Path环境变量值

（4）在"环境变量"对话框中双击Path变量对其进行修改，在原变量值最前端添加".;%JAVA_HOME%\bin;"变量值（注意：最后的";"不要丢掉，它用于分割不同的变量值），如图2-7所示。单击"确定"按钮完成环境变量的设置。

（5）查看是否存在CLASSPATH变量，若存在，则加入如下值。

.;%JAVA_HOME%\lib\dt.jar;%JAVA_HOME%\lib\tools.jar

若不存在，则创建该变量，并设置上面的变量值。

（6）JDK安装成功之后必须确认环境配置是否正确。在Windows系统中测试JDK环境需要选择"开始"/"运行"命令（没有"运行"命令可以按〈Windows+R〉组合键），然后在"运行"对话框中输入"cmd"并单击"确定"按钮启动控制台。在控制台中输入 javac 命令，按〈Enter〉键，将输出如图 2-8 所示的 JDK 的编译器信息，其中包括修改命令的语法和参数选项等信息。这说明 JDK 环境搭建成功了。

图 2-8　输出 javac 命令的使用帮助

2.1.2　获取 Android SDK

获取 Android SDK

　　Android SDK 是 Android 开发工具包，它提供了 Android 相关的 API。学习开发 Android 应用程序，需要下载安装 Android SDK。在 Android 的官方网站 http://www.android.com/中，可以下载到完整版的 Android SDK，也可以下载到包含开发工具（Android Studio）的最新版本的 Android SDK。在下面将详细介绍获取完整版 Android SDK 的具体步骤。

> 说明　在完整版的 Android SDK 中，包含了模拟器、教程、API 文档、示例代码等内容。掌握了基础知识之后，进行实际项目开发时，建议下载完整版的 Android SDK，这样可以方便查询 API 文档，及时解决遇到的问题。

　　（1）打开浏览器（如 IE），进入 Android 官方主页，地址是"http://www.android.com/"。将页面滚动到屏幕的最底部，单击 For developers 右侧的倒置三角符号，将显示包括 4 个菜单项的子菜单，如图 2-9 所示。

　　（2）单击 Android SDK 菜单项，将进入到 Android SDK 下载页面，在这个页面中，可以下载 SDK Tools 或者包含开发工具（Android Studio）的最新版本的 Android SDK，如图 2-10 所示。

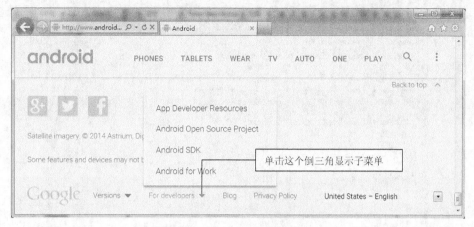

图 2-9　For developers 菜单

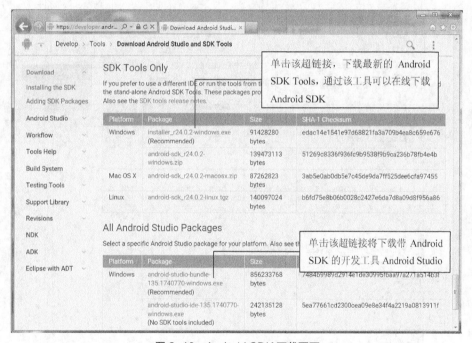

图 2-10　Android SDK 下载页面

（3）在 SDK Tools Only 列表中单击 android-sdk_r24.0.2-windows.zip 超链接，下载 Windows 操作系统对应的 SDK 工具。

（4）文件下载完成后，将得到一个名称为 installer_r24.0.2-windows.exe 的安装文件，双击该安装文件，将弹出安装向导对话框。单击"Next"按钮，如果已经正确安装 JDK，则显示如图 2-11 所示的对话框。

（5）单击"Next"按钮，将打开选择用户对话框，在该对话框中，可以选择是只有自己一个人可用的，还是任何使用该电脑的人都可以使用的，这里选中"Install for anyone using this computer"单选按钮，如图 2-12 所示。

（6）单击"Next"按钮，将打开选择 Android SDK 安装路径对话框，在该对话框中，修改安装路径为 D:\Android\android-sdk，如图 2-13 所示。

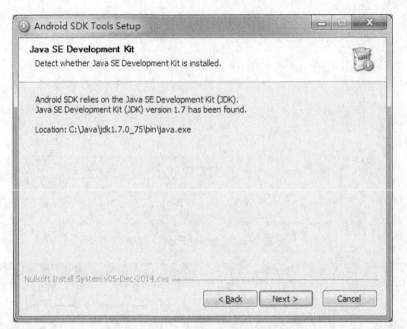

图 2-11 检测 JDK 安装情况的对话框

图 2-12 选择用户窗口

（7）单击"Next"按钮，将打开询问是否在开始菜单中创建快捷方式对话框，这里采用默认，单击"Install"按钮，将显示安装进度对话框，安装完成后，"Next"按钮将变为可用，单击"Next"按钮，将显示安装完成对话框。单击"Finish"按钮，将自动打开 Android SDK Manager 对话框来自动联网搜索可以下载的软件包，即在线下载 Android SDK，如图 2-14 所示。

（8）可以下载的软件包搜索完成后，将自动勾选必须下载的软件包，如图 2-15 所示。

（9）单击 Install 17 packages 按钮，将打开接受协议的对话框。在该对话框中，选中 Accept License 按钮，下面的"Install"按钮将变为可用状态，如图 2-16 所示。

第 2 章
Android 开发环境

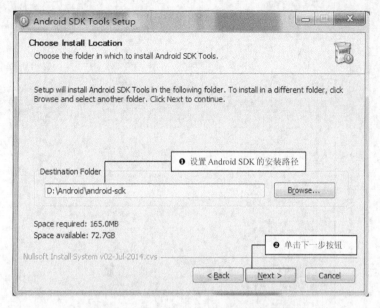

图 2-13 设置 Android SDK 的安装路径

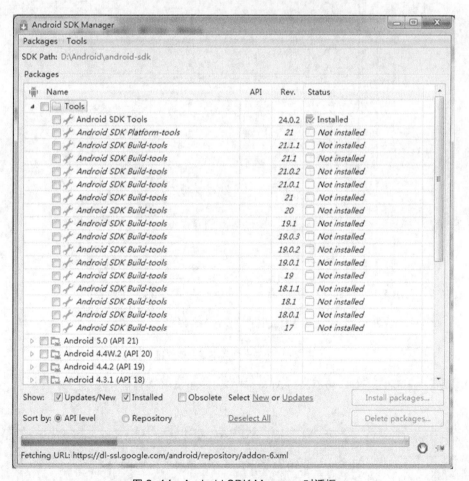

图 2-14 Android SDK Manager 对话框

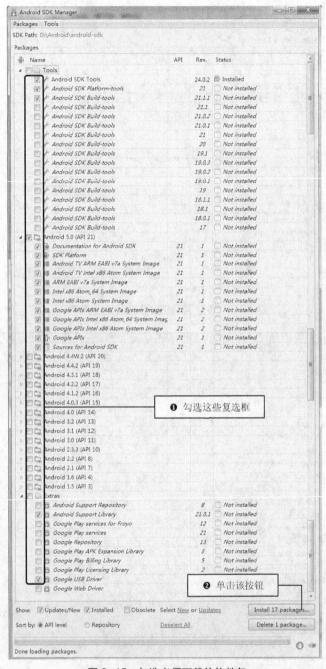

图 2-15　勾选必须下载的软件包

（10）单击"Install"按钮，将返回到 Android Manager SDK 对话框，开始在线下载。

在线下载 Android SDK 时，需要耐心等待，并且也不要长时间离开，因为在下载过程中还会出现需要单击 Install X packages 按钮，并且接受协议的情况，这时只需要按照步骤（9）和步骤（10）操作就可以了。

图 2-16 接受协议的对话框

（11）Android SDK 下载完成后，还需要配置系统环境变量 ANDROID_SDK_HOME，具体步骤如下。

① 在"开始"菜单的"计算机"图标上单击鼠标右键，在弹出的快捷菜单中选择"属性"命令，在弹出的"属性"对话框左侧单击"高级系统设置"超链接，将出现"系统属性"对话框。在该对话中单击"环境变量"按钮，将弹出"环境变量"对话框，在该对话框中单击"系统变量"栏中的"新建"按钮，将弹出"新建系统变量"对话框，用于创建新的系统变量。

② 在弹出"新建系统变量"对话框中，分别输入变量名"ANDROID_SDK_HOME"和变量值（即 Android SDK 的存储位置），其中变量值是笔者的 Android SDK 的存储位置（D:\Android\android-sdk），读者需要根据自己的计算机环境进行修改，如图 2-17 所示。单击"确定"按钮，关闭"新建系统变量"对话框。

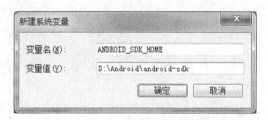

图 2-17 "新建系统变量"对话框

图 2-18 设置 Path 环境变量值

 在输入变量名"ANDROID_SDK_HOME"时，一定要使用全部为大写字母的变量名。

③ 在"环境变量"对话框中双击 Path 变量对其进行修改，在原变量值最前端添加"%ANDROID_SDK_HOME%\platform-tools; %ANDROID_SDK_HOME%\tools;"变量值（注意：最后的";"不要丢掉，它用于分割不同的变量值），如图 2-18 所示。单击"确定"按钮完成环境变量的设置。

不能删除系统变量 Path 中的原有变量值，并且"%ANDROID_SDK_HOME%\platform-tools"与原有变量值之间用英文半角的";"分隔，否则会产生错误。

至此，Android SDK 就已经获取成功了。

2.1.3 Eclipse 的安装与启动

可以从官方网站下载最新版本的 Eclipse，具体网址为 http://www.eclipse.org。目前最新版本为 Eclipse 4.4.2。读者可到 Eclipse 的官方网站 http://www.eclipse.org 下载 Eclipse4.4.2 版本，下载后的文件名为 eclipse-java-luna-SR2-win32-x86_64.zip。若有最新版本，读者也可进行下载。

Eclipse 的安装与启动

（1）将 eclipse-java-luna-SR2-win32-x86_64.zip 文件解压后，双击 eclipse.exe 文件就可启动 Eclipse。

（2）直接解压完的 Eclipse 是英文版的，为了适应国际化，Eclipse 提供了多国语言包，我们只需要下载对应语言环境的语言包，就可以实现 Eclipse 的本地化。例如，我们当前的语言环境为简体中文，就可以下载 Eclipse 提供的中文语言包。Eclipse 提供的多国语言包，可以到 http://www.eclipse.org/babel/中下载。本书中使用的 Eclipse 版本为 4.4.2，也就是 Luna 版本，所以在下载多国语言包时，选择对应的 Luna 超链接，然后下载"Language:Chinese(Simplified)"中对应的 BabelLanguagePack-eclipse-zh_4.4.0.v20141223043836.zip 就可以了。

成功下载了语言包后，可将其解压缩，然后使用得到的 features 和 plugins 两个文件夹覆盖 Eclipse 文件夹中同名的这两个文件夹即可。此时启动 Eclipse，可看到汉化后的 Eclipse 启动界面，如图 2-19 所示。

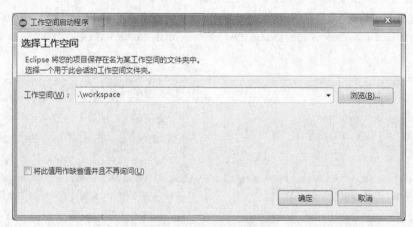

图 2-19　启动 Eclipse

（3）每次启动 Eclipse 时，都需要设置工作空间，工作空间用来存放创建的项目。可通过单击"浏览"按钮来选择一个存放的目录，如图 2-19 所示。可通过勾选"将此值用作缺省值并且不再询问"选项屏蔽该对话框。

（4）最后单击"确定"按钮，若是初次进入，在第（3）步骤中选择的工作空间，则出现 Eclipse 的欢迎提示界面，如图 2-20 所示。

图 2-20　Eclipse 的欢迎界面

2.1.4　安装 ADT 插件

Google 专门为 Eclipse 开发了一个插件 ADT（Android Development Tools），用它来辅助开发。安装 ADT 插件后，不仅可以联机调试，而且还能够模拟各种手机事件、分析程序性能等。下面将详细介绍如何安装 ADT 插件。Android 官网中提供了两种安装 ADT 插件的方法：一种是离线安装，另一种是在线安装。由于在线安装需要联网下载安装内容，而且 Android 官网最近访问也不太顺畅，所以这里我们只介绍离线安装方法。

安装 ADT 插件

在 Android 的官网中可以下载到 ADT 插件的离线安装包，目前的版本为 ADT 23.0.6。ADT 插件的离线安装包（例如，ADT-23.0.6.zip）下载完成后，还需要将其安装到 Eclipse 上，具体步骤如下。

（1）启动 Eclipse 后，在主菜单上选择"帮助"/"安装新软件"菜单项，此时将弹出图 2-21 所示的"安装"对话框。

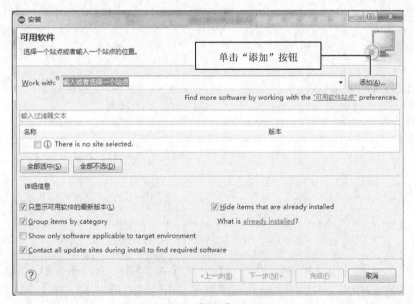

图 2-21　"安装"对话框

（2）单击"添加"按钮，将弹出如图 2-22 所示的 Add Repository 对话框。

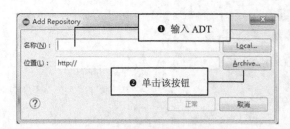

图 2-22 Add Repository 对话框

图 2-23 选择 ADT 插件的离线安装包后的对话框

（3）在"名称"文本框中输入 ADT，再单击 Archive 按钮，在打开的 Repository archive 对话框中，选择已经下载的 ADT 插件的离线安装包，单击"打开"按钮，返回到 Add Repository 对话框中，如图 2-23 所示。

（4）单击"确定"按钮，返回到"安装"对话框中，勾选 Developer Tools 复选框，如图 2-24 所示。

图 2-24 勾选 Developer Tools 复选框

（5）单击"下一步"按钮，将显示插件详细信息，包括插件名称、版本号和 ID。单击"下一步"按钮，将显示安装协议对话框。勾选"我接受全部许可协议中的条款"复选框，这时"完成"按钮将变化为可用状态，如图 2-25 所示。

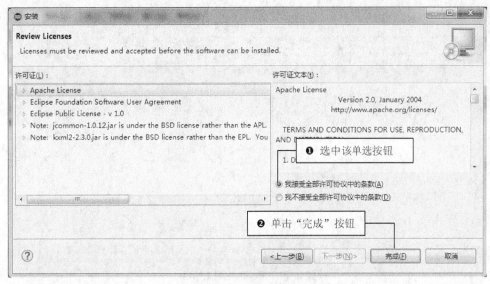

图 2-25 接受全部许可协议

（6）单击"完成"按钮，将打开"正在安装软件"对话框，来显示安装进度，在安装过程中，可能会出现图 2-26 所示的安全警告对话框，单击"确定"继续安装就可以了。

图 2-26 安全警告对话框

（7）安装完成后，将弹出询问是否重新启动 Eclipse 的提示框，单击"是"重新启动 Eclipse。

（8）重新启动 Eclipse 后，将显示图 2-27 所示的对话框，提示打开 Android SDK Manager 配置 Android SDK，这时，如果 Android SDK 已经下载完毕，那么可以直接单击"关闭"按钮，否则单击 Open SDK Manager 按钮，打开 SDK 管理器来下载 Android SDK。

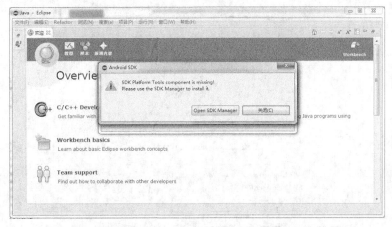

图 2-27 提示打开 Android SDK Manager 配置 Android SDK

（9）配置完 Android SDK 后，关闭欢迎页，将进入到 Eclipse 的工作台窗口，如图 2-28 所示。

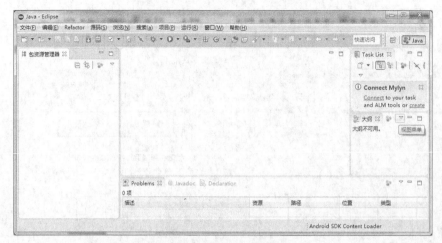

图 2-28　Eclipse 的工作台

2.2　Android SDK

Android SDK 是程序开发人员学习和开发 Android 程序的宝贵资源，它不仅提供了开发所必需的调试、打包和测试运行的工具，还提供了详尽的帮助文档和简单易懂的示例程序。

2.2.1　目录结构

在 Android SDK 的安装目录中通常会包含 10 个文件夹和 3 个文件，如图 2-29 所示。

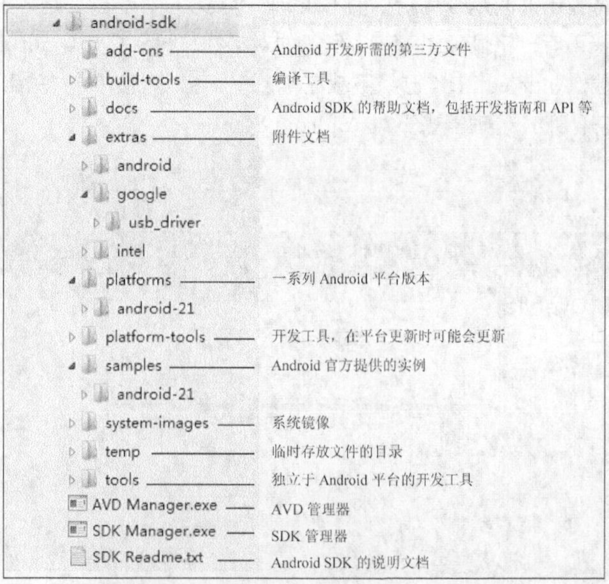

目录结构

图 2-29　Android SDK 的目录结构

其中，extras/google 子目录下保存了 Android 手机的 USB 驱动程序；platforms 目录中保存的是各个平台的 SDK 真正文件，由于作者的目录中，只有一个 5.0 版本的 SDK，所以这里只有一个 android-21 目录；platform-tools 目录保存了与平台调试相关的工具（如 adb）；samples 目录中提供了针对不同平台版本的示例程序；temp 目录用于保存一些临时文件，如下载文件会临时存放在这个目录中。

2.2.2 示例程序

在 Android SDK 安装目录的 samples\android-21 子目录中，包含了很多个基于 Android 5.0 版本的示例程序。这些示例程序多数并不复杂，但是可以从不同方面展示 Android 提供的丰富功能。例如，这里面提供了一个 API Demos 示例，如图 2-30 所示，其中包含了 Android 平台上多数 API 的使用方法，涉及动画、应用、图形、媒体、资源、系统、语音识别和用户界面等方面。程序开发人员在进行学习和开发时，可以参考该示例。

示例程序

图 2-30　API Demos 示例

2.2.3 帮助文档

在 Android 的官方网站中，提供了最新版本的 Android SDK 官方 API 文档。该 API 文档中记录了 Android 编程中海量的 API，主要包括类的继承结构、成员变量和成员方法、构造方法、静态成员的详细说明和描述信息等。它是 Android 程序开发不可缺少的词典。

帮助文档

Android SDK 安装成功后，可以在 Android SDK 安装目录下的 docs 子目录中，打开 index.html 页面来进行查看。在该页面中，单击 Develop 超链接进入到开发者页面，如图 2-31 所示。

在图 2-31 所示的页面中，可以单击 Training 超链接，查看 Android 提供的开发训练文档，其中包括了学习 Android 项目开发的最佳练习；单击 API Guides 超链接，查看 Android 提供的 API 指南，其中包括了进行 Android 项目开发所必须掌握的理论知识；单击 Reference 超链接，查看 Android 提供的参考文档，其中包括了全部 Android API 参考文档，在使用这个 API 文档时，需要先选择要查看类所在的包，然后再找到该类，这样才能查看对应的文档。

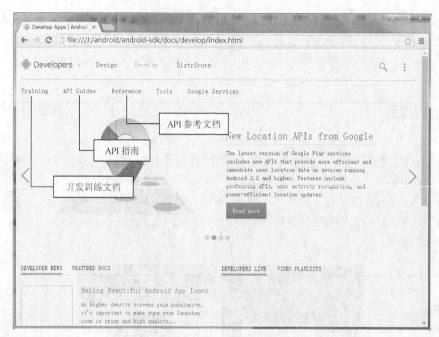

图 2-31 Android API 文档页面效果

2.2.4 开发工具

Android SDK 提供了很多功能强大的开发工具，通过这些工具，程序开发人员不仅可以提高开发效率，而且方便进行程序调试。下面将对一些常用的开发工具进行介绍。

开发工具

1. Android 模拟器

Android 模拟器是 Android SDK 中提供的一个重要工具，通过它可以模拟手机/平板电脑等设备，如图 2-32 所示。

图 2-32 Android 模拟器

在 Android SDK 安装目录的 tools 子目录下，有一个 emulator.exe 文件，它就是 Android 模拟器。该模拟器几乎可以模拟真实手机或平板电脑的绝大部分功能，十分出色。

Android 模拟器是一个基于 QEMU 的程序，它提供了可以运行 Android 应用的虚拟 ARM 移动设备。它在内核级别运行一个完整的 Android 系统栈，其中包含了一组可以在自定义应用中访问的预定义应用程序（例如拨号器）。开发人员通过定义 AVD 来选择模拟器运行的 Android 系统版本，此外还可以自定义移动设备皮肤和键盘映射。在启动和运行模拟器时，开发人员可以使用多种命令和选项来控制模拟器行为。

Android 模拟器支持多种移动设备的硬件特性，例如：
- ARMv5 中央处理器和对应的内存管理单元（MMU）；
- 16 位液晶显示器；
- 一个或多个键盘（基于 Qwerty 键盘和相关的 Dpad/Phone 键）；
- 具有输出和输入能力的声卡芯片；
- 闪存分区（通过电脑上磁盘镜像文件模拟）；
- 包括模拟 SIM 卡的 GSM 调制解调器。

2. Android 调试桥

Android 调试桥（Android Debug Bridge，ADB）是 Android SDK 提供的一个工具，通过该工具可以直接操作 Android 模拟器或者设备，它的主要功能如下：
- 运行 Android 设备的 shell（命令行）；
- 管理 Android 模拟器或者设备的端口映射；
- 在计算机和 Android 设备之间上传或者下载文件；
- 将本地 apk 文件安装到 Android 模拟器或者设备上。

3. DDMS

DDMS（Dalvik Debug Monitor Service）是 Android 开发环境的 Dalvik 虚拟机调试监管服务，使用它可以监视 Android 系统中进程、堆栈信息，查看 LogCat 日志，屏幕截图，模拟电话呼叫和 SMS 短信，以及管理模拟器文件等。

在 Eclipse 集成开发环境中提供了 DDMS 管理器窗口，如果没有，开发人员可以通过 Android SDK 安装路径下，tools 文件夹中的 ddms.bat 文件打开。

在 Eclipse 中，选择"窗口"/"打开透视图"/DDMS 菜单项，可以打开 DDMS 透视图，如图 2-33 所示。

其中，在设备管理器中，将显示多个模拟器中所有正在运行的进程，通过它可以同时监控多个 Android 模拟器。另外，单击该面板中的 按钮，可以截取模拟器的屏幕。在模拟器控制器中，可以模拟各种不同网络情况、模拟电话呼叫、SMS 短信通信和发送虚拟地址坐标（用于测试 GPS 功能）等。在 LogCat 面板中，将显示日志信息，可以快速定位应用程序产生的错误。

4. 其他工具

在 Android SDK 中，还提供了一些辅助开发的小工具，如表 2-2 所示。

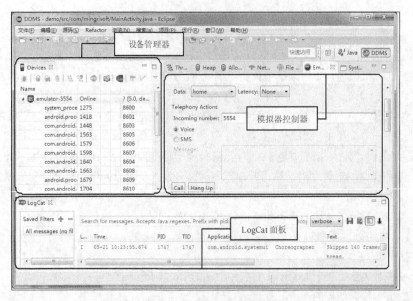

图 2-33 DDMS 透视图

表 2-2 Android SDK 提供的其他工具

工具名称	启动文件	说明
PNG 和 ETC1 转换工具	etc1tool.exe	命令行工具，支持将 PNG 和 ETC1 相互转换
数据库工具	sqlite3.exe	用来创建和管理 SQLite 数据库
9Patch 文件编辑工具	draw9patch.bat	9Patch 是 Android 提供的可伸缩的图形文件格式，它基于 PNG 文件。使用 draw9patch 可以创建和编辑 9Patch 文件
代码优化混淆工具	proguard 目录	通过删除未使用的代码，并重命名代码中的类、段和方法名称，使代码较难实施逆向工程
模拟器控制工具	monkeyrunner.bat	允许通过代码或命令，在外部控制模拟器或设备
跟踪显示工具	traceview.bat	以图形化的方式显示应用程序的执行日志，用来调试应用程序，分析执行效率
层级观察器	hierarchyviewer.bat	对用户界面进行分析和调试，以图形化的方式展示树型结构的界面布局
SD 卡映像创建工具	mksdcard.exe	用于建立 SD 卡映像文件
查错与代码优化工具	lint.bat	用于通过代码检查，发现潜在问题，并能对 Android 程序进行优化处理

小 结

本章首先介绍了进行 Android 应用开发所需的开发环境，以及如何搭建 Android 开发环境，然后又对 Android SDK 的目录结构、示例程序、帮助文档和开发工具进行了简要介绍。其中，JDK 的配置、Android SDK 的下载和 ADT 插件的安装是本章的难点，需要大家按照书中介绍的步骤仔细操作，如果出现问题，不要着急，仔细对照书中介绍的步骤重新配置，最终成功搭建一个好用的 Android 开发环境。为之后的开发打下坚实的基础。

习 题

2-1 简述进行 Android 应用开发需要具备的开发环境。
2-2 简述 ADT 插件的作用。
2-3 如何使用 Android API 帮助文档?
2-4 什么是 Android 模拟器? Android 模拟器都支持哪些移动设备的硬件特性?
2-5 Android 调试桥的主要功能有哪些?
2-6 简述 DDMS 的作用,以及使用方法。

第3章

第一个Android程序

本章要点:

- 创建Android应用程序的具体步骤
- Android项目结构说明
- 通过图形化界面启动模拟器
- 通过命令行启动模拟器
- 通过图形化界面删除AVD
- 通过命令行删除AVD
- 通过模拟器运行项目

■ 作为程序开发人员,学习新语言的第一步就是实现输出"Hello World"。学习 Android 开发也不例外,我们也是从第一个"Hello World"应用程序开始。下面将介绍如何编写并运行一个 Android 应用程序,以及 Android 项目结构说明和管理 Android 模拟器。

3.1 创建 Android 应用程序

下面将介绍如何使用 Eclipse 集成开发环境创建第一个 Android 应用程序——Hello World。

【例 3-1】 在 Eclipse 中创建 Android 项目，名称为 AccountMS，实现在屏幕上输出文字"Hello World"。

创建 Android 应用程序

这个项目名称之所以命名为 AccountMS，是因为在后面的学习中，我们将会把它作为综合开发实例中的个人理财通项目。

（1）启动 Eclipse，选择"文件(F)"/"新建(N)"/"项目(R)..."菜单项，将打开"新建"对话框，在该对话框中，选择 Android 文件夹中的 Android Application Project，单击"下一步(N)>"按钮，如图 3-1 所示。

图 3-1 新建项目对话框

在 Eclipse 中，可以通过选择"窗口"/"定制透视图"菜单项打开"定制透视图"对话框，在该对话框的"菜单可见性"选项卡中，依次展开"文件"/"新建"节点，勾选 Android Application Project 前面的复选框，将创建 Android 应用项目的菜单项在新建菜单中显示。这样，可以通过选择"文件"/"新建"/Android Application Project 菜单项来创建 Android 应用项目了。

（2）将弹出"New Android Application"对话框，该对话框中首先输入应用程序名称、项目名称和包名，然后分别在 Minimum Required SDK、Target SDK、Compile With 和 Theme 下拉列表中选择可以运行的最低版本、创建 Android 程序的版本，以及编译时使用的版本和使用的主题，如图 3-2 所示。

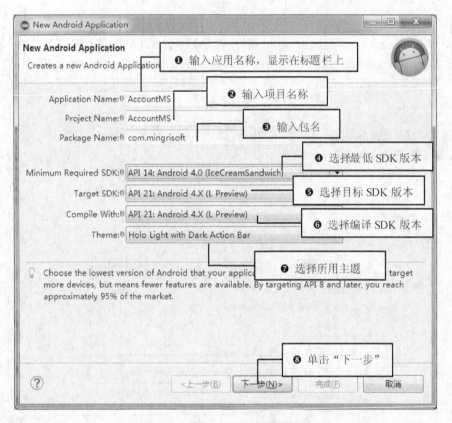

图 3-2　新建 Android 项目对话框

在设置 Minimum Required SDK（要求最低的 SDK 版本）时，需要设置为 API 14 或以上版本，否则在创建项目后，将自动生成一个名称为 appcompat_v7 的项目，用于兼容 API 14 以下版本。

设置包名时，一定不能使用中文（如 com.明日科技），或者单纯的数字（如 com.mr.03），否则，项目将不能成功创建。

（3）单击"下一步"按钮，将打开如图 3-3 所示的配置项目存放位置的对话框，这里采用默认设置。
（4）单击"下一步"按钮，打开 Configure Launcher Icon 对话框，该对话框可以对 Android 程序的图标相关信息进行设置，如图 3-4 所示。

图 3-3　配置项目存放位置的对话框

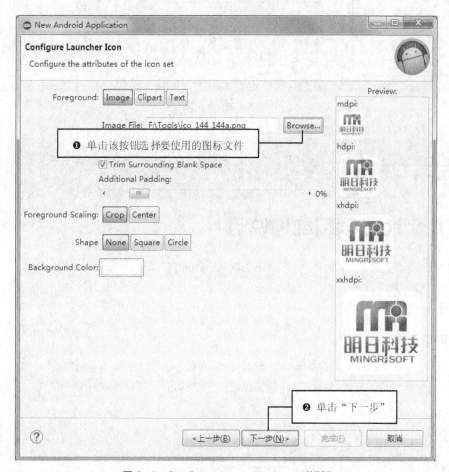

图 3-4　Configure Launcher Icon 对话框

（5）单击"下一步"按钮，打开 Create Activity 对话框，该对话框用于设置要生成的 Activity 的模板,这里采用默认。单击"下一步"按钮,将打开 New Blank Activity 对话框,该对话框用于设置 Activity 的相关信息,包括 Activity 的名称、布局文件名称等,这里采用默认。单击"完成"按钮,即可创建一个 Android 程序。程序创建完成后,Eclipse 将自动打开该项目,如图 3-5 所示。

图 3-5 新创建的项目

 通过 Eclipse 创建 Android 应用程序时,无需编写任何代码,就可以实现一个 Hello World 程序。

3.2 Android 项目结构说明

默认情况下,使用带 ADT 插件的 Eclipse 创建 Android 项目后,将默认生成如图 3-5 中黑线圈起来部分所示的目录结构。下面将对 Android 项目中常用的包和文件进行说明。

Android 项目结构说明

3.2.1 src 目录

src 目录包含了 Android 程序的所有包及源文件(.java),例如,AccountMS 项目的 src 目录中包含了 com.mingrisoft 包和 MainActivity.java 源文件,如图 3-6 所示。

图 3-6 src 目录结构

默认生成的 MainActivity.java 文件的关键代码如下。

```
public class MainActivity extends Activity {
    //该方法在创建Activity时被回调,用于对该Activity执行初始化
    @Override
    protected void onCreate(Bundle savedInstanceState) {
        super.onCreate(savedInstanceState);
        setContentView(R.layout.activity_main);
    }

    //创建一个默认的选项菜单
    @Override
    public boolean onCreateOptionsMenu(Menu menu) {
        getMenuInflater().inflate(R.menu.main, menu);
        return true;
    }
    //响应菜单项的选中动作
    @Override
    public boolean onOptionsItemSelected(MenuItem item) {
        int id = item.getItemId();
        if (id == R.id.action_settings) {
            return true;
        }
        return super.onOptionsItemSelected(item);
    }
}
```

从上面的代码中可以看出,开发人员创建的 MainActivity 类默认是继承自 Activity 类的,并且在该类中,重写了 Activity 类中的 onCreate()方法,在 onCreate()方法中通过 setContentView(R.layout.activity_main)设置当前的 Activity 要显示的布局文件。

 这里使用 R.layout.activity_main 来获取 layout 文件夹中的 activity_main.xml 布局文件,这是因为在 Android 程序中,每个资源都会在 R.java 文件中生成一个索引,而通过这个索引,开发人员可以很方便地调用 Android 程序中的资源文件。

3.2.2 gen 目录

gen 目录,包含的是 ADT 生成的 Java 文件,通常会自动生成两个 Java 文件,分别是 R.java 和 BuildConfig.java。例如,AccountMS 的 gen 目录结构,如图 3-7 所示。

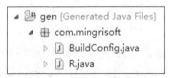

图 3-7 gen 目录结构

下面分别对 R.java 和 BuildConfig.java 文件进行介绍。

❏ R.java。

R.java 文件用来定义 Android 程序中所有资源的索引,在 Java 源文件中编写代码时,可以直接通过该索引访问各种资源。例如,创建 AccountMS 项目时自动生成的 R 文件的代码如下:

```
public final class R {
    public static final class attr {
    }
    public static final class dimen {
        public static final int activity_horizontal_margin=0x7f040000;
        public static final int activity_vertical_margin=0x7f040001;
    }
    public static final class drawable {
        public static final int ic_launcher=0x7f020000;
    }
    public static final class id {
        public static final int action_settings=0x7f080000;
    }
    public static final class layout {
        public static final int activity_main=0x7f030000;
    }
    public static final class menu {
        public static final int main=0x7f070000;
    }
    public static final class string {
        public static final int action_settings=0x7f050002;
        public static final int app_name=0x7f050000;
        public static final int hello_world=0x7f050001;
    }
    public static final class style {
        public static final int AppBaseTheme=0x7f060000;
        public static final int AppTheme=0x7f060001;
    }
}
```

从上面的代码可以看到，R 文件内部由很多静态内部类组成。内部类中，又包含了很多常量，这些常量分别表示 res 包中的不同资源。在.java 源文件中，可以通过"R.资源类名.常量"的方式来调用定义的资源。

R.java 文件是只读文件，开发人员不能对其进行修改，当 res 包中资源发生变化时，该文件会自动修改。

- BuildConfig.java。

BuildConfig.java 文件是调试（Debug）时用的，一般不用修改。

3.2.3 android.jar 文件

android.jar 文件位于 Android X 目录下，例如，AccountMS 项目的 android.jar 文件位于 Android 5.0 目录下，如图 3-8 所示。在 android.jar 文件中，包含了 Android 项目需要使用的工具类、接口等。如果开发不同版本的 Android 应用，该文件会自动替换。

图 3-8　android.jar 文件的位置

3.2.4 libs 目录

libs 放置的是第三方 jar 包，但在最新版本的 ADT 下，会将这些第三方包配置到 Android Private Library 里面。

3.2.5 assets 目录

assets 目录用于保存原始格式的文件。该文件夹中的文件不能被 R.java 文件索引，但是会被编译到.apk 中，并且原文件名会被保留。可以使用 URI 来定位该文件夹中的文件，然后使用 AssetManager 类以流的方式来读取文件内容。通常用于保存文本、游戏数据、音频文件、视频文件等内容。

3.2.6 res 目录

res 目录用来保存资源文件。当该目录中文件发生变化时，R 文件会自动修改。在 res 目录中还包括一些子包，下面将对这些子目录进行详细说明。

❑ drawable 子目录。

drawable 子目录通常用来保存图片资源。由于 Android 设备多种多样，其屏幕的大小也不尽相同，为了保证良好的用户体验，会为不同的分辨率提供不同的图片，这些图片分别存放在不同的文件夹中，默认情况下，ADT 插件会自动创建 drawable-xxhdpi（超超高）、drawable-xhdpi（超高）、drawable-hdpi（高）、drawable-mdpi（中）和 drawable-ldpi（低）5 个文件夹，分别用于存放超超高分辨率图片、超高分辨率图片、高分辨率图片、中分辨率图片和低分辨率图片。例如，AccountMS 项目的 drawable 子目录的结构如图 3-9 所示。

❑ layout 子目录。

layout 子目录主要用来存储 Android 程序中的布局文件，在创建 Android 程序时，会默认生成一个 activity_main.xml 布局文件。例如，AccountMS 项目的 layout 子目录的结构如图 3-10 所示。

图 3-9 drawable 子目录的结构

图 3-10 layout 子目录的结构

例如，activity_main.xml 布局文件的默认代码如下。

```
<RelativeLayout xmlns:android="http://schemas.android.com/apk/res/android"
    xmlns:tools="http://schemas.android.com/tools"
    android:layout_width="match_parent"
    android:layout_height="match_parent"
    android:paddingBottom="@dimen/activity_vertical_margin"
    android:paddingLeft="@dimen/activity_horizontal_margin"
    android:paddingRight="@dimen/activity_horizontal_margin"
    android:paddingTop="@dimen/activity_vertical_margin"
    tools:context="com.mingrisoft.MainActivity" >
    <TextView
        android:layout_width="wrap_content"
```

```
            android:layout_height="wrap_content"
            android:text="@string/hello_world" />
</RelativeLayout>
```

activity_main.xml 布局文件中的重要元素及说明如表 3-1 所示。

表 3-1 activity_main.xml 布局文件中的重要元素及说明

元素	说明
RelativeLayout	布局管理器
xmlns:android	包含命名空间的声明，其属性值为 http://schemas.android.com/apk/res/android，表示 Android 中的各种标准属性能在该 xml 文件中使用，它提供了大部分元素中的数据，该属性一定不能省略
xmlns:tools	指定布局的默认工具
android:layout_width	指定当前视图在屏幕上所占的宽度
android:layout_height	指定当前视图在屏幕上所占的高度
TextView	文本框组件，用来显示文本
android:text	文本框组件显示的文本

开发人员在指定各个元素的属性值时，可以按下<Alt + />快捷键来显示帮助列表，然后在帮助列表中选择系统提供的值，如图 3-11 所示。

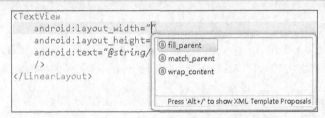

图 3-11 按下<Alt + />来显示帮助列表

另外，ADT 插件提供了可视化工具来辅助用户开发布局文件，如图 3-12 所示。

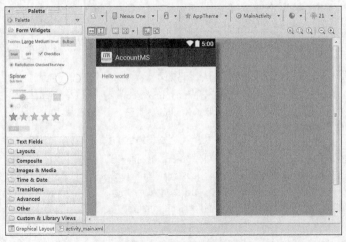

图 3-12 布局编辑器

❑ values 子目录。

values 子目录通常用于保存应用中使用的字符串、样式和尺寸资源。例如，AccountMS 项目的 values 子目录的结构如图 3-13 所示。

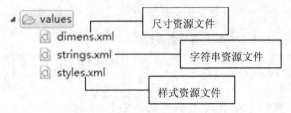

图 3-13　values 子目录的结构

在开发国际化程序时，这种方式尤为方便。strings.xml 文件的代码如下。

```xml
<?xml version="1.0" encoding="utf-8"?>
<resources>
    <string name="app_name">AccountMS</string>
    <string name="hello_world">Hello world!</string>
    <string name="action_settings">Settings</string>
</resources>
```

读者可以将 R 文件与 res 目录中的内容进行对比，这样就可以了解两者之间的关系。例如 R 文件中内部类 string 对应 values 目录中 strings.xml 文件。

3.2.7　AndroidManifest.xml 文件

每个 Android 应用程序必须包含一个 AndroidManifest.xml 文件，它位于根目录中。它是整个 Android 应用的全局描述文件。在该文件内，需要标明应用的名称、使用图标、Activity 和 Service 等信息，否则程序不能正常启动。例如，AccountMS 程序中的 AndroidManfest.xml 文件代码如下。

```xml
<?xml version="1.0" encoding="utf-8"?>
<manifest xmlns:android="http://schemas.android.com/apk/res/android"
    package="com.mingrisoft"
    android:versionCode="1"
    android:versionName="1.0" >
    <uses-sdk
        android:minSdkVersion="14"
        android:targetSdkVersion="21" />
    <application
        android:allowBackup="true"
        android:icon="@drawable/ic_launcher"
        android:label="@string/app_name"
        android:theme="@style/AppTheme" >
        <activity
            android:name="com.mingrisoft.MainActivity"
            android:label="@string/app_name" >
            <intent-filter>
                <action android:name="android.intent.action.MAIN" />
                <category android:name="android.intent.category.LAUNCHER" />
```

```
            </intent-filter>
        </activity>
    </application>
</manifest>
```

AndroidManfest.xml 文件中的重要元素及说明如表 3-2 所示。

表 3-2 AndroidManfest.xml 文件中的重要元素及说明

元素	说明
manifest	根节点，描述了 package 中所有的内容
xmlns:android	包含命名空间的声明，其属性值为 http://schemas.android.com/apk/res/android，它表示 Android 中的各种标准属性能在该 xml 文件中使用，它提供了大部分元素中的数据
package	声明应用程序包
uses-sdk	应用程序所使用的 Android SDK 版本。通常情况下，需要使用 android:minSdkVersion 属性设置要求的最小 Android SDK 版本；使用 android:targetSdkVersion 属性设置目标 Android SDK 版本
application	包含 package 中 application 级别组件声明的根节点，一个 manifest 中可以包含零个或者一个该元素
android:icon	应用程序图标
android:label	应用程序标签，即设置显示的名称
activity	与用户交互的主要工具，它是用户打开一个应用程序的初始页面
android:name	Activity 的名称
intent-filter	声明指定的一组组件支持的 Intent 值
action	组件支持的 Intent Action
category	组件支持的 Intent Category，这里通常用来指定应用程序默认启动的 Activity

在 Android 程序中，每一个 Activity 都需要在 AndroidManfest.xml 文件中有一个对应的 <activity>标记，同理，每一个 Service 也需要在 AndroidManfest.xml 文件中有一个对应的 <service>标记。

3.2.8 project.properties 文件

project.properties 文件记录了 Android 项目的相关设置，例如，编译目标和 apk 设置等。如果需要修改项目属性，在 Eclipse 中右键单击项目名称节点，选择"属性"菜单项进行修改。

3.3 管理 Android 模拟器

在进行 Android 应用开发时，经常要使用模拟器来测试程序。而 Android 的模拟器本身是一个无操作界面的程序，所以它的运行需要借助 AVD（Android Virtual Device），通过 AVD 来实现模拟器的启动和停止。下面将详细介绍如何通过 AVD 来管理模拟器。

3.3.1 创建 AVD 并启动 Android 模拟器

创建 AVD 并启动 Android 模拟器，通常情况下，可以通过两种方法实现，一种是通过图形化界面实现，另一种是通过命令行实现。下面分别进行介绍。

创建 AVD 并启动 Android 模拟器

1．通过图形化界面实现

启动 Android 模拟器需要配置 AVD，它是 Android 官方提供的一个可以运行 Android 程序的虚拟机，在运行 Android 程序之前，首先需要创建 AVD。创建 AVD 并启动 Android 模拟器的步骤如下。

（1）单击 Eclipse 工具栏上的 图标，将显示 AVD 管理器对话框，如图 3-14 所示。

图 3-14　AVD 管理器对话框

（2）单击"Create…"按钮，将弹出"Create new Android Virtual Device(AVD)"对话框，如图 3-15 所示，在该对话框中，首先输入要创建的 AVD 名称，并选择 AVD 版本；然后设置 SD 卡的内存大小，并选择屏幕样式。

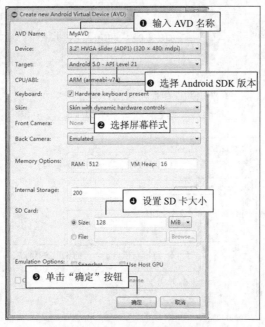

图 3-15　创建 AVD 对话框

Name 栏可以使用的字符包括"a~z""A~Z""0~9"".""-""_"。a~z 表示从 a 到 z 共 26 个字母,并且在两个字符中间不能有空格。

另外,为 AVD 选择 Android SDK 版本(系统镜像目标)时,请牢记以下要点。

❑ 目标的 API 等级非常重要。在应用程序的配置文件(AndroidManifest 文件)中,使用 minSdkVersion 属性标明需要使用的 API 等级。如果系统镜像等级低于该值,将不能运行这个应用。

❑ 建议开发人员创建一个 API 等级大于应用程序所需等级的 AVD,这主要用于测试程序的向后兼容性。

如果应用程序配置文件中说明需要使用额外的类库,则其只能在包含该类库的系统镜像运行。

(3)单击"确定"按钮,返回"Android Virtual Device Manager"对话框,如图 3-16 所示,这时可以看到已经创建了一个 AVD。

图 3-16 创建完成的 AVD

在"Android Virtual Device Manager"对话框中可以创建多个 Android 模拟器,但是模拟器的名称不能相同。

(4)选中已经创建的 AVD,单击如图 3-16 所示的"Start..."按钮,将弹出如图 3-17 所示的启动选项对话框,在该对话框中,可以对模拟器屏幕的大小进行缩放,这里采用默认设置。

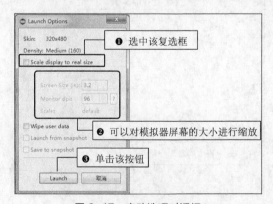

图 3-17 启动选项对话框

（5）单击 Launch 按钮，启动模拟器，第一次启动后的效果如图 3-18 所示。单击"OK"按钮将进入到模拟器的主界面。

图 3-18　第一次启动 Android 模拟器的效果图

（6）以后再启动该模拟器时，将会显示如图 3-19 所示的效果。

图 3-19　处于锁屏状态的模拟器

（7）从图 3-19 可以看到，Android 模拟器默认启动后处于锁定状态，在屏幕上向上滑动直到小锁头变大并且颜色变为纯白色时停止滑动，即可解除 Android 模拟器的锁定。

　模拟器启动以后，只需要将模拟器窗口关闭即可停止模拟器。

2. 通过命令行实现

在命令行下实现创建 AVD 并启动 Android 模拟器的具体步骤如下。

在 Windows 系统中打开命令行窗口，需要选择"开始"/"运行"命令（没有"运行"命令可以按〈Windows+R〉组合键），然后在"运行"对话框中输入 cmd 并单击"确定"按钮即可。

（1）获得可用的 Android 平台版本，命令格式如下。

android list targets

执行结果如图 3-20 所示。

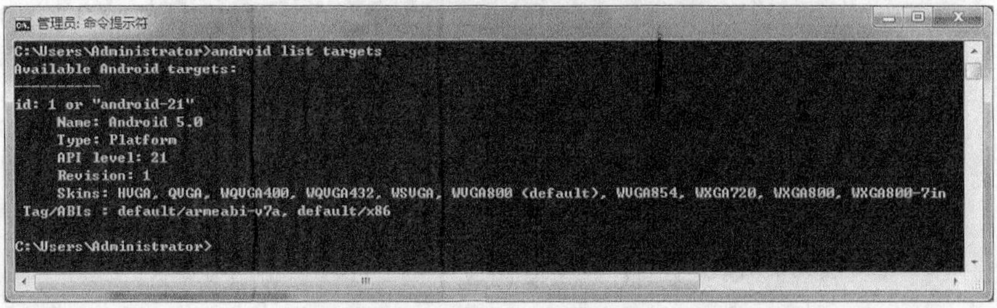

图 3-20　获得可用平台版本

（2）创建 AVD，命令格式如下。

android create avd -n <avd名称> -t <Android版本> -p <AVD设备保存位置> -s <选择AVD皮肤> -d <CPU/ABI>

在上面的命令格式中，只有-n 和-t 选项是必需的，-p 和-t 选项是可选的，如果不设置-p，创建的 AVD 设备默认保存在环境变量中配置的%ANDROID_SDK_HOME%/.avd 路径下。

在图 3-20 中列出的平台版本中，id 属性为-t 所对应的参数值，可以使用 1 或者"android 21"。

例如，创建一个使用 ARM (armeabi-v7a) CPU 的名称为 MyAVD_arm 的 AVD 设备，可以使用下面的代码。

android create avd -n MyAVD_arm -t 1 -s HVGA -b default/armeabi-v7a

执行结果如图 3-21 所示。执行上面的命令时，会提示用户是否需要定制 AVD 的硬件，可以选择 yes 或者 no，如果输入 no，即可直接开始创建 AVD 设备，如果输入 yes 或者直接按〈Enter〉键，将开始定制 AVD 硬件的各种选项，定制完成后系统开始创建 AVD 设备。

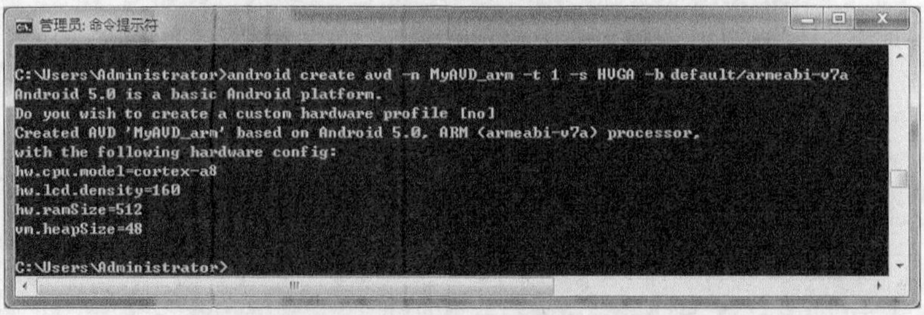

图 3-21　创建名称为 MyAVD_arm 的 AVD 设备

再例如，要创建一个使用 Intel Atom（x86）CPU 的名称为 MyAVD_intel 的 AVD 设备，可以使用下面的代码。

android create avd –n MyAVD_intel –t 1 –s HVGA –b default/x86

执行结果如图 3-22 所示。

图 3-22　创建名称为 MyAVD_intel 的 AVD 设备

创建使用 Intel Atom（x86）CPU 的 AVD 设备，需要在电脑中安装英特尔硬件加速管理器。

创建 AVD 的过程中，系统会在 %ANDROID_SDK_HOME%/.avd 路径下创建 "AVD 名称.avd" 目录和 "AVD 名称.ini" 文件，其中，在 "AVD 名称.avd" 目录中，包括一个 userdata.img 文件，它是 AVD 中用户数据的镜像，还有一个 sdcard.img 文件，它是该 AVD 所使用的虚拟 SDCard 的镜像。

（3）通过 AVD 启动模拟器。命令格式如下。

emulator –avd <AVD名称>

例如，要通过名称为 MyAVD_arm 的 AVD 来启动模拟器，可以使用下面的命令。

emulator –avd MyAVD_arm

命令执行后，将启动一个模拟器，效果如图 3-23 所示。

图 3-23　模拟器的启动效果

说明　要停止模拟器的运行，只需要关闭模拟器窗口即可。

3.3.2　删除 AVD

删除 AVD，通常情况下，也可以通过两种方法实现，一种是通过图形化界面实现，另一种是通过命令行实现。下面分别进行介绍。

删除 AVD

1. 通过图形化界面实现

删除 AVD 的步骤比较简单，只需要在"Android Virtual Device(AVD)Manager"对话框中选中要删除的 AVD，然后单击"Delete"按钮即可，如图 3-24 所示。

图 3-24　删除 AVD

 说明　选中 AVD 以后，单击右侧的"Edit"按钮可以编辑该 AVD；单击"Details"按钮，可以查看模拟器的配置信息。

2. 通过命令行实现

通过 android delete avd 命令可以删除已经创建的 AVD，具体的命令格式如下。

android delete avd -n <AVD名称>

例如，要删除名称为 MyAVD_arm 的 AVD，可以使用下面的命令。

android delete avd -n MyAVD_arm

命令执行结果如图 3-25 所示。

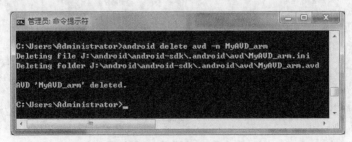

图 3-25　删除 AVD

3.4 运行项目

创建 Android 应用程序后，还需要运行查看其显示结果。要运行 Android 应用程序，可以有两种方法，一种是在电脑上连接用来运行程序的手机，然后通过该手机来运行程序；另一种是通过 Android 为提供的模拟器来运行程序。在本节中，我们将介绍如何通过模拟器来运行。在 Eclipse 中，通过模拟器运行 3.1 节编写的 AccountMS 的具体步骤如下。

运行项目

（1）在包资源管理器中，选中要运行的项目（这里为 AccountMS），单击 Eclipse 工具条中 按钮，弹出如图 3-26 所示的选择项目运行方式对话框。选择"Android Application"，单击"确定"按钮，将显示"正在启动 AccountMS"对话框，启动完成后，将自动关闭该对话框，并打开模拟器对话框，启动模拟器。

图 3-26 项目运行方式

（2）模拟器启动完毕后，会显示屏幕锁定的模拟器，解锁屏幕后，显示刚刚创建的应用，运行效果如图 3-27 所示。

图 3-27 应用程序的运行效果

小 结

在本章中首先介绍了如何创建一个 Android 程序,然后对一个标准的 Android 项目的结构进行说明,接下来又介绍了如何管理 Android 模拟器,最后介绍了如何通过模拟器运行 Android 项目。其中,创建 Android 应用程序、管理 Android 模拟器和通过模拟器运行项目需要重点掌握,Android 项目结构只要了解就可以了。

上机指导

本实例要求使用 Android 制作一个应用程序,实现在屏幕中输出一段自己喜欢的励志文字,例如,我喜欢俞敏洪的"我一直认为我是一只蜗牛。我一直在爬,也许还没有爬到金字塔的顶端。但是只要你在爬,就足以给自己留下令生命感动的日子。"程序运行结果如图 3-28 所示。

图 3-28 输出励志文字的应用程序

开发步骤如下。

(1)在 Eclipse 中,应用向导创建一个名称为 outputMotto 的 Android Application Project 项目。

(2)修改 res/values 目录下的 strings.xml 文件,将字符串常量 app_name 的内容修改为"我喜欢的励志文字";将字符串常量 hello_world 的内容修改为"我一直认为我是一只蜗牛。我一直在爬,也许还没有爬到金字塔的顶端。但是只要你在爬,就足以给自己留下令生命感动的日子。"修改后的代码如下:

```
<?xml version="1.0" encoding="utf-8"?>
<resources>
```

```
        <string name="app_name">我喜欢的励志文字</string>
        <string name="hello_world">我一直认为我是一只蜗牛。我一直在爬，也许还没有爬到金字塔
的顶端。但是只要你在爬，就足以给自己留下令生命感动的日子。</string>
        <string name="action_settings">Settings</string>
</resources>
```

完成以上操作后，在左侧的"包资源管理器"中的项目名称节点上，单击鼠标右键，在弹出的快捷菜单中，选择"运行方式"/Android Application 菜单项就可以通过模拟器来运行程序了。

习 题

3-1 简述应用 Eclipse 创建 Android 应用程序并运行的具体步骤。

3-2 简述 R.java 和 AndroidManifest.xml 文件的作用。

3-3 res 目录包括哪几个子目录？作用都是什么？

3-4 简述通过 Eclipse 创建并启动 Android 模拟器的具体步骤。

3-5 在命令行窗口中创建 AVD 并启动 Android 模拟器的命令是什么？

3-6 如何删除 AVD？

第4章

Android生命周期

本章要点：

- Android进程的优先级
- Android程序的4大基本组件
- Activity的4种状态
- Activity的生命周期
- 使用Log类的相关方法在LogCat中输出日志
- 使用Eclipse调试器进行程序调试
- Android Lint的使用方法

■ Android 生命周期是从程序启动到程序终止的全过程。在本章中将对 Android 程序的生命周期、Android 程序的基本组件、Activity 的生命周期，以及常用的 Android 程序调试方法进行详细的介绍。

4.1 Android 程序生命周期

Android 程序的生命周期是指在 Android 系统中，进程从启动到终止的所有阶段，即 Android 程序从启动到停止的全过程。Android 程序的生命周期是由系统控制，而非程序自身直接控制。现在的主流智能手机多数都是多任务型，可以同时做很多事（例如，可以一边听音乐，一边刷微信），但是手机的内存只有那么多，随着打开的程序数量的增加，可能会使应用响应时间过长或者系统假死，所以 Android 系统就需要回收一些不重要的应用程序。在进行回收时，将按照进程的优先级来终止相应的程序。

Android 程序生命周期

Android 进程的优先级从高到低依次是前台进程、可见进程、服务进程、后台进程和空进程，如图 4-1 所示。

图 4-1 Android 进程的优先级

❑ 前台进程。

前台进程是 Android 系统中最重要的进程，它是与用户正在进行交互的进程。这样的进程重要性最高，一般情况下，系统中只有少数这样的进程。除非系统内存非常低，否则系统不会选择终止前台进程。一般情况，满足以下条件之一即可视为前台进程。

- 进程正在最前端运行一个和用户交互的 Activity[Activity 的 onResume()方法被调用]。
- 进程中有一个正在运行的 BroadcastReceiver[BroadcastReceiver.onReceive()方法正在被执行]。
- 进程中有一个 Service，并且在 Service 的某个回调函数内正有执行的代码。

❑ 可见进程。

可见进程是指部分程序界面能够被用户看见，却不能在前台与用户交互，不响应界面事件的进程。一般情况下，Android 系统会存在少量的可见进程，只有在极端的情况下，Android 系统才会为保证前台进程的资源而清除可见进程。一般情况，满足以下条件之一即可视为可见进程。

- 有一个非前台但是仍然对用户可见的 Activity[Activity 的 onPause()方法被调用]。例如，当前的前台 Activity 是一个对话框，上一个 Activity 还是可见的，上一个 Activity 就是可见进程。
- 具有一个绑定到可见 Activity 的 Service。

❑ 服务进程。

服务进程是拥有 Service 的进程。这些进程通常运行在后台，并且对用户是不可见的。但是它可以长期运行，提供用户所关心的重要功能，如在后台播放音乐。所以除非不能保证前台进程或可见进程所必要的资源，否则不会强行清除服务进程。

❑ 后台进程。

后台进程运行着对用户不可见的 Activity[Activity 的 onStop()方法被调用]，这些进程对用户体验没有直接的影响。例如，一个仅有 Activity 的进程，当用户启动了其他应用程序，使这个进程的 Activity 完全被遮挡，则这个进程便成为了后台进程。一般情况下，Android 系统中存在很多不可见进程，而且系统资源又十分紧张时，系统会优先终止后台进程。当需要终止后台进程时，系统会保证最近一个被用户看到的进程最后一个被终止。

❑ 空进程。

空进程是不包含任何活动组件的进程，系统可能随时关闭这类进程。

4.2 Android 程序的基本组件

Android 应用程序通常由一个或多个基本组件组成，组件是可以被调用的基本功能模块。Android 程序利用组件实现程序内部或程序间的模块调用，以解决代码复用的问题，这是 Android 程序非常重要的特性。Android 程序有 4 大基本组件，分别是 Activity、BroadcastReceiver、Content Provider 和 Service，下面分别进行介绍。

4.2.1 Activity

Activity 是 Android 程序中最基本的模块，它是为用户操作而展示的可视化用户界面，一个 Android 应用程序中可以只有一个 Activity，也可以包含多个，每个 Activity 的作用及其数目，取决于应用程序及其设计。例如，可以使用一个 Activity 展示一个菜单项列表供用户选择，也可以显示一些包含说明的照片等。

Activity

在 Android 程序中，每个 Activity 都被给予一个默认的窗口以进行绘制，一般情况下，这个窗口是满屏的，但它也可以是一个小的、位于其他窗口之上的浮动窗口。

一个 Activity 也可以使用超过一个的窗口，比如，在 Activity 运行过程中弹出的一个供用户反应的小对话框，或者，当用户选择了屏幕上特定项目后显示的必要信息。

Activity 窗口显示的可视内容是由一系列视图构成的，这些视图均继承自 View 基类。每个视图均控制着窗口中一块特定的矩形空间，父级视图包含并组织其子视图的布局，而底层视图则在它们控制的矩形中进行绘制，并对用户操作做出响应，所以，视图是 Activity 与用户进行交互的界面。比如说，开发人员可以通过视图显示一张图片，然后在用户单击它时产生相应的动作。

在 Android 中提供了很多既定的视图供开发人员直接使用，比如按钮、文本框、编辑框、卷轴、菜单项、复选框等。

4.2.2 Service

Service 是服务的意思，它没有可视化的用户界面，而是在一段时间内在后台运行的程序。例如，一个服务可以在用户做其他事情的时候在后台播放背景音乐、从网络上获取一些数据或者计算一些东西并提供给需要这个运算结果的 Activity 使用。Android 程序中的每个服务都继承自 Service 基类。

Service

4.2.3 BroadcastReceiver

BroadcastReceiver（广播接收器）是一个专注于接收广播通知信息，并做出对应处理的组件。Android 程序中的很多广播是源自于系统的，比如，通知时区改变、电池电量低、拍摄了一张照片或者用户改变了语言选项等；另外，Android 应用程序也可以进行广播，比如，可以在下载程序中通知其他应用程序数据下载完成等。

Broadcast Receiver

在一个 Android 应用程序中可以拥有任意数量的广播接收器，以对所有它感兴趣的通知信息予以响应，所有的广播接收器均继承自 BroadcastReceiver 基类。

广播接收器没有用户界面，然而，它们可以启动一个 Activity 来响应它们收到的信息，或者用 NotificationManager 来通知用户。

 广播通知可以用很多种方式来吸引用户的注意力，例如，闪动背灯、振动、播放声音等。一般来说是在状态栏上放一个持久的图标，用户可以打开它并获取消息。

4.2.4 ContentProvider

Content Provider 是应用程序之间共享数据的一种接口机制，它是一种更为高级的数据共享方法，可以指定需要共享的数据，而其他应用程序则可以在不知道数据来源、路径的情况下，对共享数据进行操作。

ContentProvider

在 Android 程序中，共享数据的实现需要继承自 ContentProvider 基类，该基类为其他应用程序使用和存储数据实现了一套标准方法。然而，应用程序并不直接调用这些方法，而是使用一个 ContentResolver 对象，并通过调用它的方法作为替代，ContentResolver 对象提供了 query()、insert()、update()和 delete()等方法，它可以对共享的数据执行各种操作。

4.3 Activity 生命周期

在 Android 应用中,可以有多个 Activity,这些 Activity 组成了 Activity 栈,当我们启动一个 Activity 时，就将它入栈，使之成为活动状态，而之前的 Activity 被压入下面，成为非活动 Activity，处于暂停或停止状态，等待是否可能被恢复为活动状态。在 Activity 栈中，栈顶的 Activity 将被显示到屏幕上，在关闭 Activity 时，也将按照这个顺序来关闭，即最先打开的最后关闭。

4.3.1 Activity 的 4 种状态

Activity 作为 Android 应用程序最重要的一部分，它主要有 4 种状态，分别如下：

- Running 状态：一个新 Activity 启动入栈后，它在屏幕最前端，处于栈的最顶端，此时它处于可见并可和用户交互的激活状态。如图 4-2 所示的"应用信息" Activity 正处于 Running 状态。

Activity 的 4 种状态

- Paused 状态：当 Activity 被另一个透明或者 Dialog 样式的 Activity 覆盖时的状态，此时它依然与窗口管理器保持连接，系统继续维护其内部状态，所以它仍然可见，但它已经失去了焦点，故不可与用户交互。如图 4-3 所示的"应用信息"Activity 正处于 Paused 状态。

图 4-2　Activity 的 Runing 状态

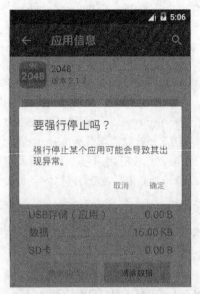

图 4-3　Activity 的 Paused 状态

- Stopped 状态：当 Activity 不可见时，Activity 处于 Stopped 状态。Activity 将继续保留在内存中保持当前的所有状态和成员信息，假设系统其他地方需要内存，这时它是被回收对象的主要候选。当 Activity 处于 Stopped 状态时，一定要保存当前数据和当前的 UI 状态，否则一旦 Activity 退出或关闭时，当前的数据和 UI 状态将会丢失。
- Killed 状态：Activity 被"杀掉"以后或者被启动以前，处于 Killed 状态。这时 Activity 已被移出 Activity 堆栈中，需要重新启动才可以显示和使用。

Activity 的 4 种状态，它们的转换关系是这样的：Activity 从活动状态可以转换为暂停状态或者停止状态，而暂停状态又可以转换为停止状态；活动状态、暂停状态和停止状态都可能转换为 Killed 状态；Killed 状态也可以转换为活动状态。

 Android 的 4 种状态中，Running 状态和 Paused 状态是可见的，而 Stopped 状态和 Killed 状态是不可见的。

4.3.2　Activity 的事件回调方法

Android 程序创建时，系统会自动在其 .java 源文件中重写 Activity 类的 onCreate() 方法，该方法是创建 Activity 时必须调用的一个方法。另外，Activity 类中还提供了诸如 onStart()、onResume()、onPause()、onStop() 和 onDestroy() 等方法，这些方法的先后执行顺序构成了 Activity 对象的一个完整生命周期。图 4-4 所示是 Android 官方给出的 Activity 对象生命周期图。

Activity 的事件回调方法

在图 4-4 中，用矩形方块表示的内容为可以被回调的方法，而带颜色的椭圆形，则表示 Activity 的重要状态。从该图中可以看出，在一个 Activity 的生命周期中有以下方法会被系统回调。

- onCreate() 方法：在创建 Activity 时被回调。该方法是最常见的方法，在 Eclipse 中，创建 Android

项目时，会自动创建一个 Activity，在这个 Activity 中，默认重写了 onCreate(Bundle savedInstanceState)方法，它用于对该 Activity 执行初始化。

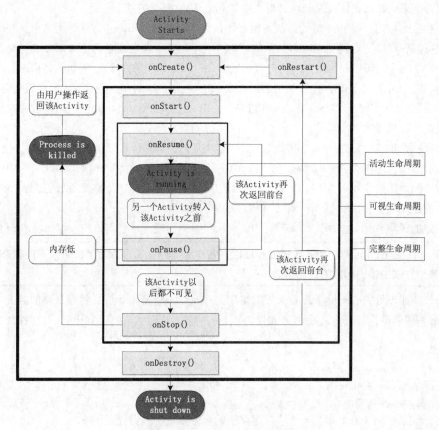

图 4-4　Activity 对象生命周期

- onStart()方法：启动 Activity 时被回调，也就是当一个 Activity 变为显示时被回调。
- onRestart()方法：重新启动 Activity 时被回调，该方法总是在 onStart()方法以后执行。
- onPause()方法：暂停 Activity 时被回调。该方法需要被非常快速地执行，因为直到这个方法执行完毕以前，下一个 Activity 都不能被恢复。在该方法中，通常用于持久保存数据。例如，当我们正在玩游戏时，突然来了一个电话，这时候就可以在该方法中，将游戏状态持久地保存起来。
- onResume()方法：当 Activity 由暂停状态恢复为活动状态时调用。调用该方法后，该 Activity 位于 Activity 栈的栈顶。该方法总是在 onPause()方法以后执行。
- onStop()方法：停止 Activity 时被回调。
- onDestroy()方法：销毁 Activity 时被回调。

 在 Activity 中，可以根据程序的需要来重写相应的方法。通常情况下，onCreate()方法和 onPause()方法是最常用的方法，经常需要重写这两个方法。

上面介绍的这 7 个方法定义了 Activity 的完整生命周期，而该完整生命周期又可以分成以下 3 个嵌套生命周期循环。

- 活动生命周期：自 onResume()方法调用起，到相应的 onPause()方法调用为止。在此期间，

Activity 位于前台最上面并与用户进行交互，Activity 会经常在暂停和恢复之间进行状态转换，例如，当设备转入休眠状态或者有新的 Activity 启动时，将调用 onPause() 方法，而当 Activity 获得结果或者接收到新的 Intent 时，会调用 onResume() 方法。

❑ 可视生命周期：自 onStart() 方法调用开始，直到相应的 onStop() 方法调用结束。在此期间，用户可以在屏幕上看到 Activity，尽管它也许并不是位于前台或者也不与用户进行交互。在这两个方法之间，可以保留用来向用户显示这个 Activity 所需的资源。例如，当用户看不到显示的内容时，可以在 onStart() 方法中注册一个 BroadcastReceiver 广播接收器来监控可能影响 UI 的变化，并可以在 onStop() 方法中来注消。onStart() 方法和 onStop() 方法可以随着应用程序是否被用户可见而被多次调用。

❑ 完整生命周期：自第一次调用 onCreate() 方法开始，直到调用 onDestroy() 方法为止。Activity 在 onCreate() 方法中设置所有"全局"状态以完成初始化，而在 onDestroy() 方法中释放所有系统资源。例如，如果 Activity 有一个线程在后台运行从网络上下载数据，它会在 onCreate() 方法创建线程，而在 onDestroy() 方法销毁线程。

为了更好地理解 Activity 事件回调方法的调用顺序，下面通过一个具体的实例来演示一下。

【例 4-1】 在 Eclipse 中创建 Android 项目，名称为 4-1，实现重写 Activity 不同状态的回调方法，并在各个方法中输出相应的日志信息。

（1）修改新建项目的 res/layout 目录下的布局文件 activity_main.xml，将默认添加的文本框组件修改为 Button 按钮组件，并且为它设置 id 属性为 close，显示文字为"关闭 Activity"，关键代码如下。

```
<Button
    android:id="@+id/close"
    android:layout_width="wrap_content"
    android:layout_height="wrap_content"
    android:text="关闭Activity" />
```

（2）打开 MainActivity，定义一个字符串类型的标记常量，关键代码如下。

```
final String TAG = "***生命周期***";              //定义标记常量
```

（3）在重写的 onCreate() 方法中，首先调用 Log 类的 i() 方法输出一条日志信息，然后根据 id 获取布局文件中的 Button 组件，最后为该组件设置单击事件监听器，并且在重写的 onClick() 方法中，调用 finish() 方法结束当前的 Activity，关键代码如下。

```
@Override
protected void onCreate(Bundle savedInstanceState) {
    super.onCreate(savedInstanceState);
    setContentView(R.layout.activity_main);
    Log.i(TAG, "onCreate()");                              //输出一条日志信息
    Button close = (Button) findViewById(R.id.close);//获取布局文件中添加的按钮组件
    close.setOnClickListener(new OnClickListener() {

        @Override
        public void onClick(View v) {
            finish();           //结束当前Activity
        }
    });
}
```

（4）重写 onStart()、onRestart()、onResume()、onPause()、onStop()、onDestroy() 方法，并在各个方法中应用 Log 类的 i() 方法输出对应的方法名，关键代码如下。

```java
//可视生命周期开始时被调用，对用户界面进行必要的更改
@Override
protected void onStart() {
    super.onStart();
    Log.i(TAG, "onStart()");
}
//活动生命周期开始时被调用，恢复被onPause()停止的用户界面更新的资源
@Override
protected void onResume() {
    super.onResume();
    Log.i(TAG, "onResume()");
}
//在重新进入可视生命前被调用，载入界面所需的更改信息
@Override
protected void onRestart() {
    super.onRestart();
    Log.i(TAG, "onRestart()");
}
//在活动生命周期结束时被调用，用来保存持久的数据或释放占用的资源
@Override
protected void onPause() {
    super.onPause();
    Log.i(TAG, "onPause()");
}
//在可视生命周期结束时被调用，用来释放占用的资源
@Override
protected void onStop() {
    super.onStop();
    Log.i(TAG, "onStop()");
}
//在完整生命周期结束时被调用，释放资源
@Override
protected void onDestroy() {
    super.onDestroy();
    Log.i(TAG, "onDestroy()");
}
```

运行本实例，将自动启动并执行 MainActivity，此时在 LogCat 面板中将显示如图 4-5 所示的日志信息。

图 4-5　Activity 启动时执行的回调方法

当前程序运行时，单击模拟器右边的 键，返回到系统桌面，当前 Activity 将失去焦点且不可见，

但该 Activity 并未被销毁，只是进入了暂停状态。此时 LogCat 面板中将又增加两行日志信息，如图 4-6 所示。

图 4-6　返回到系统桌面时执行的回调方法

在模拟器的应用列表中再次找到该应用程序并启动它，在 LogCat 面板中将又增加 5 行日志信息，如图 4-7 所示。

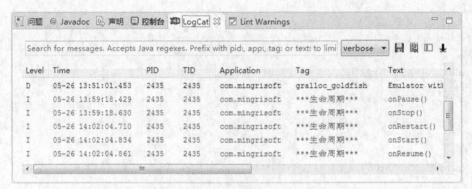

图 4-7　再次执行程序时执行的回调方法

单击页面中的"关闭 Activity"按钮，该 Activity 将会结束自己，并且在 LogCat 面板中又将增加 3 行日志信息，如图 4-8 所示。

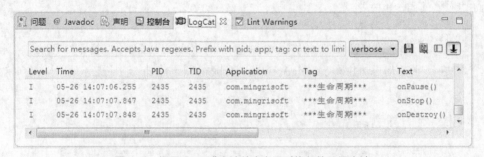

图 4-8　调用 finish() 方法结束自己时执行的回调方法

通过上面的运行过程，可以很好地理解 Activity 的生命周期状态及在不同状态之间切换时所调用的方法。

4.4　程序调试

在进行 Android 应用程序开发时，出现 Bug 在所难免。一般情况下，使用开发工具会帮助我们发现语法错误，并提供错误位置以及解决方案。但是逻辑错误就不太容易发现了。因此，掌握一些常用的程序调试方法是十分必要的。下面将介绍使用常用的 Android 调试工具进行调试的方法。

在程序设计中，Bug 是指在软件运行中因为程序本身有错误而造成的功能不正常、体验不佳、死机、数据丢失、非正常中断等现象。

4.4.1 在 LogCat 中输出日志

程序运行时，可以使用 LogCat 工具查看日志。LogCat 是 Android SDK 提供的日志查看器。在 Eclipse 的默认开发模式下，没有显示 LogCat 面板，我们可以通过在 Eclipse 中选择"窗口"\"显示视图"\"其他"菜单项，然后在打开的"显示视图"对话框中，选择 Android\LogCat 节点后，单击"确定"按钮来显示 LogCat 面板。Eclipse 的 LogCat 面板如图 4-9 所示。

在 LogCat 中输出日志

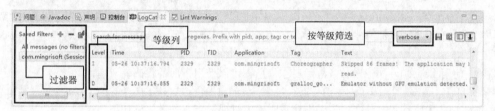

图 4-9 LogCat 面板

下面对 LogCat 面板的常用功能进行介绍。

- 在 LogCat 面板的左侧有一个过滤器（可以通过单击右上角的 按钮控制过滤器区域的显示或隐藏），在过滤器区域中，单击 和 按钮，可以添加和删除过滤器。添加过滤器后，可以根据日志信息的标签（Tag）、产生日志的进程编号（PID）或者信息等级（Level），对显示的日志内容进行过滤，从而快速找到所需日志信息。
- 在 LogCat 面板的右上角有一个根据日志等级筛选日志信息的下拉列表框，单击该下拉列表框，将显示包括 verbose、debug、info、warn、error 等列表项的下拉菜单，选择相应的等级，将列出该等级及高于该等级的日志信息。

日志等级从低到高的排列顺序是 verbose、debug、info、warn、error。即 verbose 的级别最低，其次是 debug、info、warn，error 的级别最高。

- 在 LogCat 面板的日志列表的 Level 列，将用于显示日志等级，采用不同颜色的大写字母 V、D、I、W、E 表示，其中，V 表示 Verbose（冗余日志），D 表示 Debug（故障日志），I 表示 Info（通告信息），W 表示 Warn（警告日志），E 表示 Error（错误日志）。

在进行 Android 程序调试过程中，可以通过在程序中设置"日志点"，来实现每当程序运行到"日志点"时，便向 LogCat 中输出日志信息，从而根据"日志点"信息确定是否与预期的内容一致，判断程序是否存在错误。这些"日志点"可以通过 Log 类提供的输出日志信息的方法实现。

Android SDK 中提供了 Log 类用来发送日志到系统级别的共享日志中心，并通过其提供的覆盖方法来实现在 LogCat 面板中输出日志信息，该类位于 android.util 包中，它继承自 java.lang.Object 类。Log 类提供的用来输出日志信息的常用方法及说明如表 4-1 所示。

表 4-1 Log 类的常用方法及说明

方法	说明
v()	输出 VERBOSE 冗余日志信息，使用黑色的文字表示
d()	输出 DEBUG 故障日志信息，使用蓝色的文字表示
i()	输出 INFO 通告信息，使用绿色的文字表示
w()	输出 WARN 警告日志信息，使用橘黄色的文字表示
e()	输出 ERROR 错误日志信息，使用红色的文字表示

表 4-1 所示的每个输出日志的方法都有两个必选参数，分别是 String 类型的 tag 和 msg 参数；其中，tag 用于为日志信息指定标签，它通常指定为当前类名或者 Activity 的名称；msg 用于表示要输出的字符串日志信息，它可以使用 Java 字符串连接操作符连接出需要的信息。除了这两个参数外，还可以加上 Throwable 实例参数，用于当应用抛出异常时记录异常信息。

Throwable 类位于 java.lang 包中，它是一个专门用来处理异常的类，它有两个子类，分别是 Error 和 Exception。其中 Error 用于处理严重的系统级别错误，如 I/O 错误、JVM 底层错误等；Exception 用于处理程序运行时遇到的各种异常，包括隐式异常。

例如，使用 Log.d()方法输出一条故障日志信息，可以使用下面的代码。
Log.d("MainActivity","Debug日志信息");   // 输出Debug日志信息
再例如，使用 Log.e()方法在程序抛出异常时输出错误日志，关键代码如下。
int a=20;   //被除数
int b=0;   //除数
int c=0;   //商
try{
    c=a/b;   //除法运算
}catch(Exception ex){
    Log.e("MainActivity","除法运算错误",ex);
}
上面代码的运行结果如图 4-10 所示。

图 4-10 输出的错误日志

下面通过一个具体的实例演示 Log 类的各个方法的具体使用方法。

【例 4-2】 在 Eclipse 中创建 Android 项目，名称为 4-2，实现单击按钮输出不同等级的日志信息。

（1）修改新建项目的 res/layout 目录下的布局文件 activity_main.xml，将默认添加的文本框组件修改为 Button 按钮组件，并且为它设置 id 属性为 output，显示文字为"输出各种日志"，修改后的代码如下。

```xml
<RelativeLayout xmlns:android="http://schemas.android.com/apk/res/android"
    xmlns:tools="http://schemas.android.com/tools"
    android:layout_width="match_parent"
    android:layout_height="match_parent"
    android:paddingBottom="@dimen/activity_vertical_margin"
    android:paddingLeft="@dimen/activity_horizontal_margin"
    android:paddingRight="@dimen/activity_horizontal_margin"
    android:paddingTop="@dimen/activity_vertical_margin"
    tools:context="com.mingrisoft.MainActivity" >
    <Button
        android:id="@+id/output"
        android:layout_width="wrap_content"
        android:layout_height="wrap_content"
        android:text="输出各种日志" />
</RelativeLayout>
```

（2）打开 MainActivity，在重写的 onCreate()方法中，首先根据 id 获取布局文件中的 Button 组件，然后为该组件设置单击事件监听器，并且在重写的 onClick()方法中，使用 Log 类的 v()、d()、i()、w()和 e()方法输出日志信息，关键代码如下。

```java
import android.app.Activity;
import android.os.Bundle;
import android.util.Log;
import android.view.View;
import android.view.View.OnClickListener;
import android.widget.Button;

public class MainActivity extends Activity {

    @Override
    protected void onCreate(Bundle savedInstanceState) {
        super.onCreate(savedInstanceState);
        setContentView(R.layout.activity_main);
        Button btn = (Button) findViewById(R.id.output);
        btn.setOnClickListener(new OnClickListener() {
            @Override
            public void onClick(View v) {
                Log.v("MainActivity", "verbose日志信息");   // 输出Verbose日志信息
                Log.d("MainActivity", "Debug日志信息");     // 输出Debug日志信息
                Log.i("MainActivity", "Info日志信息");      // 输出Info日志信息
                Log.w("MainActivity", "Warn日志信息");      // 输出Warn日志信息
                Log.e("MainActivity", "Error日志信息");     // 输出Error日志信息
            }
        });
    }
    ……          //省略了默认添加的选项菜单相关的方法
}
```

运行本实例，在屏幕中将显示一个"输出各种日志"按钮，单击该按钮，将会在 LogCat 视图中按照

等级从低到高的顺序输出 5 条不同等级的日志信息，并以不同颜色进行显示，如图 4-11 所示。

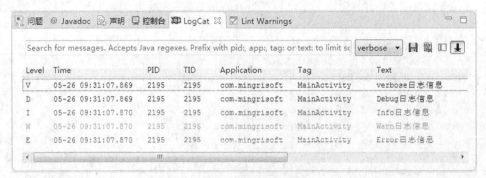

图 4-11　输出各种日志信息

4.4.2　Eclipse 调试器调试

本节将介绍使用 Eclipse 内置的 Java 调试器调试 Android 程序的方法，使用该调试器可以设置程序的断点、实现程序单步执行、在调试过程中查看变量和表达式的值等调试操作，这样可以避免在程序中调用大量的 Log 类输出日志信息的方法输出调试信息。

使用 Eclipse 的 Java 调试器需要设置程序断点，然后使用单步调试分别执行程序代码的每一行。

1. 断点

设置断点是程序调试中必不可少的有效手段，Java 调试器每次遇到程序断点时都会将当前线程挂起，即暂停当前程序的运行。

在 Java 编辑器中，提供了以下 3 种方法用于添加或删除当前行的断点。

- 在显示代码行号的位置双击添加或删除当前行的断点。
- 在当前行号的位置单击鼠标右键，在弹出的快捷菜单中选择"切换断点"命令实现断点的添加与删除，如图 4-12 所示。

断点

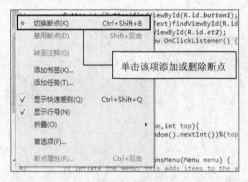

图 4-12　选择"切换断点"命令

- 将光标定位在要设置断点的行，按下键盘上的〈Ctrl+Shift+B〉也可以添加或删除断点。

2. 调试

为程序设置断点后，在"包资源管理器"中，选中要调试的项目，然后单击工具栏上的 ，如果是第一次运行，将弹出选择调试方式的对话框，在该对话框中选择 Android Application 这一项即可，但是如果不是第一次运行，将弹出调试运行默

调试

认项目（默认项目为上一次调试运行的项目），当程序执行到断点被暂停后，会弹出如图 4-13 所示的"确认切换透视图"对话框，单击"是"按钮，将切换到"调试"透视图，如图 4-14 所示。

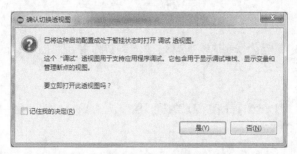

图 4-13 "确认切换透视图"对话框

在图 4-13 中，选中"记住我的决定"复选框，下次执行调试时，就不会再弹出这个询问对话框了，而是直接切换到"调试"透视图。

在"调试"透视图中，可以通过"调试"视图工具栏上的按钮执行相应的调试操作，如运行、停止等。常用的调试操作有以下几个。

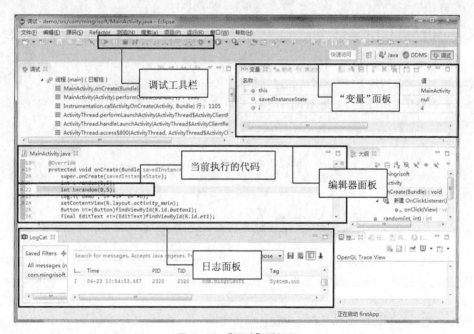

图 4-14 "调试"透视图

❏ 单步跳过。

在"调试"工具栏中单击 按钮或按 F6 键，将执行单步跳过操作，即运行单独的一行程序代码，但是不进入调用方法的内部，然后跳到下一个可执行点并暂挂线程。

不停地执行单步跳过操作，会每次执行一行程序代码，直到程序结束或等待用户操作。

❑ 单步跳入。

在"调试"工具栏中单击 按钮或按 F5 键，执行该操作将跳入调用方法或对象的内部单步执行程序并暂挂线程。

❑ 单步返回。

在"调试"工具栏中单击 按钮或按 F7 键，执行该操作将返回上次执行单步跳入的方法或对象的代码处并暂挂线程。

❑ 查看变量值。

在"变量"面板中，可以查看程序中变量的值。例如，图 4-14 中，变量 i 的值为 4，就是在执行了代码 int i=random(0,5);以后的结果。

如果一个程序中，变量很多，在"变量"面板中，不容易查看，这时可以到编辑器面板中，将鼠标移动到要查看变量上，将显示该变量的值。

❑ 继续运行。

在"调试"工具栏中单击 按钮或按 F8 键，执行该操作将继续运行程序到下一个断点或者程序出现异常。如果程序中没有断点或者异常，将直接运行到程序结束。

❑ 断开连接。

在"调试"工具栏中单击 按钮，将断开与调试器的连接。

4.4.3 Android Lint 调试

Android Lint 是 Android 应用代码的静态分析器。它无需代码运行，就能够进行代码错误检查的特殊程序。Android Lint 通常能找出编译器无法发现的问题，并且这些问题很有可能导致项目运行时出现如图 4-15 所示的"很抱歉，×××已停止运行"错误。

Android Lint 调试

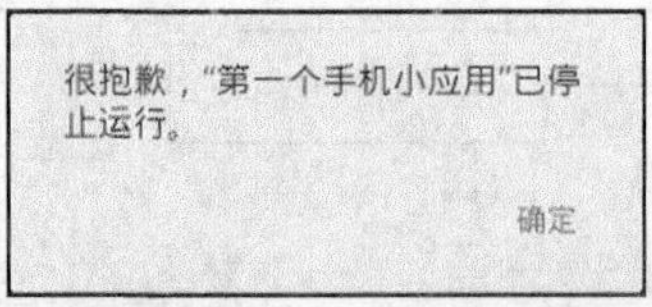

图 4-15 "很抱歉，×××已停止运行"错误

默认情况下，Android Lint 是不启动的，如果需要使用，需要在项目名称节点上单击鼠标右键，在弹出的快捷菜单中选择"Android Tools"/"Run Lint:Check for Common Errors"菜单项，打开 Lint Warnings 面板，在该面板中将显示检查到的错误或者警告。例如，如图 4-16 所示的代码，Java 编辑器没有查检到错误，而使用 Android Lint 检查时，在如图 4-17 所示的 Lint Warnings 面板中就显示了一个错误。

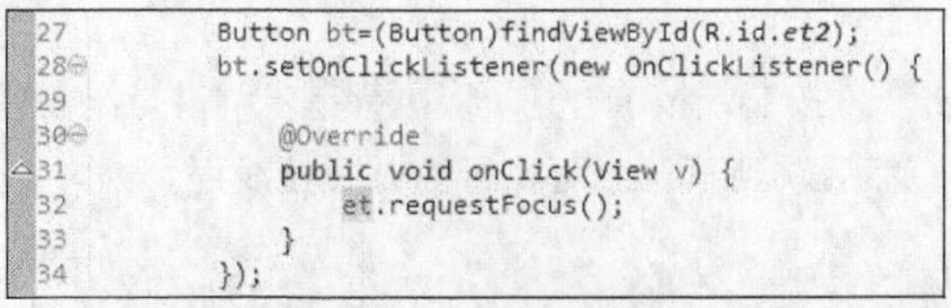

```
27      Button bt=(Button)findViewById(R.id.et2);
28      bt.setOnClickListener(new OnClickListener() {
29
30          @Override
31          public void onClick(View v) {
32              et.requestFocus();
33          }
34      });
```

图 4-16 Java 编辑器的显示效果

第 4 章
Android 生命周期

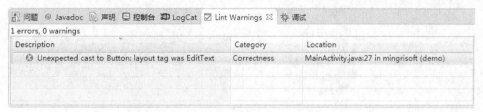

图 4-17 Lint Warnings 面板

小 结

在本章中首先介绍了 Android 程序的生命周期及进程的优先级；然后对 Android 程序的 4 大基本组件进行简要介绍；接下来又介绍了 Activity 的生命周期；最后介绍了如何在 LogCat 面板中输出日志信息，以及如何使用 Eclipse 调试器和 Android Lint 进行程序调试。其中，Activity 生命周期和程序调试方法是本章的重点，需要重点掌握。

上机指导

使用 Log 类的 i() 方法可以向 LogCat 视图中输出表示提示信息的程序 Info 日志。本练习要求在屏幕中，添加一个"用户登录"按钮，单击该按钮，向 LogCat 视图中输出程序 Info 日志，显示用户的登录时间。程序运行效果如图 4-18 所示。

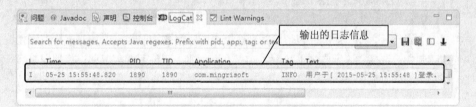

图 4-18 向 Logcat 中输出登录日志

开发步骤如下。

（1）在 Eclipse 中创建 Android 项目，名称为 outputLog。

（2）修改新建项目的 res/layout 目录下的布局文件 activity_main.xml，将默认添加的布局代码删除，然后添加一个垂直线性布局管理器，并在该布局管理器中，添加一个 Button 按钮，并设置其 id 属性和显示文本。具体代码如下。

```
<LinearLayout xmlns:android="http://schemas.android.com/apk/res/android"
    xmlns:tools="http://schemas.android.com/tools"
    android:layout_width="match_parent"
    android:layout_height="match_parent"
    android:orientation="vertical"
    android:paddingBottom="@dimen/activity_vertical_margin"
    android:paddingLeft="@dimen/activity_horizontal_margin"
    android:paddingRight="@dimen/activity_horizontal_margin"
```

```
            android:paddingTop="@dimen/activity_vertical_margin"
            tools:context="com.mingrsoft.MainActivity" >
            <Button
                android:id="@+id/button1"
                android:layout_width="wrap_content"
                android:layout_height="wrap_content"
                android:text="用户登录" />
</LinearLayout>
```

（3）在 MainActivity 的 onCreate()方法中，获取 XML 文件中定义的按钮组件，并为该按钮添加单击事件监听器。onCreate()方法的具体代码如下。

```
@Override
protected void onCreate(Bundle savedInstanceState) {
    super.onCreate(savedInstanceState);
    setContentView(R.layout.activity_main);
    Button btnButton = (Button) findViewById(R.id.button1);   // 获取Button组件
    btnButton.setOnClickListener(new OnClickListener() {      // 设置监听事件
        @Override
        public void onClick(View v) {
            SimpleDateFormat df = new SimpleDateFormat("yyyy-MM-dd HH:mm:ss");
            Log.i("INFO", "用户于[ " + df.format(new Date())
                    + " ]登录。");                             // 输出程序Info日志信息
        }
    });
}
```

在为按钮组件添加单击事件监听器时，需要在重写的 onClick()事件中，实现通过 Log.i()方法输出用户登录情况的程序 Info 日志信息。

完成以上操作后，在左侧的"包资源管理器"中的项目名称节点上，单击鼠标右键，在弹出的快捷菜单中，选择"运行方式"/Android Application 菜单项就可以通过模拟器来运行程序了。

习　题

4-1　Android 程序生命周期内存在哪些进程？这些进程的优先级是怎样排列的？
4-2　Android 系统中包括哪 4 大基本组件？它们的作用都是什么？
4-3　简述 Activity 的 4 种状态。
4-4　在一个 Activity 的生命周期中有哪些方法会被系统回调？
4-5　Log 类提供了哪些用于输出日志信息的方法？它们的作用是什么？
4-6　什么是断点？如何在程序中设置和删除断点？
4-7　什么是 Android Lint？Android Lint 如何使用？

第5章

用户界面设计

本章要点：

- UI设计相关的几个概念
- Android提供的5种常用的布局方式
- Android常用的界面组件
- Fragment的基本应用
- 操作栏（Action Bar）的应用
- 界面事件

■ 在 Android 开发中，一个好的应用程序，除了要有强大的功能以外，还要有一个能吸引别人眼球的界面。纵观当下流行的诸多 Android 应用，那些绚丽多彩、美伦美奂的应用界面，着实给我们带来了不一般的用户体验。要想开发出漂亮的界面，让我们的应用在众多的同类应用中脱颖而出，就需要掌握用户界面设计技术。本章将对 Android 应用开发中，常用的用户界面设计技术进行详细的介绍。

5.1 用户界面基础

5.1.1 了解 UI 界面

UI 是 User Interface（用户界面）的简称，是人和工具之间交互的工具，小到手机端的应用（如图 5-1 所示），大到计算机上的软件（如图 5-2 所示），都有它的参与。其实，UI 界面并不是新鲜事物，在计算机出现的早期，命令行界面就得到了广泛的使用。但是由于它们操作起来不方便，而且还需要记住大量的命令，所以就出现了目前流行的图形用户界面,这种界面采用图像的方式与用户进行交互,简单易用，十分方便。

了解 UI 界面

图 5-1 手机中的 UI 界面

图 5-2 计算机中的 UI 界面

UI 设计则是指对软件的人机交互、操作逻辑、界面美观的整体设计。好的 UI 设计不仅是让软件变得有个性、有品味，还要让它的操作变得简单、舒适，并能充分体现软件的定位和特点。

5.1.2 UI 设计相关的几个概念

在 Android 中，进行用户界面设计时，经常会用到 View、ViewGroup、Padding 和 Margins 等英文的概念。对于初识 Android 的人来说，一般不好理解。下面将对这几个概念进行详细介绍。

1. View

View 在 Android 中可以理解为视图。它占据屏幕上的一块矩形区域，负责提供组件绘制和事件处理的方法。View 类是所有的 widgets 组件的基类，例如，TextView（文本框）、EditText（编辑框）和 Button（按钮）等都是 widgets 组件。

View 类位于 android.view 包中；文本框组件 TextView 是 View 类的子类，位于 android.widget 包中。

View

在 Android 中，View 类及其子类的相关属性，既可以在 XML 布局文件中进行设置，也可以通过成员方法在 Java 代码中动态设置。View 类常用的属性及对应的方法如表 5-1 所示。

表 5-1 View 类支持的常用 XML 属性及对应的方法

XML 属性	方法	描述
android:background	setBackgroundResource(int)	设置背景，其属性值为 Drawable 资源或者颜色值
android:clickable	setClickable(boolean)	设置是否响应单击事件，其属性值为 boolean 型的 true 或者 false
android:elevation	setElevation(float)	Android API 21 新添加的，用于设置 z 轴深度，其属性值为带单位的有效浮点数
android:focusable	setFocusable(boolean)	设置是否可以获取焦点，其属性值为 boolean 型的 true 或者 false
android:id	setId(int)	设置组件的唯一标识符 ID，可以通过 findViewById() 方法获取
android:longClickable	setLongClickable(boolean)	设置是否响应长单击事件，其属性值为 boolean 型的 true 或者 false
android:minHeight	setMinimumHeight(int)	设置最小高度，其属性值为带单位的整数
android:minWidth	setMinimumWidth(int)	设置最小宽度，其属性值为带单位的整数
android:onClick		设置单击事件触发的方法
android:padding	setPaddingRelative(int,int,int,int)	设置 4 个边的内边距
android:paddingBottom	setPaddingRelative(int,int,int,int)	设置底边的内边距
android:paddingEnd	setPaddingRelative(int,int,int,int)	设置右边的内边距
android:paddingLeft	setPadding(int,int,int,int)	设置左边的内边距
android:paddingRight	setPadding(int,int,int,int)	设置右边的内边距
android:paddingStart	setPaddingRelative(int,int,int,int)	设置左边的内边距
android:paddingTop	setPaddingRelative(int,int,int,int)	设置顶边的内边距
android:visibility	setVisibility(int)	设置 View 的可见性

2. ViewGroup

ViewGroup 在 Android 中可以理解为容器。ViewGroup 类继承自 View 类，它是 View 类的扩展，是用来容纳其他组件的容器，但是由于 ViewGroup 是一个抽象类，所以在实际应用中通常总是使用 ViewGroup 的子类来作为容器的，我们将在 5.2 节详细介绍的布局管理器。

ViewGroup

ViewGroup 控制其子组件的分布时还经常依赖于 ViewGroup.Layout Params 和 ViewGroup.MarginLayoutParams 两个内部类，下面分别进行介绍。

❑ ViewGroup.LayoutParams 类。

ViewGroup.LayoutParams 类封装了布局的位置、高和宽等信息。它支持 android:layout_height 和 android:layout_width 两个 XML 属性，它们的属性值，可以使用精确的数值，也可以使用 FILL_PARENT（表示与父容器相同）、MATCH_PARENT（表示与父容器相同，需要 API 8 或以上版本才支持）或者 WRAP_CONTENT（表示包裹其自身的内容）指定。

❑ ViewGroup.MarginLayoutParams 类。

ViewGroup.MarginLayoutParams 类用于控制其子组件的外边距的。它支持的常用属性如表 5-2 所示。

表 5-2 ViewGroup.MarginLayoutParams 类支持的常用 XML 属性

XML 属性	描述
android:layout_marginBottom	设置底外边距
android:layout_marginEnd	设置右外边距
android:layout_marginLeft	设置左外边距
android:layout_marginRight	设置右外边距
android:layout_marginStart	设置左外边距
android:layout_marginTop	设置顶外边距

在 Android 中，所有的 UI 界面都是由 View 类和 ViewGroup 类及其子类组合而成的。在 ViewGroup 类中，除了可以包含普通的 View 类外，还可以再次包含 ViewGroup 类。实际上，这使用了 Composite（组合）设计模式。View 类和 ViewGroup 类的层次结构如图 5-3 所示。

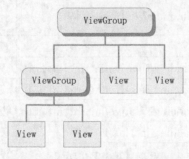

图 5-3 Android UI 组件的层次结构

3. Padding 和 Margins

Padding 表示在 View 的顶部、底部、左侧和右侧的填充像素，它也被称为内边距。它设置的是内容与 View 边缘的距离。Padding 将占据 View 的宽度和高度。设

Padding 和 Margins

置指定的内边距后，视图内容将偏离 View 边缘指定的距离。

Margins 表示组件的顶部、底部、左侧和右侧的空白区域，称为外边距。它设置的是组件与其父容器的距离。Margins 不占据组件的宽度和高度。为组件设置外边距后，该组件将远离父容器指定的距离，如果还有相邻组件，那么也将远离其相邻组件指定距离。

View 类并不支持 Margins，它需要使用 ViewGroup.MarginLayoutParams 类来实现。

关于 Padding 和 Margins 的区别如图 5-4 所示。

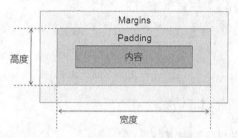

图 5-4　Padding 和 Margins 的区别

4. px、dp 和 sp

px（Pixels，像素）：每个 px 对应屏幕上的一个点。例如，320 像素×480 像素的屏幕在横向有 320 个像素，在纵向有 480 个像素。

dp（设置独立像素）：一种基于屏幕密度的抽象单位，也可以使用 dip。在每英寸 160 点的显示器上，1dp=1px。但随着屏幕密度的改变，dp 与 px 的换算也会发生改变。

sp（比例像素）：主要处理字体的大小，可以根据用户字体大小首选项进行缩放。

5.2　界面布局

Android 提供了线性布局、表格布局、帧布局、相对布局和绝对布局等 5 种界面布局方式。其中，绝对布局在 Android 2.0 中被标记为已过期，不过可以使用帧布局或相对布局替代。另外，在 Android 4.0 版本以后，又提供了一个新的布局方式——网格布局，通过它基本上可以代替之前的表格布局。下面将对相对布局、线性布局、帧布局、表格布局和网格布局进行详细介绍。

5.2.1　相对布局

相对布局

在相对布局中，放入其中的组件是相对于兄弟组件，或者父容器的位置进行排列的。例如，图 5-5 所示的界面就是采用相对布局来进行布局的，其中先放置组件 A；然后放置组件 B，让其位置组件 A 的下方；再放置组件 C，让其位于组件 A 的下方，并且位于组件 B 的右侧。

相对布局可以使用相对布局管理器实现。在 Android 中，可以在 XML 布局文件中定义相对布局管理器，也可以使用 Java 代码来创建。推荐使用在 XML 布局文件中定义相对布局。在 XML 布局文件中，定义相对布局管理器可以使用<RelativeLayout>标记，其基本的语法格式如下。

```
<RelativeLayout xmlns:android="http://schemas.android.com/apk/res/android"
    属性列表
```

```
    >
</RelativeLayout>
```

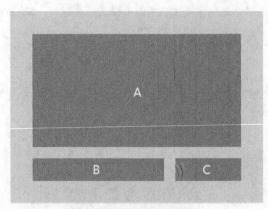

图 5-5　相对布局示意图

RelativeLayout 支持的常用 XML 属性如表 5-3 所示。

表 5-3　RelativeLayout 支持的常用 XML 属性

XML 属性	描述
android:gravity	用于设置布局管理器中各子组件的摆放位置
android:ignoreGravity	用于指定哪个组件不受 gravity 属性的影响

在相对布局中，只有上面介绍的两个属性是不够的，为了更好的控制该布局中各子组件的布局分布，RelativeLayout 提供了一个内部类 RelativeLayout.LayoutParams，通过该类提供的大量 XML 属性可以很好的控制相对布局中各组件的分布方式。RelativeLayout.LayoutParams 提供的 XML 属性如表 5-4 所示。

表 5-4　RelativeLayout.LayoutParams 支持的常用 XML 属性

XML 属性	描述
android:layout_above	其属性值为其他 UI 组件的 id 属性，用于指定该组件位于哪个组件的上方
android:layout_alignBottom	其属性值为其他 UI 组件的 id 属性，用于指定该组件与哪个组件的下边界对齐
android:layout_alignLeft	其属性值为其他 UI 组件的 id 属性，用于指定该组件与哪个组件的左边界对齐
android:layout_alignParentBottom	其属性值为 boolean 值，用于指定该组件是否与布局管理器底端对齐
android:layout_alignParentLeft	其属性值为 boolean 值，用于指定该组件是否与布局管理器左边对齐
android:layout_alignParentRight	其属性值为 boolean 值，用于指定该组件是否与布局管理器右边对齐
android:layout_alignParentTop	其属性值为 boolean 值，用于指定该组件是否与布局管理器顶端对齐

续表

XML 属性	描述
android:layout_alignRight	其属性值为其他 UI 组件的 id 属性,用于指定该组件与哪个组件的右边界对齐
android:layout_alignTop	其属性值为其他 UI 组件的 id 属性,用于指定该组件与哪个组件的上边界对齐
android:layout_below	其属性值为其他 UI 组件的 id 属性,用于指定该组件位于哪个组件的下方
android:layout_centerHorizontal	其属性值为 boolean 值,用于指定该组件是否位于布局管理器水平居中的位置
android:layout_centerInParent	其属性值为 boolean 值,用于指定该组件是否位于布局管理器的中央位置
android:layout_centerVertical	其属性值为 boolean 值,用于指定该组件是否位于布局管理器垂直居中的位置
android:layout_toLeftOf	其属性值为其他 UI 组件的 id 属性,用于指定该组件位于哪个组件的左侧
android:layout_toRightOf	其属性值为其他 UI 组件的 id 属性,用于指定该组件位于哪个组件的右侧

下面将应用相对布局设计个人理财通项目的系统设置页面,从而演示相对布局的具体应用。

【例 5-1】 在 Eclipse 中创建 Android 项目,名称为 5-1,实现应用相对布局设计个人理财通的系统设置页面。

实现应用相对布局设计个人理财通的系统设置页面

修改新建项目的 res/layout 目录下的布局文件 activity_main.xml,为默认添加的相对布局管理器(RelativeLayout)设置内边距为 5dp,并设置默认添加的文本框(TextView)的 ID、文字颜色、文字大小和要显示的文字,然后添加一个 EditText,并为其设置 ID 号、输入类型、提示文字,以及显示位置,最后在该布局管理器中,添加两个 Button,并设置它们的显示位置及对齐方式。修改后的代码如下。

```xml
<RelativeLayout xmlns:android="http://schemas.android.com/apk/res/android"
    xmlns:tools="http://schemas.android.com/tools"
    android:layout_width="match_parent"
    android:layout_height="match_parent"
    android:padding="5dp"
    android:paddingBottom="@dimen/activity_vertical_margin"
    android:paddingLeft="@dimen/activity_horizontal_margin"
    android:paddingRight="@dimen/activity_horizontal_margin"
    android:paddingTop="@dimen/activity_vertical_margin"
    tools:context="com.mingrisoft.MainActivity" >
    <!-- 添加"请输入密码"文本框 TextView-->
    <TextView android:id="@+id/tvPwd"
        android:layout_width="wrap_content"
        android:layout_height="wrap_content"
        android:text="请输入密码:"
        android:textSize="25sp"
        android:textColor="#8C6931"
```

```xml
    />
    <!-- 添加输入密码的编辑框EditText -->
    <EditText android:id="@+id/txtPwd"
        android:layout_width="match_parent"
        android:layout_height="wrap_content"
        android:layout_below="@id/tvPwd"
        android:inputType="textPassword"
        android:hint="请输入密码"
    />
    <!-- 添加"取消"按钮 -->
    <Button android:id="@+id/btnsetCancel"
        android:layout_width="wrap_content"
        android:layout_height="wrap_content"
        android:layout_below="@id/txtPwd"
        android:layout_alignParentRight="true"
        android:layout_marginLeft="10dp"
        android:text="取消"
    />
    <!-- 添加"设置"按钮 -->
    <Button android:id="@+id/btnSet"
        android:layout_width="90dp"
        android:layout_height="wrap_content"
        android:layout_below="@id/txtPwd"
        android:layout_toLeftOf="@id/btnsetCancel"
        android:text="设置"
    />
</RelativeLayout>
```

> **说明** 在上面的代码中，将文本框 tvPwd 默认显示在屏幕的左上角，然后设置编辑框 txtPwd 位于 tvPwd 的下方，再设置"取消"按钮 btnsetCancel 位于 txtPwd 的下方，并且与父容器右对齐，最后设置"设置"按钮 btnSet 也位于 txtPwd 的下方，并且位于"取消"按钮的左侧。

运行本实例，将显示如图 5-6 所示的运行结果。

图 5-6 个人理财通的系统设置页面

5.2.2 线性布局

线性布局是将放入其中的组件按照垂直或水平方向来布局,也就是控制放入其中的组件横向排列或纵向排列。其中,纵向排列的称为垂直线性布局,如图 5-7 所示;横向排列的称为水平线性布局,如图 5-8 所示。在垂直线性布局中,每一行中只能放一个组件,而在水平线性布局中,每一列只能放一个组件。

Android 的线性布局中的组件不会换行,当组件一个挨着一个排列到窗体的边缘后,剩下的组件将不会被显示出来。

图 5-7 垂直线性布局

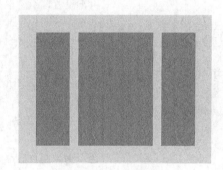
图 5-8 水平线性布局

在线性布局中,排列方式由 android:orientation 属性来控制,对齐方式由 android:gravity 属性来控制。

线性布局可以使用线性布局管理器实现。在 Android 中,可以在 XML 布局文件中定义线性布局管理器,也可以使用 Java 代码来创建。推荐使用在 XML 布局文件中定义线性布局管理器。在 XML 布局文件中定义线性布局管理器,需要使用<LinearLayout>标记,其基本的语法格式如下。

```
<LinearLayout xmlns:android="http://schemas.android.com/apk/res/android"
    属性列表
>
</LinearLayout>
```

1. LinearLayout 的常用属性

LinearLayout 的常用属性 LinearLayout 支持的常用 XML 属性如表 5-5 所示。

表 5-5 LinearLayout 支持的常用 XML 属性

XML 属性	描述
android:orientation	用于设置布局管理器内组件的排列方式,其可选值为 horizontal 和 vertical,默认值为 vertical。其中,horizontal 表示水平排列,vertical 表示垂直排列

续表

XML 属性	描述
android:gravity	android:gravity 属性用于设置布局管理器内组件的显示位置，其可选值包括 top、bottom、left、right、center_vertical、fill_vertical、center_horizontal、fill_horizontal、center、fill、clip_vertical 和 clip_horizontal。这些属性值也可以同时指定，各属性值之间用竖线隔开（竖线前后不能有空格）。例如要指定组件靠右下角对齐，可以使用属性值 right|bottom
android:layout_width	用于设置该组件的基本宽度，其可选值有 fill_parent、match_parent 和 wrap_content，其中 fill_parent 表示该组件的宽度与父容器的宽度相同；match_parent 与 fill_parent 的作用完全相同，从 Android 2.2 开始推荐使用；wrap_content 表示该组件的宽度恰好能包裹它的内容
android:layout_height	用于设置该组件的基本高度，其可选值有 fill_parent、match_parent 和 wrap_content，其中 fill_parent 表示该组件的高度与父容器的高度相同；match_parent 与 fill_parent 的作用完全相同，从 Android 2.2 开始推荐使用；wrap_content 表示该组件的高度恰好能包裹它的内容
android:id	用于为当前组件指定一个 ID 属性，在 Java 代码中可以应用该属性单独引用这个组件。为组件指定 id 属性后，在 R.java 文件中，会自动派生一个对应的属性，在 Java 代码中，可以通过 findViewById()方法来获取它
android:background	用于为该组件设置背景。可以是背景图片，也可以是背景颜色。为组件指定背景图片时，可以将准备好的背景图片复制到 drawable 目录下，然后使用下面的代码进行设置： android:background="@drawable/background" 如果想指定背景颜色，可以使用颜色值，例如，要想指定背景颜色为白色，可以使用下面的代码： android:background="#FFFFFFFF"

android:layout_width 和 android:layout_height 属性是 ViewGroup.LayoutParams 所支持的 XML 属性。对于其他的布局管理器同样适用。

在水平线性布局管理器中，android:layout_width 属性值通常不设置为 match_parent 或 fill_parent；在垂直线性布局管理器中，android:layout_height 属性值通常不设置为 match_parent 或 fill_parent。

子组件在 Linear Layout 中的常用属性

2. 子组件在 LinearLayout 中的常用属性

在 LinearLayout 中放置的子组件，还经常用到如表 5-6 所示的两个属性。

表 5-6　LinearLayout 子组件的常用 XML 属性

XML 属性	描述
android:layout_gravity	用于设置组件在其父容器中的位置。它的属性值与 android:gravity 属性相同，也是 top、bottom、left、right、center_vertical、fill_vertical、center_horizontal、fill_horizontal、center、fill、clip_vertical 和 clip_horizontal。这些属性值也可以同时指定,各属性值之间用竖线隔开，但竖线前后一定不能有空格
android:layout_weight	用于设置组件所占的权重的,即用于设置组件占父容器剩余空间的比例。该属性的默认值为 0，表示需要显示多大的视图就占据多大的屏幕空间。当设置一个高于零的值时，则将父容器的剩余空间分割，分割的大小取决于每个组件的 layout_weight 属性值。例如，在一个 320×480 像素的屏幕中，放置一个水平的线性布局管理器，并且在该布局管理器中放置两个组件，并且这两个组件的 android:layout_weight 属性值都设置为 1，那么，每个组件将分配到父容器的 1/2 的剩余空间，如图 5-9 所示

LinearLayout 定义中，使用 android:layout_gravity 属性设置放入其中的组件的摆放位置不起作用，要想实现这一功能，需要使用 android:gravity 属性。

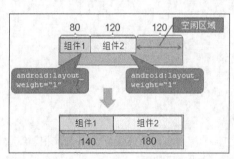

图 5-9　android:layout_weight 属性示意图

下面将应用线性布局设计个人理财通项目的新增便签页面，从而演示线性布局的具体应用。

【例 5-2】在 Eclipse 中创建 Android 项目，名称为 5-2，实现应用线性布局设计个人理财通的新增便签页面。

实现应用线性布局设计个人理财通的新增便签页面

（1）修改新建项目的 res/layout 目录下的布局文件 activity_main.xml，将默认添加的相对布局管理器修改为线性布局管理器 LinearLayout，然后将其设置为垂直线性布局管理器。修改后的代码如下。

```
<LinearLayout xmlns:android="http://schemas.android.com/apk/res/android"
    android:id="@+id/itemflag"
    android:orientation="vertical"
    android:layout_width="fill_parent"
    android:layout_height="fill_parent"
```

```xml
        android:paddingBottom="@dimen/activity_vertical_margin"
        android:paddingLeft="@dimen/activity_horizontal_margin"
        android:paddingRight="@dimen/activity_horizontal_margin"
        android:paddingTop="@dimen/activity_vertical_margin"
        >
        …
</LinearLayout>
```

（2）在线性布局管理器的起始标记和结束标记中添加两个文本框和一个编辑框，用于提示填写便签信息，具体代码如下。

```xml
<!-- 显示标题文本框 -->
<TextView
    android:layout_width="wrap_content"
    android:layout_height="wrap_content"
    android:layout_gravity="center"
    android:text="新增便签"
    android:textSize="40sp"
    android:textStyle="bold" />
<!-- 显示提示文字文本框 -->
<TextView
    android:id="@+id/tvFlag"
    android:layout_width="350dp"
    android:layout_height="wrap_content"
    android:text="请输入便签，最多输入200字"
    android:textColor="#8C6931"
    android:textSize="22sp" />
<!-- 输入便签内容编辑框 -->
<EditText
    android:id="@+id/txtFlag"
    android:layout_width="match_parent"
    android:layout_height="wrap_content"
    android:gravity="top"
    android:lines="10" />
```

（3）在编辑框的下方，添加一个相对布局管理器，并且在该相对布局管理器中添加两个按钮，分别为"保存"按钮和"取消"按钮，具体代码如下。

```xml
<RelativeLayout
    android:layout_width="fill_parent"
    android:layout_height="fill_parent"
    android:padding="10dp" >
    <Button
        android:id="@+id/btnflagCancel"
        android:layout_width="wrap_content"
        android:layout_height="wrap_content"
        android:layout_alignParentRight="true"
        android:layout_marginLeft="10dp"
        android:text="取消" />
    <Button
        android:id="@+id/btnflagSave"
        android:layout_width="wrap_content"
        android:layout_height="wrap_content"
        android:layout_toLeftOf="@id/btnflagCancel"
```

```
            android:text="保存" />
</RelativeLayout>
```

 关于 EditText（编辑框）、TextView（文本框）和 Button（按钮）的详细介绍请参考 5.3 节。

运行本实例，将显示如图 5-10 所示的运行结果。

图 5-10　个人理财通的新增便签页面

5.2.3　帧布局

在帧布局中，每加入一个组件，都将创建一个空白的区域，通常称为一帧，这些帧都会被放置在屏幕的左上角，即帧布局是从屏幕的左上角（0,0）坐标点开始布局。多个组件层叠排序，后面的组件覆盖前面的组件，如图 5-11 所示。

帧布局

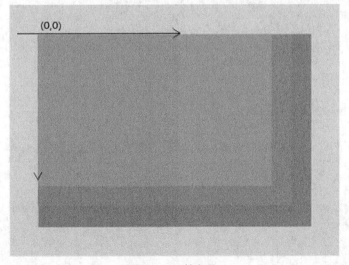

图 5-11　帧布局

帧布局可以使用帧布局管理器实现。在 Android 中，可以在 XML 布局文件中定义帧布局管理器，也可以使用 Java 代码来创建。推荐使用在 XML 布局文件中定义帧布局管理器。在 XML 布局文件中，定义帧布局管理器可以使用<FrameLayout>标记，其基本的语法格式如下。

```
< FrameLayout xmlns:android="http://schemas.android.com/apk/res/android"
属性列表
>
</ FrameLayout>
```

FrameLayout 支持的常用 XML 属性如表 5-7 所示。

表 5-7　FrameLayout 支持的常用 XML 属性

XML 属性	描述
android:foreground	设置该帧布局容器的前景图像
android:foregroundGravity	定义绘制前景图像的 gravity 属性，也就是前景图像显示的位置

下面将应用帧布局实现居中显示层叠的正方形，从而演示帧布局的具体应用。

【例 5-3】 在 Eclipse 中创建 Android 项目，名称为 5-3，实现居中显示层叠的正方形。

修改新建项目的 res/layout 目录下的布局文件 activity_main.xml，将默认添加的布局代码删除，然后添加一个 FrameLayout 帧布局管理器，并且为其设置背景和前景，以及前景图像显示的位置，最后在该布局管理器中，添加 3 个居中显示的 TextView 组件，并且为其指定不同的颜色和大小，用于更好的体现层叠效果。修改后的代码如下。

应用帧布局实现居中显示层叠的正方形

```
<FrameLayout xmlns:android="http://schemas.android.com/apk/res/android"
    xmlns:tools="http://schemas.android.com/tools"
    android:layout_width="match_parent"
    android:layout_height="match_parent"
    android:foreground="@drawable/ic_launcher"
    android:foregroundGravity="bottom|right"
    android:paddingBottom="@dimen/activity_vertical_margin"
    android:paddingLeft="@dimen/activity_horizontal_margin"
    android:paddingRight="@dimen/activity_horizontal_margin"
    android:paddingTop="@dimen/activity_vertical_margin"
    tools:context="com.mingrisoft.MainActivity" >
    <!-- 添加居中显示的蓝色背景的TextView，将显示在最下层 -->
    <TextView
        android:id="@+id/textView1"
        android:layout_width="280dp"
        android:layout_height="280dp"
        android:layout_gravity="center"
        android:background="#FF0000FF"
        android:textColor="#FFFFFF"
        android:text="蓝色背景的TextView" />
    <!-- 添加居中显示的天蓝色背景的TextView，将显示在中间层 -->
    <TextView
        android:id="@+id/textView2"
        android:layout_width="230dp"
```

```
                android:layout_height="230dp"
                android:layout_gravity="center"
                android:background="#FF0077FF"
                android:textColor="#FFFFFF"
                android:text="天蓝色背景的TextView" />
    <!-- 添加居中显示的水蓝色背景的TextView，将显示在最上层 -->
    <TextView
                android:id="@+id/textView3"
                android:layout_width="180dp"
                android:layout_height="180dp"
                android:layout_gravity="center"
                android:background="#FF00B4FF"
                android:textColor="#FFFFFF"
                android:text="水蓝色背景的TextView" />
</FrameLayout>
```

运行本实例，将显示如图 5-12 所示的运行结果。

图 5-12　应用帧布局居中显示层叠的正方形

5.2.4　表格布局

表格布局与常见的表格类似，它以行、列的形式来管理放入其中的 UI 组件，如图 5-13 所示。表格布局使用<TableLayout>标记（表格布局管理器）定义，在表格布局中，可以添加多个<TableRow>标记，每个<TableRow>标记占用一行，由于<TableRow>标记也是容器，所以在该标记中还可添加其他组件，在<TableRow>标记中，每添加一个组件，表格就会增加一列。在表格布局，列可以被隐藏，也可以被设置为伸展的，从而填充可利用的屏幕空间，也可以设置为强制收缩，直到表格匹配屏幕大小。

表格布局

图 5-13 表格布局

 如果在表格布局中，直接向<TableLayout>中添加 UI 组件，那么这个组件将独占一行。

在 Android 中，可以在 XML 布局文件中定义表格布局管理器，也可以使用 Java 代码来创建。推荐使用在 XML 布局文件中定义表格布局管理器。在 XML 布局文件中定义表格布局管理器的基本的语法格式如下。

```
<TableLayout  xmlns:android="http://schemas.android.com/apk/res/android"
    属性列表
>
    <TableRow 属性列表> 需要添加的UI组件 </TableRow>
    多个<TableRow>
</TableLayout>
```

TableLayout 继承了 LinearLayout，因此它完全支持 LinearLayout 支持的全部 XML 属性，此外，TableLayout 还支持如表 5-8 所示的 XML 属性。

表 5-8 TableLayout 支持的 XML 属性

XML 属性	描述
android:collapseColumns	设置需要被隐藏的列的列序号（序号从 0 开始），多个列序号之间用逗号","分隔
android:shrinkColumns	设置允许被收缩的列的列序号（序号从 0 开始），多个列序号之间用逗号","分隔
android:stretchColumns	设置允许被拉伸的列的列序号（序号从 0 开始），多个列序号之间用逗号","分隔

下面将应用表格布局实现用户登录页面，从而演示表格布局的具体应用。

【例 5-4】在 Eclipse 中创建 Android 项目，名称为 5-4，实现应用表格布局管理器设计用户登录页面。

实现应用表格布局管理器设计用户登录页面

修改新建项目的 res/layout 目录下的布局文件 activity_main.xml，将默认添加的布局代码删除，然后添加一个 TableLayout 表格布局管理器，并且在该布局管理器中，添加 3 个 TableRow 表格行，接下来再在每个表格行中添加用户登录界面相关的组件，最后设置表格的第一列和第四列允许被拉伸。修改后的代码如下。

```xml
<TableLayout xmlns:android="http://schemas.android.com/apk/res/android"
    xmlns:tools="http://schemas.android.com/tools"
    android:layout_width="match_parent"
    android:layout_height="match_parent"
    android:gravity="center_vertical"
    android:paddingBottom="@dimen/activity_vertical_margin"
    android:paddingLeft="@dimen/activity_horizontal_margin"
    android:paddingRight="@dimen/activity_horizontal_margin"
    android:paddingTop="@dimen/activity_vertical_margin"
    android:stretchColumns="0,3"
    tools:context="com.mingrisoft.MainActivity" >
    <!-- 第一行 -->
    <TableRow
        android:id="@+id/tableRow1"
        android:layout_width="wrap_content"
        android:layout_height="wrap_content" >
        <TextView />
        <TextView
            android:id="@+id/textView1"
            android:layout_width="wrap_content"
            android:layout_height="wrap_content"
            android:text="用户名："
            android:textSize="18sp" />
        <EditText
            android:id="@+id/editText1"
            android:layout_width="wrap_content"
            android:layout_height="wrap_content"
            android:minWidth="200dp"
            android:textSize="18sp" />
        <TextView />
    </TableRow>
    <!-- 第二行 -->
    <TableRow
        android:id="@+id/tableRow2"
        android:layout_width="wrap_content"
        android:layout_height="wrap_content" >
        <TextView />
        <TextView
            android:id="@+id/textView2"
            android:layout_width="wrap_content"
            android:layout_height="wrap_content"
            android:text="密    码："
            android:textSize="18sp" />
        <EditText
            android:id="@+id/editText2"
            android:layout_width="wrap_content"
            android:layout_height="wrap_content"
            android:inputType="textPassword"
            android:textSize="18sp" />
        <TextView />
    </TableRow>
```

```xml
        <!-- 第三行 -->
        <TableRow
            android:id="@+id/tableRow3"
            android:layout_width="wrap_content"
            android:layout_height="wrap_content" >
            <TextView />
            <Button
                android:id="@+id/button1"
                android:layout_width="wrap_content"
                android:layout_height="wrap_content"
                android:text="登录" />
            <Button
                android:id="@+id/button2"
                android:layout_width="wrap_content"
                android:layout_height="wrap_content"
                android:text="退出" />
            <TextView />
        </TableRow>
</TableLayout>
```

在本实例中，添加的 6 个 TextView 组件，并且设置对应列允许拉伸，是为了让用户登录表单在水平方向上居中显示而设置的。

运行本实例，将显示如图 5-14 所示的运行结果。

图 5-14　应用表格布局实现用户登录界面

5.2.5　网格布局

网格布局

网格布局是在 Android 4.0 版本中提出的，它使用 GridLayout 表示。在网格布局中，屏幕被虚拟的细线划分成行、列和单元格，每个单元格放置一个组件，并且这个组件也可以跨行或跨列摆放，如图 5-15 所示。

网格布局与表格布局有些类似，都可以以行、列的形式管理放入其中的组件，但是它们之间最大的不同就是网格布局可以跨行显示组件，而表格布局则不能。

图 5-15　网格布局示意图

网格布局可以使用网格布局管理器实现。Android 中，可以在 XML 布局文件中定义网格布局管理器，也可以使用 Java 代码来创建。推荐使用在 XML 布局文件中定义网格布局管理器。在 XML 布局文件中，定义网格布局管理器可以使用<GridLayout>标记，其基本的语法格式如下。

```
< GridLayout xmlns:android="http://schemas.android.com/apk/res/android"
属性列表
>
</GridLayout>
```

GridLayout 支持的常用 XML 属性如表 5-9 所示。

表 5-9　GridLayout 支持的常用 XML 属性

XML 属性	描述
android:columnCount	用于指定网格的最大列数
android:orientation	用于没有为放入其中的组件分配行和列时，指定其排列方式。其属性值为 horizontal 表示水平排列；vertical 表示垂直排列
android:rowCount	用于指定网格的最大行数
android:useDefaultMargins	用于指定是否使用默认的边距，其属性值设置为 true 时，表示使用，为 false 时，表示不使用
android:alignmentMode	用于指定该布局管理器采用的对齐模式，其属性值为 alignBounds 时，表示对齐边界；值为 alignMargins 时，表示对齐边距，默认值为 alignMargins
android:rowOrderPreserved	用于设置行边界显示的顺序和行索引的顺序是否相同，其属性值为 true 表示相同，为 false，表示不相同
android:columnOrderPreserved	用于设置列边界显示的顺序和列索引的顺序是否相同，其属性值为 true 表示相同，为 false，表示不相同

为了控制网格布局管理器中各子组件的布局分布，网格布局管理器提供了 GridLayout.LayoutParams 内部类，在该类中提供了如表 5-10 所示的 XML 属性用于来控制网格布局管理器中各子组件的布局分布。

表 5-10　GridLayout.LayoutParams 支持的常用 XML 属性

XML 属性	描述
android:layout_column	用于指定该子组件位置网格的第几列
android:layout_columnSpan	用于指定该子组件横向跨几列（索引从 0 开始）
android:layout_columnWeight	用于指定该子组件在水平方向上的权重，即该组件分配水平剩余空间的比例
android:layout_gravity	用于指定该子组件采用什么方式占据该网格的空间，其可选值有 top（放置在顶部）、bottom（放置在底部）、left（放置在左侧）、right（放置在右侧）、center_vertical（垂直居中）、fill_vertical（垂直填满）、center_horizontal（水平居中）、fill_horizontal（水平填满）、center（放置在中间）、fill（填满）、clip_vertical（垂直剪切）、clip_horizontal（水平剪切）、start（放置在开始位置）、end（放置在结束位置）
android:layout_row	用于指定该子组件位置网格的第几行（索引从 0 开始）
android:layout_rowSpan	用于指定该子组件纵向跨几行
android:layout_rowWeight	用于指定该子组件在垂直方向上的权重，即该组件分配垂直剩余空间的比例

说明　在网格布局管理器中，如果想让某个组件跨行或跨列，那么需要先通过 android:layout_columnSpan 或者 android:layout_rowSpan 设置跨越的行或列数，然后再设置其 layout_gravity 属性为 fill，表示该组件填满跨越的行或者列。

下面将应用网格布局实现 QQ 聊天信息列表页面，从而演示网格布局的具体应用。

【例 5-5】在 Eclipse 中创建 Android 项目，名称为 5-5，实现 QQ 聊天信息列表页面的布局。

应用网格布局实现 QQ 聊天信息列表页面的布局

（1）修改新建项目的 res/layout 目录下的布局文件 activity_main.xml，将默认添加的相对布局管理器修改为网格布局管理器，并且将默认添加的文本框组件删除，然后为该网格布局设置背景，以及列数，修改后的代码如下。

```
<GridLayout xmlns:android="http://schemas.android.com/apk/res/android"
    xmlns:tools="http://schemas.android.com/tools"
    android:layout_width="match_parent"
    android:layout_height="match_parent"
    android:paddingBottom="@dimen/activity_vertical_margin"
    android:paddingLeft="@dimen/activity_horizontal_margin"
    android:paddingRight="@dimen/activity_horizontal_margin"
    android:paddingTop="@dimen/activity_vertical_margin"
    android:background="@drawable/bg"
    android:columnCount="6"
    tools:context="com.mingrisoft.MainActivity" >
</GridLayout>
```

（2）添加第一行要显示的信息和头像，这里需要两个图像视图组件（ImageView），其中第一个 ImageView 用于显示聊天信息，占 4 个单元格，从第 2 列开始，居右放置；第二个 ImageView 用于显示头像，占一个单元格，位于第 6 列，具体代码如下。

```
<ImageView
    android:id="@+id/imageView1"
    android:src="@drawable/a1"
    android:layout_gravity="end"
    android:layout_columnSpan="4"
    android:layout_column="1"
    android:layout_row="0"
    android:layout_marginRight="5dp"
    android:layout_marginBottom="20dp"
    />
<ImageView
    android:id="@+id/imageView2"
    android:src="@drawable/ico2"
    android:layout_column="5"
    android:layout_row="0"
    />
```

（3）添加第二行要显示的信息和头像，这里也需要两个图像视图组件（ImageView），其中第一个 ImageView 用于显示头像，位于第二行的第一列；第二个 ImageView 用于显示聊天信息，位于第二行头像组件的下一列，具体代码如下。

```
<ImageView
    android:id="@+id/imageView3"
    android:src="@drawable/ico1"
    android:layout_column="0"
    android:layout_row="1"
    />
<ImageView
    android:id="@+id/imageView4"
    android:src="@drawable/b1"
    android:layout_row="1"
    android:layout_marginBottom="20dp"
    />
```

（4）按照步骤（2）和步骤（3）的方法再添加两行聊天信息。

运行本实例，将显示如图 5-16 所示的运行结果。

图 5-16　手机 QQ 聊天信息列表

5.3 界面组件

Android 应用程序的人机交互界面由很多的 Android 组件组件。例如，前面实例中使用的 TextView 和 Button 等都是 Android 提供的组件。本节将对 Android 提供的基本组件进行详细介绍。

5.3.1 Button 和 ImageButton

Button 和 ImageButton 是 Android 中提供的两种按钮组件，其中，Button 是普通按钮，ImageButton 是图片按钮。它们都可以在 UI 界面上生成一个可以点击的按钮。当用户单击按钮时，将会触发一个 onClick 事件，可以通过为按钮添加单击事件监听器指定所要触发的动作。下面将对 Button 和 ImageButton 进行详细介绍。

1. Button

Button

在 Android 中，可以使用两种方法向屏幕中添加 Button 组件，一种是通过在 XML 布局文件中使用<Button>标记添加，另一种是在 Java 文件中，通过 new 关键字创建出来。推荐采用第一种方法，也就是通过<Button>标记在 XML 布局文件中添加。在 XML 布局文件中添加 Button 组件的基本格式如下。

```
<Button
    android:id="@+id/ID号"
    android:layout_width="宽度"
    android:layout_height="高度"
    android:text="显示文本"
>
</Button>
```

属性说明：

- android: android:id 属性：用于设置组件的 ID，该 ID 在一个布局文件中必须是唯一的。
- android:layout_height 属性：用于设置组件的基本高度，其属性值可以是具体的高度（例如，12dp），也可以使用特定的常量（fill_parent、match_parent 或 wrap_content）来指定。
- android:layout_width 属性：用于设置组件的基本宽度，其属性值可以是具体的宽度（例如，12dp），也可以使用特定的常量（fill_parent、match_parent 或 wrap_content）来指定。
- android:text 属性：用于指定按钮上显示的文字。

例如：在屏幕中添加一个"开始游戏"按钮，代码如下。

```
<Button
    android:id="@+id/start"
    android:layout_width="wrap_content"
    android:layout_height="wrap_content"
    android:text="开始游戏" />
```

在屏幕上添加按钮后，还需要为按钮添加单击事件监听器，才能让按钮发挥其特有的用途。在 Android 中，提供了两种为按钮添加单击事件监听器的方法，一种是可以在 Java 代码中完成，例如，在 Activity 的 onCreate()方法中完成，具体的代码如下。

```
import android.view.View.OnClickListener;
import android.widget.Button;

Button login=(Button)findViewById(R.id.login);      //通过ID获取布局文件中添加的按钮
login.setOnClickListener(new OnClickListener() {    //为按钮添加单击事件监听器
```

```
    @Override
    public void onClick(View v) {
        // 编写要执行的动作代码
    }
});
```

另一种是在 Activity 中编写一个包含 View 类型参数的方法,并且将要触发的动作代码放在该方法中,然后在布局文件中,通过 android:onClick 属性指定对应的方法名实现。例如,在 Activity 中编写了一个 myClick() 的方法,关键代码如下。

```
public void myClick(View view){
    // 编写要执行的动作代码
}
```

那么就可以在布局文件中通过 android:onClick="myClick" 为按钮添加单击事件监听器。

2. ImageButton

ImageButton 与 Button 的使用方法基本相同,只不过 ImageButton 使用 <ImageButton> 标记定义,并且还可以为其指定 android:src 属性,用于设置要显示的图片。在布局文件中,添加 ImageButton 组件的基本格式如下。

ImageButton

```
<ImageButton
    android:id="@+id/ID号"
    android:src="@drawable/图片文件名"
    android:background="颜色值"
    android:layout_width="宽度"
    android:layout_height="高度">
</ImageButton>
```

同 Button 一样,ImageButton 也需要为其添加单击事件监听器,具体方法同 Button 是相同的,这里将不再赘述。

下面将给出一个关于按钮的实例。

【例 5-6】 在 Eclipse 中创建 Android 项目,名称为 5-6,实现添加普通按钮和图片按钮并为其设置单击事件监听器。

(1)修改新建项目的 res/layout 目录下的布局文件 activity_main.xml,将默认添加的相对布局管理器修改为水平线性布局管理器,在该布局管理器中添加一个 Button 组件(id 属性为 login)和一个 ImageButton 组件,并为图片按钮设置 android:src 属性、android:background 属性和 android:onClick 属性,具体代码如下。

```
<LinearLayout xmlns:android="http://schemas.android.com/apk/res/android"
    xmlns:tools="http://schemas.android.com/tools"
    android:layout_width="match_parent"
    android:layout_height="match_parent"
    android:orientation="horizontal"
    android:paddingBottom="@dimen/activity_vertical_margin"
    android:paddingLeft="@dimen/activity_horizontal_margin"
    android:paddingRight="@dimen/activity_horizontal_margin"
    android:paddingTop="@dimen/activity_vertical_margin"
    tools:context="com.mingrisoft.MainActivity" >
    <!-- 普通按钮 -->
    <Button
        android:id="@+id/login"
```

```
            android:layout_width="wrap_content"
            android:layout_height="wrap_content"
            android:text="登录" />
    <!-- 图片按钮 -->
    <ImageButton
            android:id="@+id/login1"
            android:layout_width="wrap_content"
            android:layout_height="wrap_content"
            android:background="#FFF"
            android:onClick="myClick"
            android:src="@drawable/login" >
    </ImageButton>
</LinearLayout>
```

（2）在主活动 MainActivity 的 onCreate()方法中，应用下面的代码为普通按钮添加单击事件监听器。

```
Button login=(Button)findViewById(R.id.login);    //通过ID获取布局文件中添加的按钮
login.setOnClickListener(new OnClickListener() {  //为按钮添加单击事件监听器
    @Override
    public void onClick(View v) {
            Toast toast=Toast.makeText(MainActivity.this, "您单击了普通按钮", Toast.LENGTH_SHORT);
            toast.show();                         //显示提示信息
    }
});
```

（3）在 MainActivity 类中编写一个方法 myClick()，用于指定将要触发的动作代码，具体代码如下。

```
public void myClick(View view){
    Toast toast=Toast.makeText(MainActivity.this, "您单击了图片按钮", Toast.LENGTH_SHORT);
    toast.show();                                 //显示提示信息
}
```

运行本实例，将显示如图 5-17 所示的运行结果，单击普通按钮，将显示"您单击了普通按钮"的提示信息，单击图片按钮，将显示"您单击了图片按钮"的提示信息。

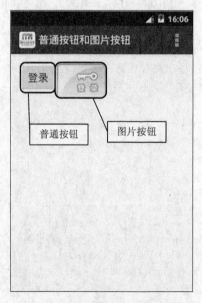

图 5-17 添加普通按钮和图片按钮

5.3.2 TextView 和 EditText

在 Android 中，提供了 TextView 和 EditText 两个文本类的组件，用于在屏幕上显示或输入文本。其中，EditText 是 TextView 类的子类。下面将分别对 TextView 和 EditText 进行介绍。

1. TextView

TextView 是文本框组件，用于在屏幕上显示文本，这与 Java 中的文本框组件不同，它相当于 Java 中的标签，也就是 JLable。需要说明的是，Android 中的文本框组件可以显示单行文本，也可以显示多行文本，而且还可以显示带图像的文本。

在 Android 中，可以使用两种方法向屏幕中添加 TextView，一种是通过在 XML 布局文件中使用<TextView>标记添加，另一种是在 Java 文件中，通过 new 关键字创建出来，推荐采用第一种方法。在 XML 布局文件中添加文本框的基本语法格式如下。

TextView

```
<TextView
属性列表
>
</TextView>
```

TextView 支持的常用 XML 属性如表 5-11 所示。

表 5-11 TextView 支持的 XML 属性

XML 属性	描述
android:autoLink	用于指定是否将指定格式的文本转换为可单击的超链接形式，其属性值有 none、web、email、phone、map 或 all
android:drawableBottom	用于在文本框内文本的底端绘制指定图像，该图像可以是放在 res/drawable 目录下的图片，通过"@drawable/文件名（不包括文件的扩展名）"设置
android:drawableLeft	用于在文本框内文本的左侧绘制指定图像，该图像可以是放在 res/drawable 目录下的图片，通过"@drawable/文件名（不包括文件的扩展名）"设置
android:drawableRight	用于在文本框内文本的右侧绘制指定图像，该图像可以是放在 res/drawable 目录下的图片，通过"@drawable/文件名（不包括文件的扩展名）"设置
android:drawableTop	用于在文本框内文本的顶端绘制指定图像，该图像可以是放在 res/drawable 目录下的图片，通过"@drawable/文件名（不包括文件的扩展名）"设置
android:gravity	用于设置文本框内文本的对齐方式，可选值有 top、bottom、left、right、center_vertical、fill_vertical、center_horizontal、fill_horizontal、center、fill、clip_vertical 和 clip_horizontal 等。这些属性值也可以同时指定，各属性值之间用竖线隔开。例如要指定组件靠右下角对齐，可以使用属性值 right|bottom
android:hint	用于设置当文本框中文本内容为空时，默认显示的提示文本

续表

XML 属性	描述
android:inputType	用于指定当前文本框显示内容的文本类型，其可选值有 textPassword、textEmailAddress、phone 和 date 等，可以同时指定多个，使用"|"进行分隔
android:singleLine	用于指定该文本框是否为单行模式，其属性值为 true 或 false，为 true 表示该文本框不会换行，当文本框中的文本超过一行时，其超出的部分将被省略，同时在结尾处添加"…"
android:text	用于指定该文本框中显示的文本内容，可以直接在该属性值中指定，也可以通过在 strings.xml 文件中定义文本常量的方式指定
android:textColor	用于设置文本框内文本的颜色，其属性值可以是#rgb、#argb、#rrggbb 或#aarrggbb 格式指定的颜色值
android:textSize	用于设置文本框内文本的字体大小，其属性为代表大小的数值加上单位组成，其单位可以是 dp、px、pt、sp 和 in 等，Google 推荐使用 sp 作为字体大小的单位

在表 5-11 中，只给出了 TextView 组件常用的部分属性，关于该组件的其他属性，可以参阅 Android 官方提供的 API 文档。

下面将通过一个具体的实例来演示文本框的具体应用。

【例 5-7】 在 Eclipse 中创建 Android 项目，名称为 5-7，实现为文本框中的 E-mail 地址添加超链接、显示带图像的文本、显不同颜色的单行文本和多行文本。

（1）修改新建项目的 res/layout 目录下的布局文件 activity_main.xml，将默认添加的相对布局管理器修改为线性布局管理器（LinearLayout），并为默认添加的 TextView 组件设置显示文本为字符串资源 email 和对其中的 E-mail 格式的文本设置超链接，修改后的代码如下。

```
<LinearLayout xmlns:android="http://schemas.android.com/apk/res/android"
    xmlns:tools="http://schemas.android.com/tools"
    android:layout_width="match_parent"
    android:layout_height="match_parent"
    android:orientation="vertical"
    android:paddingBottom="@dimen/activity_vertical_margin"
    android:paddingLeft="@dimen/activity_horizontal_margin"
    android:paddingRight="@dimen/activity_horizontal_margin"
    android:paddingTop="@dimen/activity_vertical_margin"
    tools:context="com.mingrisoft.MainActivity" >
    <TextView
        android:layout_width="wrap_content"
        android:layout_height="wrap_content"
        android:text="@string/email"
        android:autoLink="email"/>
</LinearLayout>
```

（2）在默认添加的 TextView 组件后面再添加一个 TextView 组件，设置该组件显示带图像的文本（图像在文字的上方），具体代码如下。

```
<TextView
    android:layout_width="wrap_content"
    android:id="@+id/textView1"
    android:text="带图片的TextView"
    android:drawableTop="@drawable/ic_launcher"
    android:layout_height="wrap_content" />
```

（3）在步骤（2）添加的 TextView 组件的后面再添加两个 TextView 组件，一个设置为可以显示多行文本（默认的），另一个设置为只能显示单行文本，并将这两个 TextView 组件设置为不同颜色，具体代码如下。

```
<!-- 多行文本框 -->
<TextView
    android:id="@+id/textView2"
    android:textColor="#0f0"
    android:textSize="20sp"
    android:text="多行文本：在很久很久以前，有一位老人他带给我们一个苹果"
    android:layout_width="wrap_content"
    android:layout_height="wrap_content" />
<!-- 单行文本框 -->
<TextView
    android:id="@+id/textView3"
    android:textColor="#f00"
    android:textSize="20sp"
    android:text="单行文本：在很久很久以前，有一位老人他带给我们一个苹果"
    android:singleLine="true"
    android:layout_width="wrap_content"
    android:layout_height="wrap_content" />
```

运行本实例，将显示如图 5-18 所示的运行结果。

图 5-18　应用 TextView 显示多种样式的文本

文本框组件也可以通过 Java 代码动态为其设置要显示的文本，常用的语法格式如下。

setText(CharSequence text)

其中 CharSequence 类型的参数 text 主要是用于指定要显示的文字，例如，要设置在文本框中显示文字

"明日科技"可以通过下面的代码实现。

```
tv.setText("明日科技");
```

上面代码中的 tv 为创建或获取的文本框对象。

2. EditText

EditText 是编辑框组件,用于在屏幕上显示文本输入框,这与 Java 中的文本框组件功能类似。需要说明的是,Android 中的编辑框组件可以输入单行文本,也可以输入多行文本,而且还可以输入指定格式的文本(例如,密码、电话号码、E-mail 地址等)。在 XML 布局文件中添加编辑框的基本的语法格式如下:

EditText

```
<EditText
    属性列表
>
</EditText>
```

由于 EditText 类是 TextView 的子类,所以对于表 5-11 中列出的 XML 属性,同样适用于 EditText 组件。特别需要注意的是,在 EditText 组件中,android:inputType 属性,可以帮助输入法显示合适的类型。例如,要添加一个密码框,可以将 android:inputType 属性设置为 textPassword。

在屏幕中添加编辑框后,还需要获取编辑框中输入的内容,这可以通过编辑框组件提供的 getText() 方法实现。使用该方法时,先要获取到编辑框组件,然后再调用 getText() 方法。例如,要获取布局文件中添加的 id 属性为 login 的编辑框的内容,可以通过以下代码实现。

```
EditText login=(EditText)findViewById(R.id.login);
String loginText=login.getText().toString();
```

下面将实现个人理财通项目的登录页面,从而演示编辑框组件的具体应用。

【例 5-8】 在 Eclipse 中创建 Android 项目,名称为 5-8,实现个人理财通项目的登录页面。

(1)修改新建项目的 res/layout 目录下的布局文件 activity_main.xml,为默认添加的 TextView 组件设置 id 属性为 tvLogin,并且设置它的显示文本、文本大小和文字颜色,修改后的代码如下。

```
<TextView android:id="@+id/tvLogin"
    android:layout_width="wrap_content"
    android:layout_height="wrap_content"
    android:text="请输入密码:"
    android:textSize="25sp"
    android:textColor="#8C6931"
/>
```

(2)在默认添加的 TextView 组件后面添加一个 EditText 组件,设置它的 id、提示文本、输入法类型,并且让它位于 tvLogin 的下方,具体代码如下。

```
<EditText android:id="@+id/txtLogin"
    android:layout_width="match_parent"
    android:layout_height="wrap_content"
    android:layout_below="@id/tvLogin"
    android:inputType="textPassword"
    android:hint="请输入密码"
/>
```

(3)在步骤(2)添加的 EditText 组件的后面再添加两个 Button 组件,一个为"取消"按钮,位于 txtLogin 的下方,并且与父容器右对齐,另一个为"登录"按钮,位于 txtLogin 的下方,并且还位于"取消"按钮的左侧,具体代码如下。

```
<Button android:id="@+id/btnClose"
```

```
        android:layout_width="wrap_content"
        android:layout_height="wrap_content"
        android:layout_below="@id/txtLogin"
        android:layout_alignParentRight="true"
        android:layout_marginLeft="10dp"
        android:text="取消"
    />
    <Button android:id="@+id/btnLogin"
        android:layout_width="wrap_content"
        android:layout_height="wrap_content"
        android:layout_below="@id/txtLogin"
        android:layout_toLeftOf="@id/btnClose"
        android:text="登录"
    />
```

（4）在主活动的 onCreate()方法中，为"登录"按钮添加单击事件监听，用于在用户单击"登录"按钮后，在日志面板（LogCat）中显示输入的密码，关键代码如下。

```
final EditText txtlogin = (EditText) findViewById(R.id.txtLogin);// 获取密码文本框
Button btnlogin = (Button) findViewById(R.id.btnLogin);                // 获取登录按钮
btnlogin.setOnClickListener(new OnClickListener() {
    @Override
    public void onClick(View v) {
        String pwd=txtlogin.getText().toString();        //获取编辑框组件的值
        Log.i("MainActivity",pwd);                       //向LogCat中输出获取到的密码
    }
});
```

运行本实例，将显示如图 5-19 所示的运行结果，输入密码 111，单击"登录"按钮，将在 LogCat 中显示一行如图 5-20 所示的日志信息显示输入的密码。

图 5-19　个人理财通项目的系统登录页面　　　图 5-20　LogCat 中显示的日志信息

5.3.3　RadioButton 和 CheckBox

RadioButton 为单选按钮，CheckBox 为复选按钮，它们都继承了 Button。因此，它们都可以直接使用 Button 支持的各种属性和方法。与 Button 不同的是，它们提供了可选中的功能。下面将对 RadioButton 和 CheckBox 进行详细介绍。

1. RadioButton

在默认的情况下，RadioButton 显示一个圆形图标，并且在该图标旁边放置一些说明性文字，而在程序中，一般将多个 RadioButton 放置在按钮组中，使这些 RadioButton 表现出某种功能，当用户选中某个单选按钮后，按钮组中的其他按钮将被自动取消选取状态。

RadioButton

在 Android 中，可以通过<RadioButton>在 XML 布局文件中添加单选按钮组件，其基本格式如下。

```
<RadioButton
    android:text="显示文本"
  android:id="@+id/ID号"
    android:checked="true|false"
    android:layout_width="wrap_content"
    android:layout_height="wrap_content"
>
</RadioButton>
```

RadioButton 组件的 android:checked 属性用于指定选中状态，属性值为 true 时，表示选中；属性值为 false，表示不选中，默认为 false。

通常情况下，RadioButton 组件需要与 RadioGroup 组件一起使用，组成一个单选按钮组。在 XML 布局文件中，添加 RadioGroup 组件的基本格式如下。

```
<RadioGroup
        android:id="@+id/radioGroup1"
        android:orientation="horizontal"
        android:layout_width="wrap_content"
        android:layout_height="wrap_content">
    <!-- 添加多个RadioButton组件 -->
</RadioGroup>
```

【例 5-9】 在 Eclipse 中创建 Android 项目，名称为 5-9，实现在屏幕上添加选择性别的单选按钮组。

修改新建项目的 res/layout 目录下的布局文件 main.xml，将默认添加的相对布局管理器修改为水平线性布局管理器，并且将默认添加的文本框组件显示文本设置为 "性别："，然后再添加一个选择性别的单选按钮组，共包含两个单选按钮，最后添加一个 "提交" 按钮，关键代码如下。

```
<RadioGroup
    android:id="@+id/radioGroup1"
    android:orientation="horizontal"
    android:layout_width="wrap_content"
    android:layout_height="wrap_content">
    <RadioButton
     android:layout_height="wrap_content"
        android:id="@+id/radio0"
        android:text="男"
        android:layout_width="wrap_content"
        android:checked="true"/>
    <RadioButton
        android:layout_height="wrap_content"
        android:id="@+id/radio1"
        android:text="女"
```

```
        android:layout_width="wrap_content"/>
</RadioGroup>
```

运行本实例，将显示如图 5-21 所示的运行结果。

图 5-21　添加选择性别的单选按钮组

在屏幕中添加单选按钮组后，还需要获取单选按钮组中选中项的值。要获取单选按钮组中选中项的值，通常存在以下两种情况，一种是在改变单选按钮组的值时获取，另一种是在单击其他按钮时获取。下面分别介绍这两种情况所对应的实现方法。

❑ 在改变单选按钮组的值时获取。

在改变单选按钮组的值时获取选中项的值时，首先需要获取单选按钮组，然后为其添加 OnCheckedChangeListener，并在其 onCheckedChanged()方法中根据参数 checkedId 获取被选中的单选按钮，并通过其 getText()方法获取该单选按钮对应的值。例如，要获取 id 属性为 radioGroup1 的单选按钮组的值，可以通过下面的代码实现。

```
RadioGroup sex=(RadioGroup)findViewById(R.id.radioGroup1);
sex.setOnCheckedChangeListener(new OnCheckedChangeListener() {

    @Override
    public void onCheckedChanged(RadioGroup group, int checkedId) {
        RadioButton r=(RadioButton)findViewById(checkedId);
        r.getText();           //获取被选中的单选按钮的值
    }
});
```

❑ 单击其他按钮时获取。

单击其他按钮时获取选中项的值时，首先需要在该按钮的单击事件监听器的 onClick()方法中，通过 for 循环语句遍历当前单选按钮组，并根据被遍历到的单选按钮的 isChecked()方法判断该按钮是否被选中，当被选中时，通过单选按钮的 getText()方法获取对应的值。例如，要在单击"提交"按钮时，获取 id 属性为 radioGroup1 的单选按钮组的值，可以通过下面的代码实现。

```
final RadioGroup sex=(RadioGroup)findViewById(R.id.radioGroup1);
Button button=(Button)findViewById(R.id.button1);              //获取一个提交按钮
button.setOnClickListener(new OnClickListener() {

    @Override
    public void onClick(View v) {
        for(int i=0;i<sex.getChildCount();i++){
            RadioButton r=(RadioButton)sex.getChildAt(i);      //根据索引值获取单选按钮
            if(r.isChecked()){                                 //判断单选按钮是否被选中
                r.getText();                                   //获取被选中的单选按钮的值
                break;                                         //跳出for循环
            }
        }
    }
});
```

下面我们再以例 5-9 中介绍的实例为例说明具体如何获取单选按钮组的值。首先打开例 5-9 中的主活动 MainActivity，然后在 onCreate()方法中编写获取单选按钮组的值的代码。这里，我们通过以下两个部分来完成。

（1）在改变单选按钮组的值时获取。

获取单选按钮组，并为其添加事件监听，在该事件监听的 onCheckedChanged()方法中获取被选择的单选按钮的值，并输出到日志中，具体代码如下。

```java
final RadioGroup sex = (RadioGroup) findViewById(R.id.radioGroup1);//获取单选按钮组
//为单选按钮组添加事件监听
sex.setOnCheckedChangeListener(new OnCheckedChangeListener() {

    @Override
    public void onCheckedChanged(RadioGroup group, int checkedId) {
        RadioButton r = (RadioButton) findViewById(checkedId);//获取被选择的单选按钮
        Log.i("单选按钮", "您的选择是：" + r.getText());
    }
});
```

（2）单击"提交"按钮时获取。

获取提交按钮，并为提交按钮添加单击事件监听器，在重写的 onClick()方法中通过 for 循环遍历单选按钮组，并获取到被选择项，具体代码如下。

```java
Button button = (Button) findViewById(R.id.button1);          //获取提交按钮
//为提交按钮添加单击事件监听
button.setOnClickListener(new OnClickListener() {
    @Override
    public void onClick(View v) {
        //通过for循环遍历单选按钮组
        for (int i = 0; i < sex.getChildCount(); i++) {
            RadioButton r = (RadioButton) sex.getChildAt(i);
            if (r.isChecked()) {                              //判断单选按钮是否被选中
                Log.i("单选按钮", "性别：" + r.getText());
                break;                                        //跳出for循环
            }
        }
    }
});
```

这时，再次运行例 5-9，单击单选择按钮"女"后，再单击"提交"按钮，在日志面板中将显示如图 5-22 所示的内容。

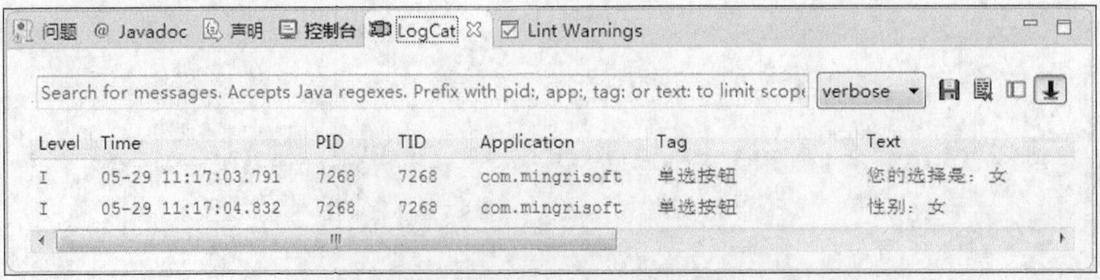

图 5-22 在日志面板中显示获取到的单选按钮组的值

2. CheckBox

在默认的情况下，CheckBox 显示一个方块图标，并且在该图标旁边放置一些说明性文字。与 RadioButton 唯一不同的是 CheckBox 可以进行多选设置，每一个 CheckBox 都提供"选中"和"不选中"两种状态。在 Android 中，可以通过<CheckBox>标签在 XML 布局文件中添加。在 XML 布局文件中添加 CheckBox 组件的基本格式如下。

CheckBox

```
<CheckBox android:text="显示文本"
    android:id="@+id/ID号"
    android:layout_width="wrap_content"
    android:layout_height="wrap_content"
>
</CheckBox>
```

由于 CheckBox 可以选中多项，所以为了确定用户是否选择了某一项，还需要为每一个选项添加事件监听器。例如，要为 id 为 like1 的 CheckBox 添加状态改变事件监听器，可以使用下面的代码。

```
final CheckBox like1=(CheckBox)findViewById(R.id.like1);     //根据id属性获取复选按钮
like1.setOnCheckedChangeListener(new OnCheckedChangeListener() {

    @Override
    public void onCheckedChanged(CompoundButton buttonView, boolean isChecked) {
        if(like1.isChecked()){          //判断该复选按钮是否被选中
            like1.getText();            //获取选中项的值
        }
    }
});
```

【例 5-10】 在 Eclipse 中创建 Android 项目，名称为 5-10，实现在屏幕上添加选择爱好的复选按钮，并获取选择的值。

（1）修改新建项目的 res/layout 目录下的布局文件 activity_main.xml，将默认添加的相对布局管理器设置为水平线性布局管理器，在该布局管理器中添加一个 TextView 组件、3 个复选按钮和一个提交按钮，关键代码如下。

```
<TextView
    android:layout_width="wrap_content"
    android:layout_height="wrap_content"
    android:text="爱好："
    android:width="100px"
    android:gravity="right"
    android:height="50px" />
<CheckBox android:text="体育"
    android:id="@+id/like1"
    android:layout_width="wrap_content"
    android:layout_height="wrap_content"/>
<CheckBox android:text="音乐"
    android:id="@+id/like2"
    android:layout_width="wrap_content"
    android:layout_height="wrap_content"/>
<CheckBox android:text="美术"
    android:id="@+id/like3"
    android:layout_width="wrap_content"
    android:layout_height="wrap_content"
```

（2）在主活动中创建并实例化一个 OnCheckedChangeListener 对象，在实例化该对象时，重写 onCheckedChanged()方法，当复选按钮被选中时，输出一条日志信息，显示被选中的复选按钮，具体代码如下。

```
//创建一个状态改变监听对象
private OnCheckedChangeListener checkBox_listener=new OnCheckedChangeListener() {
    @Override
    public void onCheckedChanged(CompoundButton buttonView, boolean isChecked) {
        if(isChecked){           //判断复选按钮是否被选中
            Log.i("复选按钮","选中了["+buttonView.getText().toString()+"]");
        }
    }
};
```

（3）在主活动的 onCreate()方法中获取添加的 3 个复选按钮，并为每个复选按钮添加状态改变事件监听器，关键代码如下。

```
final CheckBox like1=(CheckBox)findViewById(R.id.like1);       //获取第一个复选按钮
final CheckBox like2=(CheckBox)findViewById(R.id.like2);       //获取第二个复选按钮
final CheckBox like3=(CheckBox)findViewById(R.id.like3);       //获取第三个复选按钮
like1.setOnCheckedChangeListener(checkBox_listener);           //为like1添加状态改变监听器
like2.setOnCheckedChangeListener(checkBox_listener);           //为like2添加状态改变监听器
like3.setOnCheckedChangeListener(checkBox_listener);           //为like3添加状态改变监听器
```

（4）获取提交按钮，并为提交按钮添加单击事件监听，在该事件监听的 onClick()方法中通过 if 语句获取被选中的复选按钮的值，并通过一个提示信息框显示，具体代码如下。

```
Button button=(Button)findViewById(R.id.button1);              //获取提交按钮
//为提交按钮添加单击事件监听
button.setOnClickListener(new OnClickListener() {
    @Override
    public void onClick(View v) {
        String like="";                 //保存选中的值
        if(like1.isChecked())           //当第一个复选按钮被选中
            like+=like1.getText().toString()+" ";
        if(like2.isChecked())           //当第一个复选按钮被选中
            like+=like2.getText().toString()+" ";
        if(like3.isChecked())           //当第一个复选按钮被选中
            like+=like3.getText().toString()+" ";
        //显示被选中的复选按钮
        Toast.makeText(MainActivity.this, like, Toast.LENGTH_SHORT).show();
    }
});
```

运行本实例，将显示 3 个用于选取爱好的复选按钮，选取其中的"体育"和"美术"复选按钮，如图 5-23 所示，单击"提交"按钮，将显示如图 5-24 所示的提示信息框。

图 5-23　添加选择爱好的复选按钮组　　　　　　图 5-24　显示的提示信息框

5.3.4 ImageView

ImageView 表示图像视图，它用于在屏幕中显示任何的 Drawable 对象，通常用来显示图片。在使用 ImageView 组件显示图像时，通常需要将要显示的图片放置在 res/drawable 目录中，然后应用<ImageView>标记将其显示在布局管理器中，<ImageView>的基本语法格式如下。

ImageView

```
<ImageView
    属性列表
>
</ImageView>
```

ImageView 支持的常用 XML 属性如表 5-12 所示。

表 5-12 ImageView 支持的 XML 属性

XML 属性	描述
android:adjustViewBounds	用于设置 ImageView 是否调整自己的边界来保持所显示图片的长宽比
android:maxHeight	设置 ImageView 的最大高度，需要设置 android:adjustViewBounds 属性值为 true，否则不起作用
android:maxWidth	设置 ImageView 的最大宽度，需要设置 android:adjustViewBounds 属性值为 true，否则不起作用
android:scaleType	用于设置所显示的图片如何缩放或移动以适应 ImageView 的大小，其属性值可以是 matrix（使用 matrix 方式进行缩放）、fitXY（对图片横向、纵向独立缩放，使得该图片完全适应于该 ImageView，图片的纵横比可能会改变）、fitStart（保持纵横比缩放图片，直到该图片能完全显示在 ImageView 中，缩放完成后该图片放在 ImageView 的左上角）、fitCenter（保持纵横比缩放图片，直到该图片能完全显示在 ImageView 中，缩放完成后该图片放在 ImageView 的中央）、fitEnd（保持纵横比缩放图片，直到该图片能完全显示在 ImageView 中，缩放完成后该图片放在 ImageView 的右下角）、center（把图像放在 ImageView 的中间，但不进行任何缩放）、centerCrop（保持纵横比缩放图片，以使得图片能完全覆盖 ImageView）或 centerInside（保持纵横比缩放图片，以使得 ImageView 能完全显示该图片）
android:src	用于设置 ImageView 所显示的 Drawable 对象的 ID，例如，设置显示保存在 res/drawable 目录下的名称为 flower.jpg 的图片，可以将属性值设置为 android:src="@drawable/flower"
android:tint	用于为图片着色，其属性值可以是"#rgb"、"#argb"、"#rrggbb"或"#aarrggbb"表示的颜色值

在表 5-10 中，只给出了 ImageView 组件常用的部分属性，关于该组件的其他属性，可以参阅 Android 官方提供的 API 文档。

例如，在页面中以原始尺寸显示一张图片（图片文件名为 flower.png），可以使用下面的代码。

```
<ImageView
    android:src="@drawable/flower"
```

```
        android:id="@+id/imageView1"
        android:layout_height="wrap_content"
        android:layout_width="wrap_content"/>
```

运行效果如图 5-25 所示。

图 5-25 应用 ImageView 组件显示图片

5.3.5 Spinner

Spinner

Android 中提供的 Spinner 列表选择框相当于在网页中常见的下拉列表框，通常用于提供一系列可选择的列表项，供用户进行选择，从而方便用户。在 Android 中，可以通过<Spinner>在 XML 布局文件中添加。在 XML 布局文件中添加列表选择框的基本格式如下。

```
<Spinner
    android:prompt="@string/info"
    android:entries="@array/数组名称"
    android:layout_height="wrap_content"
    android:layout_width="wrap_content"
    android:id="@+id/ID号"
>
</Spinner>
```

其中，android:entries 为可选属性，用于指定列表项，如果在布局文件中不指定该属性，可以在 Java 代码中通过为其指定适配器的方式指定；android:prompt 属性也是可选属性，用于指定列表选择框的标题。

通常情况下，如果列表选择框中要显示的列表项是可知的，那么我们会将其保存在数组资源文件中，然后通过数组资源来为列表选择框指定列表项。这样，就可以在不编写 Java 代码的情况下实现一个列表选择框。下面将通过一个具体的例子来说明如何在不编写 Java 代码的情况下，在屏幕中添加列表选择框。

【例 5-11】 在 Eclipse 中创建 Android 项目，名称为 5-11，实现在个人理财通的新增收入页面中使用 Spinner 选择类别。

（1）在布局文件中添加一个<spinner>标记，并为其指定 android:entries 属性，具体代码如下。

```
<Spinner
    android:id="@+id/spInType"
    android:layout_width="210dp"
    android:layout_height="wrap_content"
    android:layout_toRightOf="@id/tvInType"
    android:entries="@array/intype" />
```

（2）编写用于指定列表项的数组资源文件，并将其保存在 res/values 目录中，这里将其命名为 arrays.xml，在该文件中添加一个字符串数组，名称为 ctype，具体代码如下。

```xml
<?xml version="1.0" encoding="utf-8"?>
<resources>
    <string-array name="intype">
        <item>工资</item>
        <item>兼职</item>
        <item>股票</item>
        <item>基金</item>
        <item>分红</item>
        <item>利息</item>
        <item>奖金</item>
        <item>补贴</item>
        <item>礼金</item>
        <item>租金</item>
        <item>应收款</item>
        <item>销售款</item>
        <item>报销款</item>
        <item>其他</item>
    </string-array>
</resources>
```

这样，就可以在屏幕中添加一个列表选择框，在模拟器中的运行结果如图 5-26 所示。

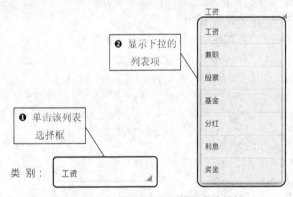

图 5-26　在模拟器中显示的列表选择框

在屏幕上添加列表选择框后，可以使用列表选择框的 getSelectedItem()方法获取列表选择框的选中值，例如，要获取图 5-26 所示的列表选择框的选中项的值，可以使用下面的代码。

```
Spinner spinner = (Spinner) findViewById(R.id.spInType);
spinner.getSelectedItem();
```

添加列表选择框后，如果需要在用户选择不同的列表项后，执行相应的处理，则可以为该列表选择框添加 OnItemSelectedListener 事件监听器。例如，为 spinner 添加选择列表项事件监听器，并在 onItemSelected()方法中获取选择项的值输出到日志中，可以使用下面的代码。

```
// 为选择列表框添加OnItemSelectedListener事件监听
spinner.setOnItemSelectedListener(new OnItemSelectedListener() {
    @Override
    public void onItemSelected(AdapterView<?> parent, View arg1,
            int pos, long id) {
        String result = parent.getItemAtPosition(pos).toString();   // 获取选择项的值
        Log.i("Spinner示例", result);
```

```
        }
        @Override
        public void onNothingSelected(AdapterView<?> arg0) {
        }
});
```

在使用列表选择框时，如果不在布局文件中直接为其指定要显示的列表框，也可以通过为其指定适配器的方式指定。下面我们还以例 5-11 为例介绍通过指定适配器的方式指定列表项的方法。

> 适配器是 AdapterView 视图与数据之间的桥梁，用于处理数据并将数据绑定到 AdapterView 上。这里面的 AdapterView 可以是 Spinner、ListView 或者 GridView。

为列表选择框指定适配器，通常分为以下 3 个步骤实现。

（1）创建一个适配器对象，通常使用 ArrayAdapter 类。在 Android 中，创建适配器，通常可以有以下两种情况，一种是通过数组资源文件创建，另一种是通过在 Java 文件中使用字符串数组创建。

❑ 通过数组资源文件创建。

通过数组资源文件创建适配器，需要使用 ArrayAdapter 类的 createFromResource()方法，具体代码如下。

```
//创建一个适配器
ArrayAdapter<CharSequence> adapter = ArrayAdapter.createFromResource(
        this, R.array.intype,android.R.layout.simple_dropdown_item_1line);
```

❑ 通过在 Java 文件中使用字符串数组创建。

通过在 Java 文件中使用字符串数组创建适配器，首先需要创建一个一维的字符串数组，用于保存要显示的列表项，然后使用 ArrayAdapter 类的构造方法 ArrayAdapter(Context context, int textViewResourceId, T[] objects)实例化一个 ArrayAdapter 类的实例，具体代码如下。

```
String[] intype=new String[]{"工资","兼职","股票","基金","分红","利息","奖金","补贴","礼金","租金","应收","销售款","报销款","其他"};
ArrayAdapter<String> adapter=new ArrayAdapter<String>(this,android.R.layout.simple_spinner_item,intype);
```

（2）为适配器设置列表框下拉时的选项样式，具体代码如下：

```
// 为适配器设置列表框下拉时的选项样式
adapter.setDropDownViewResource(android.R.layout.simple_spinner_dropdown_item);
```

（3）将适配器与选择列表框关联，具体代码如下：

```
spinner.setAdapter(adapter);                          // 将适配器与选择列表框关联
```

5.3.6 ListView

列表视图是 Android 中最常用的一种视图组件，它以垂直列表的形式列出需要显示的列表项。例如，显示系统设置项或功能内容列表等。在 Android 中，可以使用两种方法向屏幕中添加列表视图，一种是直接使用 ListView 组件创建，另一种是让 Activity 继承 ListActivity 实现。下面分别进行介绍。

1. 直接使用 ListView 组件创建

直接使用 ListView 组件创建列表视图，也可以有两种方式，一种是通过在 XML 布局文件中使用<ListView>标记添加，另一种是在 Java 文件中，通过 new 关键字创建出来。推荐采用第一种方法，也就是通过<ListView>在 XML 布局文件中添加。在 XML 布局文件中添加 ListView 的基本格式如下。

```
<ListView
```

直接使用 ListView 组件创建

属性列表
>
</ListView>

ListView 支持的常用 XML 属性如表 5-13 所示。

表 5-13　ListView 支持的 XML 属性

XML 属性	描述
android:divider	用于为列表视图设置分隔条，既可以用颜色分隔，也可以用 Drawable 资源分隔
android:dividerHeight	用于设置分隔条的高度
android:entries	用于通过数组资源为 ListView 指定列表项
android:footerDividersEnabled	用于设置是否在 footer View 之前绘制分隔条，默认值为 true，设置为 false 时，表示不绘制。使用该属性时，需要通过 ListView 组件提供的 addFooterView() 方法为 ListView 设置 footer View
android:headerDividersEnabled	用于设置是否在 header View 之后绘制分隔条，默认值为 true，设置为 false 时，表示不绘制。使用该属性时，需要通过 ListView 组件提供的 addHeaderView() 方法为 ListView 设置 header View

例如，在布局文件中添加一个列表视图，并通过数组资源为其设置列表项的具体代码如下。

```
<ListView android:id="@+id/listView1"
    android:entries="@array/ctype"
    android:layout_height="wrap_content"
    android:layout_width="match_parent"/>
```

在上面的代码中，使用了名称为 ctype 的数组资源，因此，需要在 res/values 目录中创建一个定义数组资源的 XML 文件 arrays.xml，并在该文件中添加名称为 ctype 的字符串数组，关键代码如下。

```
<resources>
    <string-array name="ctype">
        <item>关机</item>
        <item>数据网络模式</item>
        <item>飞行模式</item>
        <item>重新启动</item>
    </string-array>
</resources>
```

运行上面的代码，将显示如图 5-27 所示的列表视图。

图 5-27　在布局文件中添加的列表视图

在使用列表视图时，重要的是如何设置选项内容。同 Spinner 列表选择框一样，ListView 如果在布局文件中没有为其指定要显示的列表项，也可以通过为其设置 Adapter 来指定需要显示的列表项。通过 Adapter 来为 ListView 指定要显示的列表项，可以分为以下两个步骤。

（1）创建 Adapter 对象。对于纯文字的列表项，通常使用 ArrayAdapter 对象。创建 ArrayAdapter 对象通常可以有两种情况，一种是通过数组资源文件创建，另一种是通过在 Java 文件中使用字符串数组创建。这与 5.3.5 节 Spinner 列表选择框中介绍的创建 ArrayAdapter 对象基本相同，所不同的就是在创建该对象时，指定列表项的外观形式。为 ListView 指定的外观形式通常有以下几个。

- simple_list_item_1：每个列表项都是一个普通的文本。
- simple_list_item_2：每个列表项都是一个普通的文本（字体略大）。
- simple_list_item_checked：每个列表项都有一个已勾选的列表项。
- simple_list_item_multiple_choice：每个列表项都是带多选框的文本。
- simple_list_item_single_choice：每个列表项都是带单选按钮的文本。

（2）将创建的适配器对象与 ListView 相关联，可以通过 ListView 对象的 setAdapter()方法实现，具体的代码如下：

```
listView.setAdapter(adapter);                    // 将适配器与ListView关联
```

下面通过一个具体的实例演示一下通过适配器指定列表项的方式创建 ListView。

【例 5-12】 在 Eclipse 中创建 Android 项目，名称为 5-12，实现在个人理财通的收入信息浏览页面中使用 ListView 显示收入信息。

（1）修改新建项目的 res/layout 目录下的布局文件 activity_main.xml，将默认添加的 TextView 组件删除，并添加一个 ListView 组件，添加 ListView 组件的布局代码如下。

```
<ListView
    android:id="@+id/lvinaccountinfo"
    android:layout_width="match_parent"
    android:layout_height="match_parent"
    android:scrollbarAlwaysDrawVerticalTrack="true" />
```

（2）在主活动的 onCreate()方法中为 ListView 组件创建并关联适配器。首先定义存储收入信息的字符串数组，然后获取布局文件中添加的 ListView，接下来再创建适配器，并使用字符串数组对其初始化，最后将适配器与 ListView 相关联。关键代码如下。

```
// 定义字符串数组，用来存储收入信息
String[] strInfos = {"1 | 工资4000.00元    2015-05-11","2 | 奖金2000.00元    2015-05-20","3 | 股票5000.00元    2015-05-21","4 | 租金2300.00元    2015-05-27"};
// 获取布局文件中的ListView组件
ListView lvinfo = (ListView) findViewById(R.id.lvinaccountinfo);
ArrayAdapter<String> arrayAdapter = null;// 创建ArrayAdapter对象
// 使用字符串数组初始化ArrayAdapter对象
arrayAdapter = new ArrayAdapter<String>(this, android.R.layout.simple_list_item_1, strInfos);
lvinfo.setAdapter(arrayAdapter);// 为ListView列表设置数据源
```

（3）为了在单击 ListView 的各列表项时，获取选择项的值，需要为 ListView 添加 OnItemClickListener 事件监听器，具体代码如下。

```
lvinfo.setOnItemClickListener(new OnItemClickListener() {
    @Override
    public void onItemClick(AdapterView<?> parent, View arg1, int pos, long id){
        String result = parent.getItemAtPosition(pos).toString(); // 获取选择项的值
        //显示提示消息框
```

```
            Toast.makeText(MainActivity.this, result, Toast.LENGTH_SHORT).show();
        }
    });
```
运行本实例，将显示如图5-28所示的运行结果。

图5-28 个人理财通的收入信息浏览页面

2. 让 Activity 继承 ListActivity 实现

如果程序的窗口仅仅需要显示一个列表，则可以直接让 Activity 继承 ListActivity 来实现。继承了 ListActivity 的类中无须调用 setContentView()方法来显示页面，而是可以直接为其设置适配器，从而显示一个列表。下面我们通过一个实例来说明如何通过继承 ListActivity 实现列表。

让 Activity 继承
ListActivity 实现

【例5-13】在 Eclipse 中创建 Android 项目，名称为5-13，通过在 Activity 中继承 ListActivity 实现列表。

（1）将新建项目中的主活动 MainActivity 修改为继承 ListActivity 的类，并将默认的设置用户布局的代码删除，然后在 onCreate()方法中，创建作为列表项的 Adapter，并且使用 setListAdapter()方法将其添加到列表中，关键代码如下。

```
public class MainActivity extends ListActivity {
    @Override
    public void onCreate(Bundle savedInstanceState) {
        super.onCreate(savedInstanceState);
        /***************创建用于为ListView指定列表项的适配器******************/
        String[] ctype=new String[]{"关机","数据网络模式","飞行模式","重新启动"};
        ArrayAdapter<String> adapter=new ArrayAdapter<String>(this,
android.R.layout.simple_list_item_single_choice,ctype);
        /*****************************************************************/
        setListAdapter(adapter);                           //设置该窗口中显示的列表
    }
}
```

（2）为了在单击 ListView 的各列表项时，获取选择项的值，需要重写父类中的 onListItemClick()方法，具体代码如下。

```
@Override
protected void onListItemClick(ListView l, View v, int position, long id) {
    super.onListItemClick(l, v, position, id);
    String result = l.getItemAtPosition(position).toString();  // 获取选择项的值
    Toast.makeText(MainActivity.this, result, Toast.LENGTH_SHORT).show();
}
```

运行本实例，将显示如图 5-29 所示的运行结果。

图 5-29　通过继承 ListActivity 来实现列表视图

5.3.7　GridView

GridView（网格视图）是按照行、列分布的方式来显示多个组件，通常用于显示图片或是图标等。在使用网格视图时，首先需要在屏幕上添加 GridView 组件，通常使用<GridView>标记在 XML 布局文件中添加。在 XML 布局文件中添加网格视图的基本语法如下。

GridView

```
<GridView
    属性列表
>
</GridView>
```

GridView 组件支持的 XML 属性如表 5-14 所示。

表 5-14　GridView 支持的 XML 属性

XML 属性	描述
android:columnWidth	用于设置列的宽度
android:gravity	用于设置对齐方式
android:horizontalSpacing	用于设置各元素之间的水平间距
android:numColumns	用于设置列数，其属性值通常为大于的值，如果只有一列，那么最好使用 ListView 实现
android:stretchMode	用于设置拉伸模式，其中属性值可以是 none（不拉伸）、spacingWidth（仅拉伸元素之间的间距）、columnWidth（仅拉伸表格元素本身）或 spacingWidthUniform（表格元素本身、元素之间的间距一起拉伸）
android:verticalSpacing	用于设置各元素之间的垂直间距

GridView 与 ListView 类似，都需要通过 Adapter 来提供要显示的数据。在使用 GridView 组件时，通常使用 SimpleAdapter 或者 BaseAdapter 类为 GridView 组件提供数据。下面将通过一个具体的实例

演示通过 SimpleAdapter 适配器指定内容的方式创建 GridView。

【例 5-14】 在 Eclipse 中创建 Android 项目，名称为 5-14，实现个人理财通系统主窗体。

（1）修改新建项目的 res/layout 目录下的布局文件 activity_main.xml，将默认添加的 TextView 组件删除，然后添加一个 id 属性为 gvInfo 的 GridView 组件，并设置其列宽为 90dp，列数自动适用，也就是每行显示 4 张图片。修改后的代码如下。

```xml
<GridView
    android:id="@+id/gvInfo"
    android:layout_width="fill_parent"
    android:layout_height="fill_parent"
    android:columnWidth="90dp"
    android:numColumns="auto_fit"
    android:verticalSpacing="5dp"
    android:horizontalSpacing="5dp"
    android:stretchMode="spacingWidthUniform"
    android:gravity="center"
/>
```

（2）编写用于布局网格内容的 XML 布局文件 gvitem.xml。在该文件中，采用垂直线性布局，并在该布局管理器中添加一个 ImageView 组件和一个 TextView 组件，分别用于显示网格视图中的图片和说明文字，具体代码如下。

```xml
<LinearLayout xmlns:android="http://schemas.android.com/apk/res/android"
    android:id="@+id/item"
    android:orientation="vertical"
    android:layout_width="wrap_content"
    android:layout_height="wrap_content"
    android:layout_marginTop="5dp"
    >

    <ImageView android:id="@+id/ItemImage"
        android:layout_width="75dp"
        android:layout_height="75dp"
        android:layout_gravity="center"
        android:scaleType="fitXY"
        android:padding="4dp"
    />
    <TextView android:id="@+id/ItemTitle"
        android:layout_width="wrap_content"
        android:layout_height="wrap_content"
        android:layout_gravity="center"
        android:gravity="center_horizontal"
    />
</LinearLayout>
```

（3）在主活动中，声明 3 个成员变量，其中第一个为 GridView 对象，第二是为存储系统功能的字符串数组，第 3 个为存储功能图标的 int 型数组，具体代码如下。

```java
GridView gvInfo;// 创建GridView对象
// 定义字符串数组，存储系统功能
String[] titles = new String[] { "新增支出","新增收入","我的支出","我的收入",
                    "数据管理","系统设置","收支便签","帮助","退出" };
// 定义int数组，存储功能对应的图标
```

```
int[] images = new int[] { R.drawable.addoutaccount,
        R.drawable.addinaccount, R.drawable.outaccountinfo,
        R.drawable.inaccountinfo, R.drawable.showinfo, R.drawable.sysset,
        R.drawable.accountflag, R.drawable.help, R.drawable.exit };
```

（4）在主活动的 onCreate()方法中，首先获取布局文件中添加的 GridView 组件，然后创建两个用于保存图片 ID 和说明文字的数组，并将这些图片 ID 和说明文字添加到 List 集合中，再创建一个 SimpleAdapter 简单适配器，最后将该适配器与 GridView 相关联，具体代码如下。

```
gvInfo = (GridView) findViewById(R.id.gvInfo);// 获取布局文件中的gvInfo组件
// 创建一个list集合
List<Map<String, Object>> listItems = new ArrayList<Map<String, Object>>();
// 通过for循环将图片id和列表项文字放到Map中，并添加到list集合中
for (int i = 0; i < images.length; i++) {
    Map<String, Object> map = new HashMap<String, Object>();
    map.put("image", images[i]);
    map.put("title", titles[i]);
    listItems.add(map);                                    // 将map对象添加到List集合中
}
SimpleAdapter adapter = new SimpleAdapter(this,
                    listItems,
                    R.layout.gvitem,
                    new String[] { "title", "image" },
                    new int[] {R.id.ItemTitle, R.id.ItemImage }
);                                                         // 创建SimpleAdapter
gvInfo.setAdapter(adapter);                                // 将适配器与GridView关联
```

运行本实例，将显示如图 5-30 所示的运行结果。

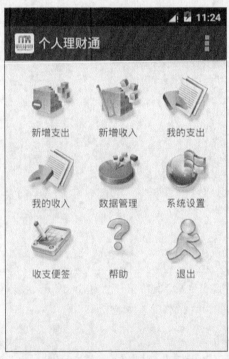

图 5-30　个人理财通系统主窗体

5.3.8 AlertDialog 对话框

AlertDialog 类的功能非常强大，它不仅可以生成带按钮的提示对话框，还可以生成带列表的列表对话框。使用 AlertDialog 可以生成的对话框，概括起来有以下 4 种。

AlertDialog 对话框

- 带确定、中立和取消等 N 个按钮的提示对话框，其中的按钮个数不是固定的，可以根据需要添加。例如，不需要有中立按钮，那么就可以生成只带有确定和取消按钮的对话框，也可以是只带有一个按钮的对话框。
- 带列表的列表对话框。
- 带多个单选列表项和 N 个按钮的列表对话框。
- 带多个多选列表项和 N 个按钮的列表对话框。

在使用 AlertDialog 类生成对话框时，常用的方法如表 5-15 所示。

表 5-15 AlertDialog 类的常用方法

方法	描述
setTitle(CharSequence title)	用于为对话框设置标题
setIcon(Drawable icon)	用于为对话框设置图标
setIcon(int resId)	用于为对话框设置图标
setMessage(CharSequence message)	用于为提示对话框设置要显示的内容
setButton()	用于为提示对话框添加按钮，可以是取消按钮、中立按钮和确定按钮。需要通过为其指定 int 类型的 whichButton 参数实现，其参数值可以是 DialogInterface.BUTTON_POSITIVE（确定按钮）、BUTTON_NEGATIVE（取消按钮）或者 BUTTON_NEUTRAL（中立按钮）

通常情况下，使用 AlertDialog 类只能生成带 N 个按钮的提示对话框，要生成另外 3 种列表对话框，需要使用 AlertDialog.Builder 类，AlertDialog.Builder 类提供的常用方法如表 5-16 所示。

表 5-16 AlertDialog.Builder 类的常用方法

方法	描述
setTitle(CharSequence title)	用于为对话框设置标题
setIcon(Drawable icon)	用于通过 Drawable 资源对象为对话框设置图标
setIcon(int resId)	用于通过资源 ID 为对话框设置图标
setMessage(CharSequence message)	用于为提示对话框设置要显示的内容
setNegativeButton()	用于为对话框添加取消按钮
setPositiveButton()	用于为对话框添加确定按钮
setNeutralButton()	用于为对话框添加中立按钮
setItems()	用于为对话框添加列表项
setSingleChoiceItems()	用于为对话框添加单选列表项
setMultiChoiceItems()	用于为对话框添加多选列表项

例如，要实现一个如图 5-31 所示的带取消、中立和确定按钮的对话框，可以使用下面的代码。

```
AlertDialog alert = new AlertDialog.Builder(MainActivity.this).create();
alert.setIcon(R.drawable.advise);                            //设置对话框的图标
alert.setTitle("系统提示：");                                 //设置对话框的标题
alert.setMessage("带取消、中立和确定按钮的对话框！");          //设置要显示的内容
//添加取消按钮
alert.setButton(DialogInterface.BUTTON_NEGATIVE,"取消", new OnClickListener() {
    @Override
    public void onClick(DialogInterface dialog, int which) {
        Toast.makeText(MainActivity.this, "您单击了取消按钮",Toast.LENGTH_SHORT).show();
    }
});
//添加确定按钮
alert.setButton(DialogInterface.BUTTON_POSITIVE,"确定", new OnClickListener() {
    @Override
    public void onClick(DialogInterface dialog, int which) {
        Toast.makeText(MainActivity.this, "您单击了确定按钮",Toast.LENGTH_SHORT).show();
    }
});
alert.setButton(DialogInterface.BUTTON_NEUTRAL,"中立",new OnClickListener(){
    @Override
    public void onClick(DialogInterface dialog, int which) {}
});                                                          //添加中立按钮
alert.show();                                                // 显示对话框
```

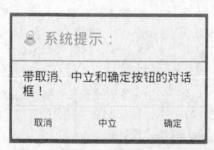

图 5-31　带取消、中立和确定按钮的对话框

5.4　Fragment

Fragment 是 Android 3.0 新增的概念，Fragment 中文意思是碎片，它与 Activity 十分相似，用来在一个 Activity 中描述一些行为或一部分用户界面。使用多个 Fragment 可以在一个单独的 Activity 中建立多个 UI 面板，也可以在多个 Activity 中重用 Fragment。

一个 Fragment 必须总是被嵌入到一个 Activity 中，它的生命周期直接被其所属的宿主 Activity 的生命周期影响。例如，当 Activity 被暂停时，其中的所有 Fragment 也被暂停；当 Activity 被销毁时，所有隶属于它的 Fragment 也将被销毁。然而，当一个 Activity 处于 resumed 状态（正在运行）时，我们可以单独地对每一个 Fragment 进行操作，例如，添加或删除等。

5.4.1 创建 Fragment

要创建一个 Fragment，必须创建一个 Fragment 的子类，或者继承自另一个已经存在的 Fragment 的子类。例如，要创建一个名称为 NewsFragment，并重写 onCreateView()方法，可以使用下面的代码。

Fragment

```java
public class NewsFragment extends Fragment {
    @Override
    public View onCreateView(LayoutInflater inflater, ViewGroup container,
            Bundle savedInstanceState) {
        // 从布局文件news.xml 加载一个布局文件
        View v = inflater.inflate(R.layout.news, container, true);
        return v;
    }
}
```

说明

当系统首次调用 Fragment 时，如果想绘制一个 UI 界面，那么在 Fragment 中，必须重写 onCreateView()方法返回一个 View，如果 Fragment 没有 UI 界面，那么可以返回 null。

5.4.2 Fragment 与 Activity 通信

实现 Fragment 与 Activity 通信，有以下两种方法，一种是直接在布局文件中添加，将 Fragment 作为 Activity 整个布局的一部分，另一种是当 Activity 运行时，将 Fragment 放入 Activity 布局中。下面分别进行介绍。

❑ 直接在布局文件中添加 Fragment。

直接在布局文件中添加 Fragment 可以使用<fragment></fragment>标记实现。例如，要在一个布局文件中添加两个 Fragment，可以使用如下的代码。

```xml
<LinearLayout xmlns:android="http://schemas.android.com/apk/res/android"
    android:layout_width="fill_parent"
    android:layout_height="fill_parent"
    android:orientation="horizontal" >
<fragment android:name="com.mingrisoft.ListFragment"
        android:id="@+id/list"
        android:layout_weight="1"
        android:layout_width="0dp"
        android:layout_height="match_parent" />
 <fragment android:name="com.mingrisoft.DetailFragment"
        android:id="@+id/detail"
        android:layout_weight="2"
        android:layout_marginLeft="20px"
        android:layout_width="0dp"
        android:layout_height="match_parent" />
</LinearLayout>
```

说明

在<fragment></fragment>标记中，android:name 属性用于指定要添加的 Fragment。

❑ 当 Activity 运行时添加 Fragment。

当 Activity 运行时，也可以将 Fragment 添加到 Activity 的布局中，实现方法是获取一个 FragmentTransaction 的实例，然后使用 add()方法添加一个 Fragment，add()方法的第一个参数是 Fragment 要放入的 ViewGroup（由 Resource ID 指定），第二个参数是需要添加的 Fragment，最后为了使改变生效，还必须调用 commit()方法提交事务。例如，要在 Activity 运行时添加一个名称为 DetailFragment 的 Fragment，可以使用下面的代码。

```
DetailFragment details = new DetailFragment();          // 实例化DetailFragment的对象
FragmentTransaction ft = getFragmentManager()
                        .beginTransaction();            // 获得一个FragmentTransaction的实例
ft.add(android.R.id.content, details);  // 添加一个显示详细内容的Fragment
ft.commit();                                            // 提交事务
```

Fragment 比较强大的功能之一就是可以合并两个 Activity，从而让这两个 Activity 在一个屏幕上显示，如图 5-32 所示（参照 Android 官方文档），左边的两个图分别代表两个 Activity，右边的这个图表示包括两个 Fragment 的 Activity，其中第一个 Fragment 的内容是 Activity A，第二个 Fragment 的内容是 Activity B。

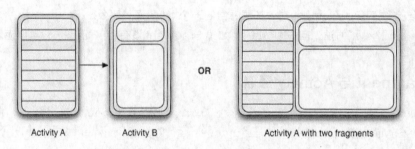

图 5-32　使用 Fragment 合并两个 Activity

下面通过一个具体的实例介绍如何使用 Fragment 合并两个 Activity，从而实现在一个屏幕上显示标题列表及选定标题对应的详细内容。

【例 5-15】 在 Eclipse 中创建 Android 项目，名称为 5-15，实现应用 Fragment 显示新闻。

（1）创始布局文件。

为了让该程序既支持横屏，又支持竖屏，所以需要创建两个布局文件，分别是在 res/layout 目录中创建的 activity_main.xml，以及在 res/layout-land 目录中创建的 activity_main.xml。其中在 layout 目录中创建的 activity_main.xml 是竖屏时使用的布局文件，在该文件中，只包括一个 Fragment；在 layout-land 目录中创建的是横屏时使用的布局文件中，在该文件中，需要再在水平线性布局管理器中，添加一个 Fragment 和一个 FrameLayout。在 layout-land 目录中创建的 activity_main.xml 的具体代码如下。

实现应用 Fragment 显示新闻

```xml
<LinearLayout xmlns:android="http://schemas.android.com/apk/res/android"
    android:orientation="horizontal"
    android:layout_width="match_parent"
    android:layout_height="match_parent">
    <fragment class="com.mingrisoft.ListFragment"
        android:id="@+id/titles"
        android:layout_weight="1"
        android:layout_width="0px"
        android:layout_height="match_parent" />
```

```
        <FrameLayout android:id="@+id/detail"
            android:layout_weight="2"
            android:layout_width="0px"
            android:layout_height="match_parent"
            android:background="?android:attr/detailsElementBackground" />
</LinearLayout>
```

 在上面的代码中，加粗的代码同在 layout 目录中添加的 activity_main.xml 中的代码是完全一样的。

（2）创建一个名称为 Data 的 final 类，在该类中创建两个静态的字符串数组常量，分别用于保存标题和详细内容。Data 类的关键代码如下。

```
public final class Data {
    //标题
    public static final String[] TITLES = {
        "亚锦赛中国女排夺冠",
        "北京最严控烟令将至",
        "全民健身百日行活动启动",
        "谷歌新应用Google Photos"
    };
    //详细内容
    public static final String[] DETAIL = {
            "2015年亚洲女排锦标赛决赛，中国队迎战韩国队，"
            + "直落3局以3个25:21完胜对手，继2011年后历史上第13次获得女排亚锦赛冠军。",
            //此处省略了部分代码
    };
}
```

（3）创建一个继承自 ListFragment 的 ListFragment，用于显示一个标题列表，并且设置当选中其中的一个列表项时，显示对应的详细内容（如果为横屏，则创建一个 DetailFragment 的实例来显示，否则创建一个 Activity 来显示）。ListFragment 类的具体代码如下。

```
public class ListFragment extends android.app.ListFragment {
    boolean dualPane;                              // 是否在一屏上同时显示列表和详细内容
    int curCheckPosition = 0;                      // 当前选择的索引位置
    @Override
    public void onActivityCreated(Bundle savedInstanceState) {
        super.onActivityCreated(savedInstanceState);
        // 为列表设置适配器
        setListAdapter(new ArrayAdapter<String>(getActivity(),
                android.R.layout.simple_list_item_checked, Data.TITLES));
        // 获取布局文件中添加的FrameLayout帧布局管理器
        View detailFrame = getActivity().findViewById(R.id.detail);
        // 判断是否在一屏上同时显示列表和详细内容
        dualPane = detailFrame != null    &&
            detailFrame.getVisibility() == View.VISIBLE;
        // 更新当前选择的索引位置
        if (savedInstanceState != null) {
            curCheckPosition = savedInstanceState.getInt("curChoice", 0);
        }
```

```java
        if (dualPane) {                                    // 如果在一屏上同时显示列表和详细内容
            // 设置列表为单选模式
            getListView().setChoiceMode(ListView.CHOICE_MODE_SINGLE);
            showDetails(curCheckPosition);                 // 显示详细内容
        }
    }
    // 重写onSaveInstanceState()方法，保存当前选中的列表项的索引值
    @Override
    public void onSaveInstanceState(Bundle outState) {
        super.onSaveInstanceState(outState);
        outState.putInt("curChoice", curCheckPosition);
    }
    // 重写onListItemClick()方法
    @Override
    public void onListItemClick(ListView l, View v, int position, long id) {
        showDetails(position);                             // 调用showDetails()方法显示详细内容
    }
    void showDetails(int index) {
        curCheckPosition = index;                          // 更新保存当前索引位置的变量的值为当前选中值
        if (dualPane) {                                    // 当在一屏上同时显示列表和详细内容时
            getListView().setItemChecked(index, true);     // 设置选中列表项为选中状态
            DetailFragment details = (DetailFragment) getFragmentManager()
                    .findFragmentById(R.id.detail);        // 获取用于显示详细内容的Fragment
            if (details == null || details.getShownIndex() != index) {
            // 创建一个新的DetailFragment实例用于显示当前选择项对应的详细内容
                details = DetailFragment.newInstance(index);
                // 要在activity中管理fragment，需要使用FragmentManager
                FragmentTransaction ft = getFragmentManager()
                        .beginTransaction();               // 获得一个FragmentTransaction的实例
                ft.replace(R.id.detail, details);          // 替换原来显示的详细内容
                // 设置转换效果
                ft.setTransition(FragmentTransaction.TRANSIT_FRAGMENT_FADE);
                ft.commit();                               // 提交事务
            }
        } else {                                           // 在一屏上只能显示列表或详细内容中的一个内容时
            // 使用一个新的Activity显示详细内容
            Intent intent = new Intent(getActivity(),MainActivity.DetailActivity.class);  // 创建一个Intent对象
            intent.putExtra("index", index);               // 设置一个要传递的参数
            startActivity(intent);                         // 开启一个指定的Activity
        }
    }
}
```

（4）创建一个继承自Fragment的DetailFragment，用于显示选中标题对应的详细内容。在该类中，首先创建一个 DetailFragment 的新实例，其中包括要传递的数据包，然后编写一个名称为getShownIndex()的方法，用于获取要显示的列表项的索引，最后再重写 onCreateView()方法，设置要显示的内容。DetailFragment 类的具体代码如下。

```java
public class DetailFragment extends Fragment {
    // 创建一个DetailFragment的新实例，其中包括要传递的数据包
    public static DetailFragment newInstance(int index) {
        DetailFragment f = new DetailFragment();
```

```
            // 将index作为一个参数传递
            Bundle bundle = new Bundle();                    // 实例化一个Bundle对象
            bundle.putInt("index", index);                   // 将索引值添加到Bundle对象中
            f.setArguments(bundle);                          // 将bundle对象作为Fragment的参数保存
            return f;
        }
        public int getShownIndex() {
            return getArguments().getInt("index", 0);        // 获取要显示的列表项索引
        }
        @Override
        public View onCreateView(LayoutInflater inflater, ViewGroup container,
                Bundle savedInstanceState) {
            if (container == null) {
                return null;
            }
            ScrollView scroller = new ScrollView(getActivity());    // 创建一个滚动视图
            TextView text = new TextView(getActivity());            // 创建一个文本框对象
            text.setPadding(10, 10, 10, 10);                        // 设置内边距
            scroller.addView(text);                                 // 将文本框对象添加到滚动视图中
            text.setText(Data.DETAIL[getShownIndex()]);             // 设置文本框中要显示的文本
            return scroller;
        }
    }
```

（5）打开默认创建的 MainActivity，在该类中创建一个内部类，用于在手机界面中，通过 Activity 显示详细内容，具体代码如下。

```
    // 创建一个继承Activity的内部类，用于在手机界面中，通过Activity显示详细内容
    public static class DetailActivity extends Activity {
        @Override
        protected void onCreate(Bundle savedInstanceState) {
            super.onCreate(savedInstanceState);
            // 判断是否为横屏，如果为横屏，则结果当前Activity，准备使用Fragment显示详细内容
            if (getResources().getConfiguration().orientation == Configuration.ORIENTATION_LANDSCAPE) {
                finish();                                           // 结束当前Activity
                return;
            }
            if (savedInstanceState == null) { //
                // 在初始化时插入一个显示详细内容的Fragment
                DetailFragment details = new DetailFragment();
                details.setArguments(getIntent().getExtras());      // 设置要传递的参数
                // 添加一个显示详细内容的Fragment
                getFragmentManager().beginTransaction()
                        .add(android.R.id.content, details).commit();
            }
        }
    }
```

（6）在 AndroidManifest.xml 文件中配置 DetailActivity，配置的主要属性有 Activity 使用的标签和实现类，具体代码如下。

```
    <activity
        android:name=".MainActivity$DetailActivity"
        android:label="详细内容" />
```

> 由于 DetailActivity 是在 MainActivity 中定义的内部类，所以在 AndroidManifest.xml 文件中配置时，指定的 android:name 属性应该是 ".MainActivity$DetailActivity"，而不能直接写成 ".DetailActivity"，或是不进行配置。

运行本实例，在屏幕的左侧将显示一个标题列表，右侧将显示左侧选中标题对应的详细内容。例如，在左侧选中"表格布局"列表项，将显示如图 5-33 所示的运行结果。

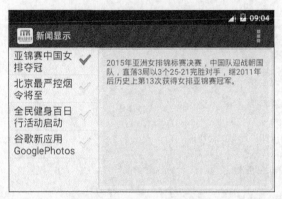

图 5-33　在一个屏幕上显示新闻列表及选定新闻对应的详细内容

5.5　操作栏（Action Bar）

操作栏是用来代替显示标题和应用图标的传统标题栏的。图 5-34 所示就是一个操作栏，左侧显示了应用的图标和 Activity 标题，右侧显示了一些主要操作以及 overflow 菜单。

图 5-34　Action Bar 示例

操作栏的主要用途如下。
- 提供专用的空间来标识应用程序图标和用户位置。

这是通过左侧应用程序图标或者 Activity 标题来实现的，开发人员可以选择删除图标和标题。
- 提供一致的导航和不同应用程序间视图优化。

操作栏提供内置的选项卡导航来在不同的 Fragment 间切换。它也提供下拉列表作为另一种导航方式或者重置当前视图（例如使用不同的规则来排序列表）。
- 突出显示 Activity 主要操作（例如，查找、创建和分享等）。

开发人员通过直接放置选项菜单到操作栏（作为 Action Item）来为关键用户动作提供直接访问。动作项也能提供动作视图，它为更加直接的动作行为提供内置 widget。与动作项无关的菜单项可以放到 overflow 菜单中，通过单击设备的 MENU 按钮或者操作栏的 overflow 菜单按钮来访问。

> Action Bar 仅适用于 Android 3.0（API Level 11）以后的版本。

5.5.1 选项菜单

可显示在操作栏上的菜单被称为选项菜单。选项菜单提供了一些选项，用户选择后可弹出一个全屏的 Activity 界面，也可以退出当前应用。下面将介绍如何创建选项菜单。

选项菜单

1. 定义菜单资源文件

菜单资源文件通常应该放置在 res/menu 目录下，在 Android 5.0 中创建项目时，默认会自动创建 menu 目录，以及一个名称为 main.xml 的菜单文件。菜单资源的根元素通常是<menu></menu>标记，在该标记中可以包含以下两个子元素。

- <item></item>标记：用于定义菜单项，可以通过如表 5-17 所示的各属性来为菜单项设置标题等内容。

表 5-17　<item></item>标记的常用属性

属性	描述
android:id	用于为菜单项设置 ID，也就是唯一标识
android:title	用于为菜单项设置标题
android:alphabeticShortcut	用于为菜单项指定字符快捷键
android:numericShortcut	用于为菜单项指定数字快捷键
android:icon	用于为菜单项指定图标
android:enabled	用于指定该菜单项是否可用
android:checkable	用于指定该菜单项是否可选
android:checked	用于指定该菜单项是否已选中
android:visible	用于指定该菜单项是否可见

如果某个菜单项中，还包括子菜单，可以在该菜单项中再包含<menu></menu>标记来实现。

- <group></group>标记：用于将多个<item></item>标记定义的菜单包装成一个菜单组，其说明如表 5-18 所示。

表 5-18　<group></group>标记的常用属性

属性	描述
android:id	用于为菜单组设置 ID，也就是唯一标识
android:heckableBehavior	用于指定菜单组内各项菜单项的选择行为，可选值为 none（不可选）、all（多选）和 single（单选）
android:menuCategory	用于对菜单进行分类，指定菜单的优先级，可选值为 container、system、secondary 和 alternative
android:enabled	用于指定该菜单组中的全部菜单项是否可用
android:visible	用于指定该菜单组中的全部菜单项是否见

例如，将默认创建的 res/menu 目录中的 mail.xml 菜单资源文件，修改为包含 3 个菜单项的菜单资

源,具体代码如下。

```xml
<menu xmlns:android="http://schemas.android.com/apk/res/android"
    xmlns:tools="http://schemas.android.com/tools"
    tools:context="com.mingrisoft.MainActivity" >
    <item
        android:id="@+id/item1"
        android:alphabeticShortcut="g"
        android:title="更换背景">
    </item>
    <item
        android:id="@+id/item2"
        android:alphabeticShortcut="e"
        android:title="编辑组件">
    </item>
    <item
        android:id="@+id/item3"
        android:alphabeticShortcut="r"
        android:title="恢复默认">
    </item>
</menu>
```

2. 创建选项菜单

Activity 类提供了管理选项菜单的回调函数。在需要选项菜单时,Android 会调用 Activity 的 onCreateOptionsMenu()方法来创建一个选项菜单。在 Activity 中创建菜单时,需要重写 Activity 中的 onCreateOptionsMenu()方法。在该方法中,首先创建一个用于解析菜单资源文件的 MenuInflater 对象,然后调用该对象的 inflate()方法解析一个菜单资源文件,并把解析后的菜单保存在 menu 中,关键代码如下。

```java
@Override
public boolean onCreateOptionsMenu(Menu menu) {
    MenuInflater inflater=new MenuInflater(this);    //实例化一个MenuInflater对象
    inflater.inflate(R.menu.optionmenu, menu);        //解析菜单文件
    return super.onCreateOptionsMenu(menu);
}
```

3. 响应菜单项的选择

实现响应菜单项的选择需要重写 onOptionsItemSelected()方法,用于当菜单项被选择时,作出相应的处理。例如,当菜单项被选择时,弹出一个消息提示框显示被选中菜单项的标题,可以使用下面的代码。

```java
@Override
public boolean onOptionsItemSelected(MenuItem item) {
    Toast.makeText(MainActivity.this, item.getTitle(), Toast.LENGTH_SHORT).show();
    return super.onOptionsItemSelected(item);
}
```

下面将通过一个具体的实例来介绍如何在操作栏上添加选项菜单。

【例 5-16】 在 Eclipse 中创建 Android 项目,名称为 5-16,实现在操作栏上显示的选项菜单,并处理菜单项的响应。

(1)修改 res\menu 目录中名称为 main.xml 的菜单资源文件,在该文件中,定义 4 个菜单项,具体代码如下。

```xml
<menu xmlns:android="http://schemas.android.com/apk/res/android"
    xmlns:tools="http://schemas.android.com/tools"
```

```
        tools:context="com.mingrisoft.MainActivity" >
    <item
        android:id="@+id/item1"
        android:alphabeticShortcut="g"
        android:title="发起群聊"
        android:showAsAction="never">
    </item>
    <item
        android:id="@+id/item2"
        android:alphabeticShortcut="e"
        android:title="添加朋友">
    </item>
    <item
        android:id="@+id/item3"
        android:alphabeticShortcut="r"
        android:title="扫一扫">
    </item>
    <item
        android:id="@+id/item4"
        android:alphabeticShortcut="r"
        android:title="帮助与反馈">
    </item>
</menu>
```

> **说明** 在上面的代码中，android:alphabeticShortcut 属性用于为菜单项设置快捷键，对于这个快捷键，只有在单击 MENU 键调出选项菜单才可用，通过操作栏上的菜单按钮调出的选项菜单不起作用。

（2）在 Activity 的 onCreate()方法中，修改重写的 onCreateOptionsMenu()方法，在该方法中，首先创建一个用于解析菜单资源文件的 MenuInflater 对象，然后调用该对象的 inflate()方法解析一个菜单资源文件，并把解析后的菜单保存在 menu 中，最后返回 true，关键代码如下。

```
@Override
public boolean onCreateOptionsMenu(Menu menu) {
    MenuInflater inflater=new MenuInflater(this);   //实例化一个MenuInflater对象
    inflater.inflate(R.menu.main, menu);                //解析菜单文件
    return true;
}
```

（3）修改重写的 onOptionsItemSelected()方法，在该方法中，通过消息提示框显示选中菜单项的标题，并返回真值，具体代码如下。

```
@Override
public boolean onOptionsItemSelected(MenuItem item) {
        //弹出消息提示框显示选择的菜单项的标题
        Toast.makeText(MainActivity.this, item.getTitle(),
                                Toast.LENGTH_SHORT).show();
    return true;
}
```

运行本实例，单击操作栏中的图标，将弹出选项菜单，如图 5-35 所示，单击具体的菜单项时，弹出提示框显示菜单项标题。

图 5-35 显示选项菜单

5.5.2 实现层级式导航

在 Android 应用中,可以使用后退键来实现应用内导航功能。这种方式又称为临时性导航,它只能返回到上一次的用户界面。而有时需要实现层级式导航,即逐级向上在应用内导航。在 Android 中,利用操作栏上的应用图标可以实现层级式导航,另外,利用应用图标也可以实现直接退至主屏。这一功能,在现在的手机应用中非常实用。下面将详细介绍如何实现层级式导航。

实现层级式导航

1. 启用程序图标导航

通常情况下,应用程序图标启用向上导航功能时,就会在左侧显示一个向左指向的图标。这是通过启用应用图标向上导航按钮的功能实现的。要实现该功能,需要调用以下方法设置 Activity 或 Fragment 的 DisplayHomeAsUpEnabled 属性为 true。

例如,要为 Activity 设置启用应用程序图标向上导航功能,可以在它的 onCreate()方法中获取 ActionBar 对象,并调用其 setDisplayHomeAsUpEnabled()方法实现。具体代码如下。

```
@Override
protected void onCreate(Bundle savedInstanceState) {
    super.onCreate(savedInstanceState);
    setContentView(R.layout.activity_main);
    getActionBar().setDisplayHomeAsUpEnabled(true);
}
```

2. 响应向上按钮

调用 setDisplayHomeAsUpEnabled()方法只是让应用程序图标转变为按钮,并显示一个向左的图标而已,要实现向上逐级回退的功能,还需要响应向上按钮。在 Android 中,要实现响应向上按钮,可以配合使用 NavUtils 类与 AndroidManifest.xml 配置文件中的元数据。

首先,在 AndroidManifest.xml 中,使用<activity>标记的子标记<meta-data>配置 Activity 的父 Activity。例如,配置 DetailActivity 的父 Activity 为 MainActivity,可以使用下面的代码。

```
<activity
    android:name=".DetailActivity"
    android:label="详细信息" >
    <meta-data android:name="android.support.PARENT_ACTIVITY"
        android:value=".MainActivity"/>
</activity>
```

然后,通过调用 NavUtils. getParentActivityName()方法,检查元数据中是否指定了父 Activity,如果指定,则调用 navigateUpFromSameTask()方法导航至父 Activity,关键代码如下。

```
@Override
```

```
public boolean onOptionsItemSelected(MenuItem item) {
    int id = item.getItemId();
    if (id == android.R.id.home) {        //判断是否单击左侧的箭头图标
        if(NavUtils.getParentActivityName(DetailActivity.this)!= null){
            //导航至父Activity
            NavUtils.navigateUpFromSameTask(DetailActivity.this);
        }
        return true;
    }else{
        return super.onOptionsItemSelected(item);
    }
}
```

3. 控制导航图标的显示

添加了启用程序图标导航功能后，还需要控制导航图标是否显示，即当该 Activity 未指定父 Activity 时，无需再显示向左的箭头图标，避免误导用户。要实现该功能，只需要加上以下判断语句即可。

```
if(NavUtils.getParentActivityName(DetailActivity.this)!= null){
    getActionBar().setDisplayHomeAsUpEnabled(true);        //显示向左的箭头图标
}
```

【例 5-17】 在 Eclipse 中创建 Android 项目，名称为 5-17，实现带向上导航按钮的操作栏。

（1）修改新建项目的 res/layout 目录下的布局文件 activity_main.xml，将默认添加 TextView 组件删除，然后添加一个 id 为 next 的按钮，设置显示文字为 "关于奋斗"。

（2）在 MainActivity 的 onCreate()方法中，获取布局文件中添加的按钮，并为其设置单击事件监听器，实现启动另一个 Activity 功能，关键代码如下。

```
Button btn=(Button)findViewById(R.id.next);        //获取"关于奋斗"按钮
btn.setOnClickListener(new OnClickListener() {

    @Override
    public void onClick(View v) {
        //创建Intent对象
        Intent intent=new Intent(MainActivity.this, DetailActivity.class);
        startActivity(intent);        //启动Activity

    }
});
```

（3）创建详细页面 Activity 布局文件，名称为 activity_detail.xml，在该文件中主要添加一个文本框组件，显示关于奋斗的详细信息。

（4）创建 DetailActivity，并重写它的 onCreate()方法和 onCreateOptionsMenu()方法，关键代码如下。

```
public class DetailActivity extends Activity {
    @Override
    protected void onCreate(Bundle savedInstanceState) {
        super.onCreate(savedInstanceState);
        setContentView(R.layout.activity_detail);  //指定使用的布局文件
    }
    @Override
    public boolean onCreateOptionsMenu(Menu menu) {
        getMenuInflater().inflate(R.menu.main, menu);
```

```
        return true;
    }
}
```
（5）在onCreate()方法中，添加以下代码控制导航图标的显示。
```
if(NavUtils.getParentActivityName(DetailActivity.this)!= null){
    getActionBar().setDisplayHomeAsUpEnabled(true);   //显示向左的箭头图标
}
```
（6）重写onOptionsItemSelected()方法，实现通过调用 NavUtils. getParentActivityName()方法，检查元数据中是否指定了父 Activity，如果指定，则调用 navigateUpFromSameTask()方法导航至父Activity，关键代码如下。
```
@Override
public boolean onOptionsItemSelected(MenuItem item) {
    int id = item.getItemId();
    if (id == android.R.id.home) {        //判断是否单击左侧的箭头图标
        if(NavUtils.getParentActivityName(DetailActivity.this)!= null){
        NavUtils.navigateUpFromSameTask(DetailActivity.this);//导航至父Activity
        }
        return true;
    }else{
        return super.onOptionsItemSelected(item);
    }
}
```
（7）在 AndroidManifest.xml 中，使用<activity>标记的子标记<meta-data>配置 Activity 的父Activity，关键代码如下。
```
<activity
    android:name=".DetailActivity"
    android:label="详细信息" >
    <meta-data android:name="android.support.PARENT_ACTIVITY"
        android:value=".MainActivity"/>
</activity>
```
运行本实例，将显示如图 5-36 所示的父 Activity，在该页面中单击"关于奋斗"按钮，将进入到如图 5-36 所示的详细信息页面，在该页面，单击程序图标前的向左的箭头，将返回到如图 5-37 所示的父Activity 中。

图 5-36 父 Activity

图 5-37 子 Activity

5.6 界面事件

现在的图形界面应用程序，都是通过事件来实现人机交互的。事件就是用户对于图形界面的操作。在 Android 手机和平板电脑上，主要包括键盘按键事件和触摸事件两大类。键盘按键事件又包括按下、弹起等，触摸事件包括按下、弹起、滑动、双击等，下面分别进行介绍。

5.6.1 按键事件

对于一个标准的 Android 设备，包含了多个能够触发事件的物理按键，如图 5-38 所示。

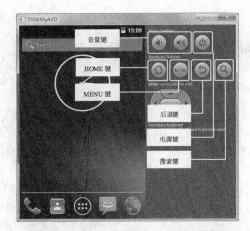

图 5-38 带有物理键盘的 Android 模拟器

各个可用的物理按键能够触发的事件说明如表 5-19 所示。

表 5-19 Android 设备可用物理按键

物理按键	KeyEvent	说明
电源键	KEYCODE_POWER	启动或唤醒设备，将界面切换到锁定的屏幕
后退键	KEYCODE_BACK	返回到前一个界面
菜单键	KEYCODE_MENU	显示当前应用的可用菜单
HOME 键	KEYCODE_HOME	返回到 HOME 界面
搜索键	KEYCODE_SEARCH	在当前应用中启动搜索
音量键	KEYCODE_VOLUME_UP KEYCODE_VOLUME_DOWN	控制当前上下文音量，例如音乐播放器、手机铃声、通话音量等
方向键	KEYCODE_DPAD_CENTER KEYCODE_DPAD_UP KEYCODE_DPAD_DOWN KEYCODE_DPAD_LEFT KEYCODE_DPAD_RIGHT	某些设备中包含的方向键，用于移动光标等

Android 中控件在处理物理按键事件时，提供的回调方法有 onKeyUp()、onKeyDown() 和

onKeyLongPress()。

【例 5-18】 在 Eclipse 中创建 Android 项目，名称为 5-18，屏蔽物理键盘中的后退键。

在创建项目时默认创建的 MainActivity 中，重写 onKeyDown()方法来拦截用户单击后退按钮事件，具体代码如下。

```
@Override
public boolean onKeyDown(int keyCode, KeyEvent event) {
    if (keyCode == KeyEvent.KEYCODE_BACK) {
        return true;                                    //屏蔽后退键
    }
    return super.onKeyDown(keyCode, event);
}
```

运行本实例后，显示如图 5-39 所示的界面。单击后退键，可以看到应用程序并未退出。

图 5-39　屏蔽物理按键

5.6.2　触摸事件

View 类是其他 Android 控件的父类。在该类中，定义了 setOnTouch Listener()方法用来为控件设置触摸事件监听器，下面演示该监听器的用法。

【例 5-19】 在 Eclipse 中创建 Android 项目，名称为 5-19，实现用户触摸屏幕时显示提示信息。

触摸事件

（1）修改默认创建的 MainActvity，让它继承 Activity 类并实现了 OnTouchListener 接口，在 onCreate()方法中获取布局文件中添加的相对布局管理器，并为它设置触摸事件监听器。

```
public class MainActivity extends Activity implements OnTouchListener {
    @Override
    protected void onCreate(Bundle savedInstanceState) {
        super.onCreate(savedInstanceState);
```

```
        setContentView(R.layout.activity_main);
        // 获取相对布局管理器
        RelativeLayout layout = (RelativeLayout) findViewById(R.id.layout);
        layout.setOnTouchListener(this); // 设置触摸事件监听器
    }
}
```

（2）重写 onTouch()方法来处理触摸事件，显示触摸位置，代码如下。

```
@Override
public boolean onTouch(View v, MotionEvent event) {
    int x = (int) event.getX();          //获取x轴坐标
    int y = (int) event.getY();          //获取y轴坐标
    Toast.makeText(this,"触摸屏幕位置为：（" + x + "," + y + "）", Toast.LENGTH_LONG)
            .show();
    return true;
}
```

运行程序后，触摸屏幕，显示如图 5-40 所示的提示信息。

图 5-40　显示触摸位置

小　结

在本章中，首先介绍了什么是 UI 界面，以及与 UI 设计相关的几个概念；然后介绍了 5 种常用的界面布局方式，以及界面组件，接下来又介绍了 Fragment 和操作栏，最后介绍了常用的界面事件。其中，在 5 种常用的界面布局方式中，相对布局和线性布局最为常用，需要重点掌握。另外，在操作栏中实现层级式导航对于实际应用开发也比较常用，也需要理解并掌握。

上机指导

微信现在几乎成为每位智能手机用户必备的应用,对于朋友圈大家应该再熟悉不过了。本实例就要求实现在屏幕中显示类似微信朋友圈的页面。程序运行效果如图 5-41 所示。

图 5-41　微信朋友圈页面

开发步骤如下。

（1）在 Eclipse 中创建 Android 项目,名称为 friends。

（2）修改新建项目的 res/layout 目录下的布局文件 activity_main.xml,将默认添加的布局代码修改为垂直线性布局管理器,并且删除上、下、左、右内边距的设置代码,然后将默认添加的文本框组件删除。

（3）在步骤（2）中添加的垂直线性布局管理器中,添加一个用于显示第一条朋友圈信息的相对布局管理器,然后在该布局管理器中添加一个显示头像的图像视图组件（ImageView）,让它与父容器左对齐,具体代码如下。

```
<RelativeLayout
    android:layout_width="match_parent"
    android:layout_height="wrap_content"
    android:layout_margin="10dp" >
    <ImageView
        android:id="@+id/ico1"
        android:layout_width="wrap_content"
        android:layout_height="wrap_content"
        android:layout_alignParentLeft="true"
        android:layout_margin="10dp"
        android:src="@drawable/v_ico1" />
```

```
        </RelativeLayout>
```
（4）在头像 ImageView 组件的右侧添加 3 个文本框组件，分别用于显示发布人、内容和时间，具体代码如下。
```
<TextView
    android:id="@+id/name1"
    android:layout_width="wrap_content"
    android:layout_height="wrap_content"
    android:layout_marginTop="10dp"
    android:layout_toEndOf="@id/ico1"
    android:text="雪绒花"
    android:textColor="#576B95" />
<TextView
    android:id="@+id/content1"
    android:layout_width="wrap_content"
    android:layout_height="wrap_content"
    android:layout_below="@id/name1"
    android:layout_marginBottom="5dp"
    android:layout_marginTop="5dp"
    android:layout_toEndOf="@id/ico1"
    android:minLines="3"
    android:text="祝我的亲人、朋友们新年快乐！" />
<TextView
    android:id="@+id/time1"
    android:layout_width="wrap_content"
    android:layout_height="wrap_content"
    android:layout_below="@id/content1"
    android:layout_marginTop="3dp"
    android:layout_toEndOf="@id/ico1"
    android:text="昨天"
    android:textColor="#9A9A9A" />
```
（5）在内容文本框的下方，与父窗口右对齐的位置添加一个 ImageView 组件，用于显示评论图标，具体代码如下。
```
<ImageView
    android:id="@+id/comment1"
    android:layout_width="wrap_content"
    android:layout_height="wrap_content"
    android:layout_alignParentEnd="true"
    android:layout_below="@id/content1"
    android:src="@drawable/comment" />
```
（6）在相对布局管理器的下面添加一个 ImageView 组件，显示一个分隔线，具体代码如下。
```
    <ImageView
        android:layout_width="match_parent"
        android:layout_height="wrap_content"
        android:background="@drawable/line" />
```
（7）按照步骤（3）到步骤（5）的方法再添加显示第二条朋友圈信息的代码。

完成以上操作后，在左侧的"包资源管理器"中的项目名称节点上，单击鼠标右键，在弹出的快捷菜单中，选择"运行方式/Android Application"菜单项就可以通过模拟器来运行程序了。

习 题

5-1 什么是 View 和 ViewGroup？它们的层次结构是怎样的？
5-2 Padding 和 Margins 的区别是什么？
5-3 简述 Android 提供的 5 种常用界面布局方式的特点。
5-4 简述向屏幕中添加列表视图的两种方法。
5-5 简述通过操作栏实现层级式导航的 3 个关键步骤。

第6章

组件通信与广播消息

本章要点：

- 创建并配置Activity
- 启动Activity的两种方法
- 使用Bundle在Activity之间交换数据
- 调用另一个Activity并返回结果
- Intent过滤器
- BroadcastReceiver的使用

■ 一个 Android 程序由多个组件组成，各个组件之间使用 Intent 进行通信，Intent 可以译为"意图"；而 BroadcastReceiver 则是用于接收广播通知的组件，它用于对系统中的广播进行处理。本章将对 Intent（意图）和 BroadcastReceiver（广播）进行详细介绍。

6.1　Intent 简介

Intent 是一个对象，它是一个被动的数据结构保存一个将要执行操作的抽象描述，或在广播的情况下，通常是某事已经发生并正在执行，开发人员通常使用该对象激活 Activity、Service 和 BroadcastReceiver。Intent 用于在相同或者不同应用程序组件间的后期运行时绑定。

对于不同的组件，Android 系统提供了不同的 Intent 发送机制进行激活。

- Intent 对象可以传递给 Context.startActivity()或 Activity.startActivityForResult()方法来启动 Activity 或者让已经存在的 Activity 去做其他任务。（Intent 对象也可以作为 Activity.setResult()方法的参数，将信息返回给调用 startActivityForResult()方法的 Activity。）

- Intent 对象可以传递给 Context.startService()方法来初始化 Service 或者发送新指令到正在运行的 Service。类似的，Intent 对象可以传递 Context.bindService()方法来建立调用组件和目标 Service 之间的链接。它可以有选择的初始化没有运行的服务。

- Intent 对象可以传递给 Context.sendBroadcast()、Context.sendOrderedBroadcast()或 Context.sendStickyBroadcast()等广播方法，使其被发送给所有感兴趣的 BroadcastReceiver。

在各种情况下，Android 系统寻找最佳的 Activity、Service、BroadcastReceiver 来响应 Intent，并在必要时进行初始化。在这些消息系统中，并没有重叠。例如，传递给 startActivity()方法的 Intent 仅能发送给 Activity 而不会发送给 Service 或者 BroadcastReceiver。下面将重点介绍如何使用 Intent 激活 Activity。

6.1.1　创建并配置 Activity

在 Android 中，Activity 提供了和用户交互的可视化界面。在使用 Activity 时，需要先创建并配置它。

1. 创建 Activity

创建 Activity，大致可以分为以下两个步骤。

（1）创建一个 Activity 一般是继承 android.app 包中的 Activity 类，不过在不同的应用场景下，也可以继承 Activity 的子类。例如，在一个 Activity 中，只想实现一个列表，那么就可以让该 Activity 继承 ListActivity，如果只想实现选项卡效果，那么就可以让该 Activity 继承 TabActivity。创建一个继承 android.app.Activity 类的 Activity，名称为 DetailActivity 的具体代码如下。

创建 Activity

```
import android.app.Activity;

public class DetailActivity extends Activity {

}
```

（2）重写需要的回调方法。通常情况下，都需要重写 onCreate()方法，并且在该方法中调用 setContentView()方法设置要显示的视图。例如，在步骤（1）中创建的 Activity 中，重写 onCreate()方法，并且设置要显示的视图的具体代码如下。

```
@Override
public void onCreate(Bundle savedInstanceState) {
    super.onCreate(savedInstanceState);
```

```
setContentView(R.layout.activity_detail);
}
```

 使用带 ADT 插件的 Eclipse，创建 Android 项目后，默认会创建一个 Activity，继承自 Activity 类，并且重写 onCreate()方法。

2. 配置 Activity

创建 Activity 后，还需要在 AndroidManifest.xml 文件中配置该 Activity，如果没有配置该 Activity，而在程序中又启动了该 Activity，那么将抛出如图 6-1 所示的异常信息。

配置 Activity

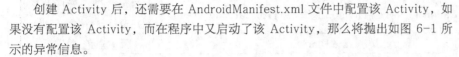

图 6-1 日志面板中抛出的异常信息

具体的配置方法是在<application></application>标记中添加<activity></activity>标记实现。<activity>标记的基本格式如下。

```
<activity
    android:icon="@drawable/图标文件名"
    android:name="实现类"
    android:label="说明性文字"
    android:theme="要应用的主题"
...
>
...
</activity>
```

在<activity></activity>标记中，android:icon 属性用于为 Activity 指定对应的图标，其中的图标文件名不包括扩展名；android:name 属性用于指定对应的 Activity 实现类；android:label 用于为该 Activity 指定标签；android:theme 属性用于设置要应用的主题，常用的系统自带主题样式如表 6-1 所示。

 如果该 Activity 类在<manifest>标记指定的包中，则 android:name 属性的属性值可以直接写类名，也可以加一个"."点号，否则如果在<manifest>标记指定包的子包中，则属性值需要设置为".子包序列.类名"或者是完整的类名（包括包路径）。

表 6-1 Android 系统自带的常用主题样式

主题样式	说明
android:theme="@android:style/Theme.Dialog"	Activity 显示为对话框模式

续表

主题样式	说明
android:theme="@android:style/Theme.NoTitleBar"	不显示应用程序标题栏
android:theme="@android:style/Theme.NoTitleBar.Fullscreen"	不显示应用程序标题栏，并全屏
android:theme="@android:style/Theme.Light "	背景为白色
android:theme="@android:style/Theme.Light.NoTitleBar"	白色背景并无标题栏
android:theme="@android:style/Theme.Light.NoTitleBar.Fullscreen"	白色背景，无标题栏，并全屏
android:theme="@android:style/Theme.Black"	背景为黑色
android:theme="@android:style/Theme.Black.NoTitleBar"	黑色背景并无标题栏
android:theme="@android:style/Theme.Black.NoTitleBar.Fullscreen"	黑色背景，无标题栏，并全屏
android:theme="@android:style/Theme.Wallpaper"	使用系统桌面作为应用程序背景
android:theme="@android:style/Theme.Wallpaper.NoTitleBar"	使用系统桌面作为应用程序背景，并无标题栏
android:theme="@android:style/Theme.Wallpaper.NoTitleBar.Fullscreen"	使用系统桌面作为应用程序背景，无标题栏，并全屏
android:theme="@android:style/Theme.Translucent	透明背景
android:theme="@android:style/Theme.Translucent.NoTitleBar"	透明背景并无标题栏
android:theme="@android:style/Theme.Translucent.NoTitleBar.Fullscreen"	透明背景，无标题栏，并全屏
android:theme="@android:style/Theme.Panel"	去掉窗口装饰在一个空的矩形框中填充内容，且位于屏幕中央
android:theme="@android:style/Theme.Light.Panel"	采用亮背景主题去掉窗口装饰在一个空的矩形框中填充内容，且位于屏幕中央

下面我们将在 AndroidManifest.xml 文件中配置 DetailActivity, 该类保存在<manifest>标记指定的包中，关键代码如下。

```
<activity
    android:icon="@drawable/ic_launcher"
    android:name=".DetailActivity"
    android:label="详细"
    >
</activity>
```

6.1.2 启动 Activity

在 Android 应用程序中，一般都不会只有一个 Activity, 当存在多个 Activity 时，就涉及一个问题：

如何在不同 Activity 之间切换和传递数据。通过 Intent 就可以实现这一功能，通过 Intent 启动 Activity 可以分为显式启动和隐式启动两种方式，下面分别进行介绍。

1. 显式启动

显式启动是指在启动时必须在 Intent 中指明要启动的 Activity 所在的类。通常情况下，在一个 Android 项目中，如果只有一个 Activity，那么只需要在 AndroidManifest.xml 文件中配置它，并且将其设置为程序的入口。这样，当运行该项目时，将自动启动该 Activity。否则，需要应用 Intent 和 startActivity()方法来启动需要的 Activity，具体步骤如下。

显式启动 Activity

（1）需要创建 Intent 对象，可以使用下面的语法格式。

Intent intent = new Intent(Context packageContext, Class<?> cls)

- intent：用于指定对象名称。
- packageContext：用于指定一个启动 Activity 的上下文对象，可以使用 Activity 名.this（如 MainActivity.this）来指定。
- cls：用于指定要启动的 Activity 所在的类，可以使用 Activity 名.calss（如 DetailActivity.class）来指定。

Intent 位于 android.content 包中，在使用 Intent 时，需要应用下面的语句导入该类。

import android.content.Intent;

例如，创建一个启动 DetailActivity 的 Intent 对象，可以使用下面的代码。

Intent intent=new Intent(MainActivity.this,DetailActivity.calss);

（2）应用 startActivity()方法来启动 Activity。startActivity()方法的语法格式如下。

public void startActivity (Intent intent)

该方法没有返回值，只有一个 Intent 类型的入口参数，该 Intent 对象为步骤（1）中创建的 Intent 对象。

要实现关闭当前的 Activity，可以直接调用 finish()方法。

【例 6-1】 在 Eclipse 中创建 Android 项目，名称为 6-1，实现启动显示详细信息的 Activity。

（1）修改新建项目的 res/layout 目录下的布局文件 activity_main.xml，将默认添加的文本框组件修改为 Button 按钮组件，并为其设置 id 属性为 button1，关键代码如下。

```
<Button
    android:id="@+id/button1"
    android:layout_width="wrap_content"
    android:layout_height="wrap_content"
    android:text="查看详细" />
```

（2）在 res/layout 目录下创建布局文件 detail.xml，在该文件中，添加相对布局管理器，以及文本框组件，设置其 android:text 属性为 DetailActivity。关键代码如下。

```
<RelativeLayout xmlns:android="http://schemas.android.com/apk/res/android"
    android:layout_width="match_parent"
    android:layout_height="match_parent"
    android:paddingBottom="@dimen/activity_vertical_margin"
```

```
        android:paddingLeft="@dimen/activity_horizontal_margin"
        android:paddingRight="@dimen/activity_horizontal_margin"
        android:paddingTop="@dimen/activity_vertical_margin"
        >
        <TextView
            android:layout_width="wrap_content"
            android:layout_height="wrap_content"
            android:text="DetailActivity" />
</RelativeLayout>
```

（3）创建 DetailActivity，让其继承自 Activity，并重写 onCreate() 方法，在重写的 onCreate() 方法设置布局文件为 detail.xml，关键代码如下。

```
public class DetailActivity extends Activity {
    @Override
    protected void onCreate(Bundle savedInstanceState) {
        super.onCreate(savedInstanceState);
        setContentView(R.layout.detail);                    //设置布局文件
    }
}
```

（4）打开 MainActivity，在 onCreate() 方法中，获取布局文件中添加的按钮，并为其添加单击事件监听器，在重写的 onClick() 方法中，创建打开 DetailActivity 的 Intent 对象，并调用 startActivity() 方法启动该 Activity，关键代码如下。

```
Button button1 = (Button) findViewById(R.id.button1);   // 获取布局文件中添加的按钮
button1.setOnClickListener(new View.OnClickListener() {
    @Override
    public void onClick(View v) {
        Intent intent = new Intent(MainActivity.this,
            DetailActivity.class);                       // 创建Intent对象
        startActivity(intent);                           // 启动Activity
    }
});
```

（5）在 AndroidManifest.xml 文件中配置 DetailActivity，关键代码如下。

```
<activity
    android:name=".DetailActivity"
    android:icon="@drawable/ic_launcher"
    android:label="详细" >
</activity>
```

运行本实例，将显示图 6-2 所示的主界面；单击"查看详细"按钮，将显示图 6-3 所示的详细页面。

2．隐式启动

隐式启动是指由 Android 系统根据 Intent 的 action（动作）和 data（数据）决定启动哪一个 Activity。在隐式启动 Activity 时，系统会根据一定的规则对 Intent 和 Activity 进行匹配，使 Intent 的 action 和 data 与 Activity 匹配。

隐式启动

使用隐式启动 Intent，可以在自己的应用程序中，启动其他程序的 Activity，这使得 Android 多个应用程序之间的功能共享成为了可能。

图 6-2　主界面　　　　　　　　　　　　　图 6-3　详细页面

例如，我们需要在自己的应用程序中，展示一个网页，就可以调用系统的浏览器来打开这个网页就行了，而不必自己再编写一个浏览器。这时，可以使用下面的语句实现。

```
Intent intent = new Intent();                              // 创建Intent对象
intent.setAction(Intent.ACTION_VIEW);                      // 为Intent设置动作
intent.setData(Uri.parse("http://www.mingribook.com"));    // 为Intent设置数据
startActivity(intent);                                     // 将Intent传递给Activity
```

也可以使用下面的语句实现。

```
Intent intent = new Intent(Intent.ACTION_VIEW,
            Uri.parse("http://www.mingribook.com"));       // 创建Intent对象
startActivity(intent);                                     // 将Intent传递给Activity
```

❏ Intent.ACTION_VIEW：为 Intent 的 action，表示需要执行的动作。Android 系统支持的标准 action 字符串常量如表 6-2 所示。对于这些常量，在 AndroidManifest.xml 文件中使用时，需要将其转换为对应的字符串信息。例如，将"ACTION_MAIN"转换为"android.intent.action.MAIN"。

表 6-2　标准 Activity action 说明

常量	说明
ACTION_MAIN	作为初始的 Activity 启动，没有数据输入输出
ACTION_VIEW	将数据显示给用户
ACTION_ATTACH_DATA	用于指示一些数据应该附属于其他地方
ACTION_EDIT	将数据显示给用户用于编辑
ACTION_PICK	从数据中选择一项，并返回该项
ACTION_CHOOSER	显示 Activity 选择器，允许用户在继续前按需选择
ACTION_GET_CONTENT	允许用户选择特定类型的数据并将其返回
ACTION_DIAL	使用提供的数字拨打电话
ACTION_CALL	使用提供的数据给某人拨打电话
ACTION_SEND	向某人发送消息，接收者未指定
ACTION_SENDTO	向某人发送消息，接收者已指定

续表

常量	说明
ACTION_ANSWER	接听电话
ACTION_INSERT	在给定容器中插入空白项
ACTION_DELETE	从容器中删除给定数据
ACTION_RUN	无条件运行数据
ACTION_SYNC	执行数据同步
ACTION_PICK_ACTIVITY	挑选给定 Intent 的 Activity，返回选择的类
ACTION_SEARCH	执行查询
ACTION_WEB_SEARCH	执行联机查询
ACTION_FACTORY_TEST	工厂测试的主入口点

说明 关于表 6-2 内容详细说明请参考 API 文档中 Intent 类的说明。

❑ Uri.parse()方法：用于把字符串解释为 URI 对象，表示需要传递的数据。

在执行上面的代码时，系统首先根据 Intent.ACTION_VIEW 得知需要启动具备浏览功能的 Activity，但是具体是浏览什么，还需要根据第二个参数的数据类型来判断。这里面提供的是 Web 地址，所以将使用内置的浏览器显示。

下面将通过一个具体的实例来介绍如何通过隐式启动实现使用 Intent 打开网页功能。

【例 6-2】 在 Eclipse 中创建 Android 项目，名称为 6-2，实现使用 Intent 打开网页功能。

（1）修改新建项目的 res/layout 目录下的布局文件 activity_main.xml，将默认添加的文本框组件修改为 Button 按钮组件，并为其设置 id 属性为 button1，关键代码如下：

```
<Button
    android:id="@+id/button1"
    android:layout_width="wrap_content"
    android:layout_height="wrap_content"
    android:text="进入明日图书网" />
```

（2）打开 MainActivity，在 onCreate()方法中，获取布局文件中添加的"进入明日图书网"按钮，并为其设置单击事件监听器，在重写的 onClick()方法中，通过为按钮添加单击事件监听器来完成打开网页功能，其代码如下：

```
Button button1 = (Button) findViewById(R.id.button1);    // 获取布局文件中添加的按钮
button1.setOnClickListener(new View.OnClickListener() {
    @Override
    public void onClick(View v) {
        Intent intent=new Intent();                           //创建Intent对象
        intent.setAction(Intent.ACTION_VIEW);                 //指定action动作
        intent.setData(Uri.parse("http://www.mingribook.com")); //指定data数据
        startActivity(intent);                                //启动Activity
    }
});
```

运行本实例，将显示图 6-4 所示的主界面，单击"进入明日图书网"按钮，显示图 6-5 所示的明日图书网主页。

图 6-4 打开网页的主界面

图 6-5 明日图书网主页

6.1.3 使用 Bundle 在 Activity 之间交换数据

在 6.1.2 节中，我们已经学习了如何启动另一个 Activity。通过这种方法启动后，两个 Activity 相互独立，没有任何联系。其实 Intent 还可以在启动 Activity 时传递数据。我们可以交接使用 Intent 对象的 putExtra()方法将要携带的数据保存到 Intent 中，也可以将要保存的数据存放在 Bundle 对象中，然后通过 Intent 提供的 putExtras()方法将要携带的数据保存到 Intent 中。推荐使用的是后一种方法。

使用 Bundle 在 Activity 之间交换数据

 Bundle 是一个字符串值到各种 Parcelable 类型的映射，用于保存要携带的数据包。也可理解为 Bundle 是一个 key-value（键-值）对的组合。我们可以根据其中的 key 来获取具体的内容（value）。

将数据存放在 Bundle 对象中，并将其添加到 Intent 对象中，可以通过下面的代码实现。

```
Bundle bundle=new Bundle();            //创建并实例化一个Bundle对象
bundle.putString("user", user);        //保存用户名
bundle.putString("pwd", pwd);          //保存密码
intent.putExtras(bundle);              //将Bundle对象添加到Intent对象中
```

如果想要将传递的数据取出，可以先获取 Intent 对象，再调用其 getExtras()方法获取 Bundle 对象，最后通过 Bundle 对象的 get×××()方法获取具体的内容。例如，获取传递过来的字符串类型的用户名和密码，可以使用下面的代码。

```
Intent intent=getIntent();              //获取Intent对象
Bundle bundle=intent.getExtras();       //获取传递的数据包
bundle.getString("user");               //获取输入的用户名
bundle.getString("pwd");                //获取输入的密码
```

下面通过一个具体的实例演示如何使用 Bundle 在 Activity 之间交换数据。

【例 6-3】 在 Eclipse 中创建 Android 项目，名称为 6-3，实现用户注册界面，并在单击"提交"按钮时，启动另一个 Activity 显示填写的注册信息。

（1）修改新建项目的 res/layout 目录下的布局文件 activity_main.xml，将默认添加的相对布局管理器修改为垂直线性布局管理器，并在该布局管理器中，添加用户用于输入用户注册信息的文本框和编辑框，以及一个"提交"按钮。activity_main.xml 文件的关键代码如下。

```xml
<TextView
    android:id="@+id/textView1"
    android:layout_width="wrap_content"
    android:layout_height="wrap_content"
    android:text="用户名：" />
<EditText
    android:id="@+id/user"
    android:minWidth="200dp"
    android:layout_width="wrap_content"
    android:layout_height="wrap_content" />
<!-- 省略了显示提示文字"密码："的布局代码 -->
<EditText
    android:id="@+id/pwd"
    android:minWidth="200dp"
    android:inputType="textPassword"
    android:layout_width="wrap_content"
    android:layout_height="wrap_content" />
<!-- 省略了显示提示文字"确认密码："的布局代码 -->
<EditText
    android:id="@+id/repwd"
    android:minWidth="200dp"
    android:inputType="textPassword"
    android:layout_width="wrap_content"
    android:layout_height="wrap_content" />
<!-- 省略了显示提示文字"E-mail地址："的布局代码 -->
<EditText
    android:id="@+id/email"
    android:minWidth="400dp"
    android:layout_width="wrap_content"
    android:layout_height="wrap_content" />
<Button
    android:id="@+id/submit"
    android:layout_width="wrap_content"
    android:layout_height="wrap_content"
    android:text="提交" />
```

（2）打开默认创建的主活动，也就是 MainActivity，在 onCreate()方法中，获取"提交"按钮，并为其添加单击事件监听器。在重写的 onClick()方法中，首先获取输入的用户名、密码、确认密码和 E-mail 地址，并保存到相应的变量中，然后判断输入信息是否为空，如果为空给出提示框，否则判断两次输入的密码是否一致，如果不一致，将给出提示信息，并清空密码和确认密码编辑框，让密码编辑框获得焦点，否则，将输入的信息保存到 Bundle 中，并启动一个新的 Activity 显示输入的用户注册信息，具体代码如下。

```
Button submit=(Button)findViewById(R.id.submit);                    //获取提交按钮
submit.setOnClickListener(new View.OnClickListener() {
    @Override
    public void onClick(View v) {
        //获取输入的用户
        String user=((EditText)findViewById(R.id.user)).getText().toString();
        //获取输入的密码
        String pwd=((EditText)findViewById(R.id.pwd)).getText().toString();
        //获取输入的确认密码
        String repwd=((EditText)findViewById(R.id.repwd)).getText().toString();
        //获取输入的E-mail地址
        String email=((EditText)findViewById(R.id.email)).getText().toString();
        if(!"".equals(user) && !"".equals(pwd) && !"".equals(email)){
            if(!pwd.equals(repwd)){                          //判断两次输入的密码是否一致
                Toast.makeText(MainActivity.this, "两次输入的密码不一致,请重新输入!",
                                    Toast.LENGTH_LONG).show();
                ((EditText)findViewById(R.id.pwd)).setText("");     //清空密码编辑框
                ((EditText)findViewById(R.id.repwd)).setText("");   //清空确认密码编辑框
                //让密码编辑框获得焦点
                ((EditText)findViewById(R.id.pwd)).requestFocus();
            }else{//将输入的信息保存到Bundle中,并启动一个新的Activity显示输入的用户注册信息
                Intent intent=new Intent(MainActivity.this,RegisterActivity.class);
                Bundle bundle=new Bundle();               //创建并实例化一个Bundle对象
                bundle.putCharSequence("user", user);     //保存用户名
                bundle.putCharSequence("pwd", pwd);       //保存密码
                bundle.putCharSequence("email", email);   //保存E-mail地址
                intent.putExtras(bundle);                 //将Bundle对象添加到Intent对象中
                startActivity(intent);                    //启动新的Activity
            }
        }else{
            Toast.makeText(MainActivity.this, "请将注册信息输入完整!", Toast.LENGTH_LONG).show();
        }
    }
});
```

在上面的代码中，加粗的代码用于创建 Intent 对象，并将要传递的用户注册信息通过 Bundle 对象添加到该 Intent 对象中。

（3）在 res/layout 目录中，创建一个名称为 register.xml 的布局文件，在该布局文件中采用垂直线性布局，并且添加 3 个 TextView 组件，分别用于显示用户名、密码和 E-mail 地址。

（4）在 com.mingrisoft 包中，创建一个继承 Activity 类的 RegisterActivity，并且重写 onCreate() 方法。在重写的 onCreate()方法中，首先设置该 Activity 使用的布局文件 register.xml 中定义的布局，然后获取 Intent 对象，以及传递的数据包，最后再将传递过来的用户名、密码和 E-mail 地址显示到对应的 TextView 组件中。关键代码如下。

```
public class RegisterActivity extends Activity {
    @Override
    protected void onCreate(Bundle savedInstanceState) {
        super.onCreate(savedInstanceState);
```

```
            setContentView(R.layout.register);         //设置该Activity中要显示的内容视图
            Intent intent=getIntent();                 //获取Intent对象
            Bundle bundle=intent.getExtras();          //获取传递的数据包
            TextView user=(TextView)findViewById(R.id.user);//获取显示用户名的TextView组件
            //获取输入的用户名并显示到TextView组件中
            user.setText("用户名："+bundle.getString("user"));
            TextView pwd=(TextView)findViewById(R.id.pwd);  //获取显示密码的TextView组件
            pwd.setText("密码："+bundle.getString("pwd"));//获取输入的密码并显示到TextView组件中
            //获取显示E-mail的TextView组件
            TextView email=(TextView)findViewById(R.id.email);
            //获取输入的E-mail并显示到TextView组件中
            email.setText("E-mail："+bundle.getString("email"));
        }
    }
```

 在上面的代码中，加粗的代码用于获取通过 Intent 对象传递的用户注册信息。

（5）在 AndroidManifest.xml 文件中配置 RegisterActivity，配置的主要属性有 Activity 使用的图标、实现类和标签，具体代码如下。

```
<activity
    android:label="显示用户注册信息"
    android:icon="@drawable/ic_launcher"
    android:name=".RegisterActivity">
</activity>
```

运行本实例，将显示一个填写用户注册信息的界面，输入用户名、密码、确认密码和 E-mail 地址后，如图 6-6 所示，单击"提交"按钮，将显示如图 6-7 所示的界面，显示填写的用户注册信息。

图 6-6　填写用户注册信息界面

图 6-7　显示用户注册信息界面

6.1.4 调用另一个 Activity 并返回结果

在 Android 应用开发时，有时需要在一个 Activity 中调另一个 Activity，当用户在第二个 Activity 中选择完成后，程序自动返回到第一个 Activity 中，第一个 Activity 必须能够获取并显示用户在第二个 Activity 中选择的结果，或者，在第一个 Activity 中将一些数据传递到第二个 Activity，由于某些原因，又要返回到第一个 Activity 中，并显示传递的数据。例如，程序中经常出现的"返回上一步"功能。

调用另一个 Activity 并返回结果

如果要在 Activity 中得到新打开 Activity 关闭后返回的数据，首先需要使用系统提供的 startActivityForResult(Intent intent, int requestCode)方法打开新的 Activity；然后在新打开的 Activity 关闭前，使用 setResult(int resultCode, Intent data)方法向前面的 Activity 返回数据；最后，为了得到返回的数据，需要在前面的 Activity 中重写 onActivityResult(int requestCode, int resultCode, Intent data)方法实现。下面分别对 startActivityForResult(Intent intent, int requestCode)方法、setResult(int resultCode, Intent data)方法和 onActivityResult(int requestCode, int resultCode, Intent data)方法进行详细介绍。

❑ startActivityForResult(Intent intent, int requestCode)方法。

startActivityForResult(Intent intent, int requestCode)方法用来以带有返回值的方式启动新的 Activity，其语法格式如下：

public void startActivityForResult (Intent intent, int requestCode)

- intent：要启动的 Intent 对象。
- requestCode：请求码，该值根据业务需要由自己设定，用于标识请求来源。

❑ setResult(int resultCode, Intent data)方法。

setResult(int resultCode, Intent data)方法用来为要返回到的 Activity 设置结果码，其语法格式如下：

 public final void setResult (int resultCode, Intent data)

- resultCode：结果码，该值是根据业务需要由自己设定，通常采用 RESULT_CANCELED 或者 RESULT_OK 表示。
- data：要返回到的 Activity 所在的 Intent 对象。

❑ onActivityResult(int requestCode, int resultCode, Intent data)方法。

onActivityResult(int requestCode, int resultCode, Intent data)方法用来获取请求码和结果码获取新 Activity 中返回的数据，其语法格式如下：

protected void onActivityResult(int requestCode, int resultCode, Intent data)

- requestCode：请求码，即调用 startActivityForResult 方法传递过去的值。
- resultCode：结果码，用于标识返回数据来自哪个新 Activity。
- data：Intent 对象，用来取出新 Activity 返回的数据。

下面将通过一个具体的实例介绍如何调另一个 Activity 并返回结果。

在 6.1.3 节中的例 6-3 中，已经介绍了填写用户注册信息界面及显示注册信息的实现方法，这个例子中，我们将在例 6-3 的基础上进行修改，为其添加返回上一步功能。

【例6-4】 在Eclipse中，复制6-3项目，并修改项目名为6-4，实现用户注册中的返回上一步功能。

（1）打开MainActivity，定义一个名称为CODE的常量，用于设置requestCode请求码。该请求码由开发者根据业务自行设定，这里设置为0x717，关键代码如下。

```
final int CODE= 0x717;                              //定义一个请求码常量
```

（2）将原来使用startActivity()方法启动新Activity的代码修改为使用startActivityForResult()方法实现，这样就可以在启动一个新的Activity时，获取指定Activity返回的结果。修改后的代码如下。

```
startActivityForResult(intent, CODE);               //启动新的Activity
```

（3）打开res/layout目录中的register.xml布局文件，在该布局文件中添加一个返回上一步按钮，并设置该按钮的android:id属性值为@+id/back，关键代码如下。

```
<Button
    android:id="@+id/back"
    android:layout_width="wrap_content"
    android:layout_height="wrap_content"
    android:text="返回上一步" />
```

（4）打开RegisterActivity，在onCreate()方法中，首先将原来的代码。

```
Intent intent=getIntent();    //获取Intent对象
```

修改为：

```
final Intent intent=getIntent();    //获取Intent对象
```

然后，获取"返回上一步"按钮，并为其添加单击事件监听器，在重写的onClick()方法中，首先设置返回的结果码，并返回调用该Activity的Activity，然后关闭当前Activity，关键代码如下。

```
Button button=(Button)findViewById(R.id.back);      //获取"返回上一步"按钮
button.setOnClickListener(new OnClickListener() {

    @Override
    public void onClick(View v) {
        setResult(0x717,intent);    //设置返回的结果码，并返回调用该Activity的Activity
        finish();                   //关闭当前Activity
    }
});
```

说明　为了让程序知道返回的数据来自于哪个新的Activity，需要使用resultCode结果码。

（5）再次打开MainActivity，重写onActivityResult()方法，在该方法中，需要判断requestCode请求码和resultCode结果码是否与我们预先设置的相同，如果相同，则清空"密码"编辑框和"确认密码"编辑框，关键代码如下：

```
@Override
protected void onActivityResult(int requestCode, int resultCode, Intent data) {
    super.onActivityResult(requestCode, resultCode, data);
    if(requestCode==CODE && resultCode==CODE){
        ((EditText)findViewById(R.id.pwd)).setText("");      //清空密码编辑框
        ((EditText)findViewById(R.id.repwd)).setText("");    //清空确认密码编辑框
    }
}
```

运行本实例，将显示一个填写用户注册信息的界面，输入用户名、密码、确认密码和E-mail地址后，单击"提交"按钮，将显示如图 6-8 所示的界面，显示填写的用户注册信息及一个"返回上一步"按钮，单击"返回上一步"按钮，即可返回到如图 6-9 所示的界面，只是没有显示密码和确认密码。

图 6-8　显示用户注册信息及"返回上一步"按钮界面　　　图 6-9　返回上一步的结果

在实现返回上一页功能时，为了安全考虑，一般不返回密码及确认密码。

6.2　Intent 过滤器

　　Activity、Service 和 BroadcastReceiver 能定义多个 Intent 过滤器来通知系统它们可以处理哪些隐式 Intent。每个过滤器能够描述组件的一种能力，以及该组件可以接收的一组 Intent。实际上，过滤器能够接收需要类型的 Intent，拒绝不需要类型的 Intent，但是仅限于隐式 Intent。显式 Intent 无论其内容如何，总可以发送给其目标，过滤器并不干预。但是，隐式 Intent 只有在通过组件的 Intent 过滤器之后才能发送给组件。

　　对于能够完成工作及显示给用户界面的组件都有独立的过滤器。

　　Intent 过滤器是 IntentFilter 类的实例。然而，由于 Android 系统在启动组件前必须了解组件的能力，Intent 过滤器通常不在 Java 代码中进行设置，而是使用<intent-filter>标签写在应用程序的配置文件（AndroidManifest.xml）中。（唯一的例外是调用 Context.registerReceiver() 方法动态注册 BroadcastReceiver 的过滤器，它们通常直接创建为 IntentFilter 对象。）

　　过滤器中包含的域和 Intent 对象中动作（action）、数据（data）和分类域（category）相对应。过滤器对于隐式 Intent 在这 3 个方面分别进行测试。只有通过全部测试时，Intent 对象才能发送给拥有在过滤器的组件。然而，由于组件可以包含多个过滤器，Intent 对象在一个过滤器上失败并不代表不能通过其他测试。下面对这些测试进行详细介绍。

1. 动作测试

配置文件中的<intent-filter>标签将动作作为<action>子标签列出，例如，

```
<intent-filter …>
    <action android:name="com.example.project.SHOW_CURRENT" />
    <action android:name="com.example.project.SHOW_RECENT" />
    <action android:name="com.example.project.SHOW_PENDING" />
    …
</intent-filter>
```

动作测试

如上所示，尽管 Intent 对象仅定义一个动作，在过滤器中却可以列出多个。列表不能为空，即过滤器中必须包含至少一个<action>标签，否则会阻塞所有 Intent。

为了通过该测试，Intent 对象中定义的动作必须与过滤器中列出的一个动作匹配。如果对象或者过滤器没有指定动作，结果如下：

- ❏ 如果过滤器没有包含任何动作，即没有让对象匹配的东西，则任何对象都无法通过该测试。
- ❏ 如果过滤器至少包含一个动作，则没有指定动作的对象自动通过该测试。

2. 种类测试

配置文件中的<intent-filter>标签将分类作为 category 子标签列出，例如，

```
<intent-filter …>
    <category android:name="android.intent.category.DEFAULT" />
    <category android:name="android.intent.category.BROWSABLE" />
    …
</intent-filter>
```

种类测试

为了让 Intent 通过种类测试，Intent 对象中每个种类都必须与过滤器中定义的种类匹配。在过滤器中可以增加额外的种类，但是不能删除任何 Intent 中的种类。

因此从原则上讲，无论过滤器中如何定义，没有定义种类的 Intent 总是可以通过该项测试。然而，有一个例外：Android 对于所有通过 startActivity()方法传递的隐式 Intent 默认其包含一个种类"android.intent.category.DEFAULT"（"CATEGORY_DEFAULT"常量）。因此，接收隐式 Intent 的 Activity 必须在过滤器中包含 "android.intent.category.DEFAULT"。(包含 "android.intent.action.MAIN" 和 "android.intent.category.LAUNCHER" 设置的是一个例外，它们表示 Activity 作为新任务启动并且显示在启动屏幕上，这时包含 "android.intent.category.DEFAULT" 与否均可。)

3. 数据测试

配置文件中的<intent-filter>标签将数据作为 data 子标签列出，例如。

```
<intent-filter …>
    <data android:mimeType="video/mpeg" android:scheme="http" …/>
    <data android:mimeType="audio/mpeg" android:scheme="http" …/>
    …
</intent-filter>
```

数据测试

每个<data>标签可以指定 URI 和数据类型（MIME 媒体类型）。URI 可以分成 scheme、host、port 和 path 几个独立的部分。

scheme://host:port/path

例如下面的 URI，

content://com.example.project:200/folder/subfolder/etc

scheme是"content"，host是"com.example.project"，port是"200"，path是"folder/subfolder/etc"。host 和 port 一起组成了 URI 授权，如果 host 没有指定，则忽略 port。

这些属性都是可选的，但是相互之间并非完全独立。如果授权有效，则 scheme 必须指定；如果 path

有效，则 scheme 和授权必须指定。

当 Intent 对象中的 URI 与过滤器中 URI 规范比较时，它仅与过滤器中实际提到的 URI 部分相比较。例如，如果过滤器仅指定了 scheme，那么所有具有该 scheme 的 URI 都能匹配该过滤器。如果过滤器指定了 scheme 和授权，而没指定 path，则不管 path 如何，具有该 scheme 和授权的 URI 都能匹配。如果过滤器指定了 scheme、授权和 path，则仅有具有相同 scheme、授权和 path 的 URI 能够匹配。然而，过滤器中的 path 可以包含通配符来允许部分匹配。

<data>标签中的 mimeType 属性指定数据的 MIME 类型，在过滤器中，这比 URI 更常见。Intent 对象和过滤器都能使用 "*" 通配符来包含子类型，例如 "text/*" 或者 "audio/*"。

数据测试比较 Intent 对象和过滤器中的 URI 和数据类型，其规则如表 6-3 所示。

表 6-3 数据测试规则说明

编号	Intent 对象		过滤器		通过条件
	URI	数据类型	URI	数据类型	
1	未指定	未指定	未指定	未指定	无条件通过
2	指定	未指定	指定	未指定	两个 URI 匹配
3	未指定	指定	未指定	指定	两个数据类型匹配
4	指定	指定	指定	指定	URI 和数据类型匹配

Intent 对象数据类型中未指定也包括不能从 URI 中推断数据类型。同理，指定也包括能从 URI 中推断数据类型。

对于表 6-3 中的第 4 种情况，如果 Intent 对象中包含 content: 或 file: URI，过滤器中未指定 URI 也可以通过测试。换句话说，如果组件过滤器仅包含数据类型，则假设其支持 content: 和 file: URI。

如果 Intent 对象可以通过多个 Activity 或者 Service 的过滤器，则用户需要选择执行的组件。如果没有任何匹配，则报告异常。

【例 6-5】 在 Eclipse 中创建 Android 项目，名称为 6-5，实现在 Activity 中使用包含预定义动作的隐式 Intent 启动另外一个 Activity。

（1）在 res/layout 文件夹中创建布局文件 firstactivity_layout.xml，在布局文件中保留一个按钮，并修改其默认属性，其代码如下。

```
<LinearLayout xmlns:android="http://schemas.android.com/apk/res/android"
    android:layout_width="fill_parent"
    android:layout_height="fill_parent"
    android:background="@drawable/background"
    android:orientation="vertical" >
    <Button
        android:id="@+id/button"
        android:layout_width="wrap_content"
        android:layout_height="wrap_content"
        android:text="@string/button"
```

```
            android:textColor="@android:color/black" />
    </LinearLayout>
```

（2）在布局文件中，增加文本框控件来显示说明文字"第二个 Activity"，由于该布局文件比较简单，这里将不再给出。

（3）编写 FirstActivity 类，获得布局文件中的按钮控件并为其增加单击事件监听器。在监听器中传递包含动作的隐式 Intent，其代码如下。

```
public class FirstActivity extends Activity {
    @Override
    protected void onCreate(Bundle savedInstanceState) {
        super.onCreate(savedInstanceState);
        setContentView(R.layout.firstactivity_layout);         // 设置页面布局
        Button button = (Button) findViewById(R.id.button);    // 通过ID值获得按钮对象
        button.setOnClickListener(new View.OnClickListener(){  // 为按钮增加单击事件监听器
            public void onClick(View v) {
                Intent intent = new Intent();                  // 创建Intent对象
                intent.setAction(Intent.ACTION_VIEW);          // 为Intent设置动作
                startActivity(intent);                         // 将Intent传递给Activity
            }
        });
    }
}
```

在上面的代码中，并没有指定将 Intent 对象传递给哪个 Activity。

（4）编写 SecondActivity 类，仅为其设置布局文件，其代码如下。

```
public class SecondActivity extends Activity {
    @Override
    protected void onCreate(Bundle savedInstanceState) {
        super.onCreate(savedInstanceState);
        setContentView(R.layout.secondactivity_layout);        // 设置页面布局
    }
}
```

（5）编写 AndroidManifest.xml 文件，为两个 Activity 设置不同的 Intent 过滤器，其代码如下。

```
<manifest xmlns:android="http://schemas.android.com/apk/res/android"
    package="com.mingrisoft"
    android:versionCode="1"
    android:versionName="1.0" >
    <uses-sdk android:minSdkVersion="15" />
    <application
        android:icon="@drawable/ic_launcher"
        android:label="@string/app_name" >
        <activity android:name=".FirstActivity" >
            <intent-filter >
                <action android:name="android.intent.action.MAIN" />
                <category android:name="android.intent.category.LAUNCHER" />
            </intent-filter>
        </activity>
```

```
        <activity android:name=".SecondActivity" >
            <intent-filter >
                <action android:name="android.intent.action.VIEW" />
                <category android:name="android.intent.category.DEFAULT" />
            </intent-filter>
        </activity>
    </application>
</manifest>
```

运行本实例,单击"转到下一个 Activity"按钮,显示如图 6-10 所示的界面;选择"6-5"跳转到第二个 Activity,显示如图 6-11 所示的界面。

图 6-10　选择发送方式界面　　　　　图 6-11　第二个 Activity 界面

 由于有多种匹配"ACTION_VIEW"的方式,因此需要用户进行选择。

6.3　BroadcastReceiver 使用

6.3.1　BroadcastReceiver 简介

BroadcastReceiver 是用于接收广播通知的组件。广播是一种同时通知多个对象的事件通知机制,类似日常生活中的广播,允许多个人同时收听,也允许不收听。Android 中广播来源有系统事件,例如按下拍照键、电池电量低、安装新应用等,还有普通应用程序,例如启动特定线程、文件下载完毕等。

BroadcastReceiver 类是所有广播接收器的抽象基类。其实现类用来对发送出来的广播进行筛选并做出响应。广播接收器的生命周期非常简单。当消息到达时,接收器调用 onReceive()方法。在该方法结束后,BroadcastReceiver 实例失效。

Broadcast Receiver 简介

 onReceive()方法是实现 BroadcastReceiver 类时需要重写的方法。

广播接收器通常初始化独立的组件或者在 onReceive()方法中发送通知给用户。如果广播接收器需要完成更加耗时的任务，它应该启动服务而不是一个线程，因为不活跃的广播接收器可能被系统停止。

用于接收的广播有以下两大类。

- 普通广播：使用 Context.sendBroadcast()方法发送，它们完全是异步的。广播的全部接收者以未定义的顺序运行，通常在同一时间。这非常高效，但是也意味着接收者不能使用结果或者终止 API。
- 有序广播：使用 Context.sendOrderedBroadcast()方法发送，它们每次只发送给一个接收者。由于每个接收者依次运行，它能为下一个接收者生成一个结果，或者它能完全终止广播以便不传递给其他接收者。有序接收者运行顺序由匹配的 intent-filter 的 android:priority 属性控制，具有相同优先级的接收者运行顺序任意。

6.3.2 BroadcastReceiver 应用

【例 6-6】在 Eclipse 中创建 Android 项目，名称为 6-6，实现当接收到短信时给出提示信息的功能。

Broadcast Receiver 应用

（1）修改新建项目的 res/layout 目录下的布局文件 activity_main.xml，将默认添加的文本框组件的显示文字修改为"等待接收短信…"，关键代码如下。

```xml
<!-- 添加提示信息文本框 TextView-->
<TextView android:id="@+id/message"
    android:layout_width="wrap_content"
    android:layout_height="wrap_content"
    android:text="等待接收短信…"
/>
```

（2）在 res/values 目录下的 strings.xml 文件中，定义一个名称为 message 的字符串资源，内容为"您有一条短消息！"，关键代码如下。

```xml
<string name="message">您有一条短消息！</string>
```

（3）编写 SMSReceiver 类，它继承了 BroadcastReceiver 类。在该类中重写了 onReceive()方法，在接收到短信息时给出提示，其代码如下。

```java
public class SMSReceiver extends BroadcastReceiver {
    private static final String action = "android.provider.Telephony.SMS_RECEIVED";
    @Override
    public void onReceive(Context context, Intent intent) {
        if (intent.getAction().equals(action)) {
            Toast.makeText(context, context.getResources().getString(R.string.message), Toast. LENGTH_LONG).show();
        }
    }
}
```

（4）在 AndroidManifest.xml 文件中注册 BroadcastReceiver，其代码如下。

```xml
<receiver android:name=".SMSReceiver">
    <intent-filter >
        <action android:name="android.provider.Telephony.SMS_RECEIVED"/>
    </intent-filter>
</receiver>
```

（5）在 AndroidManifest.xml 文件中添加允许接收短信权限，关键代码如下。

```xml
<uses-permission android:name="android.permission.RECEIVE_SMS"/>
```

启动两个模拟器,在第一个模拟器中运行本实例,在另一个模拟器中向第一个模拟器发送短信,这时第一个模拟器如果接收到短信息,将会显示如图6-12所示的界面。

图 6-12 短信息提示界面

小 结

本章首先介绍了创建并配置 Activity,以及如何启动 Activity,这里介绍了两种方法,一种是显示启动,另一种是隐式启动;然后介绍了使用 Bundle 在 Activity 之间交换数据,以及调用另一个 Activity 并返回结果;接下来又介绍了 Intent 过滤器;最后介绍了 BroadcastReceiver 及其应用。其中,如何创建、配置并启动 Activity,以及 Activity 之间交换数据是本章的重点,需要重点掌握。

上机指导

本实例将实现在第一个 Activity 中显示账号登录界面,输入正确的账号和密码后,启动另一个 Activity 显示当前登录账号的头像。程序运行效果是在图 6-13 所示的界面中,输入账号为 1003,密码为 111 后,单击"确定"按钮,将显示如图 6-14 所示的主界面,并且在该界面显示登录账号对应的头像。

开发步骤如下:

(1)在 Eclipse 中创建 Android 项目,名称为 qqlogin。

(2)在 res/layout 目录下创建布局文件 login.xml,在该文件中应用相对布局管理器完成 QQ 账号登录界面,包括用于输入登录账号的编辑框和输入密码的编辑框,以及"登录"按钮。由于该布局文件的代码比较简单,这里将不再给出,具体代码请参见本书配套资源。

(3)在 com.mingrisoft 包中,创建一个 final 类,在其中创建一个保存账号信息的常量数组,具体代码如下。

```
public final class Data {
    //账号信息
    public static final String[][] USER = {
        {"1001","111","0"},
        {"1002","111","1"},
        {"1003","111","2"}
    };
}}
```

图 6-13　登录界面

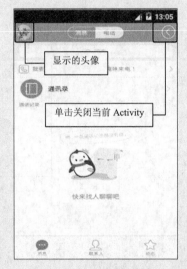

图 6-14　显示头像的主界面

（4）在 com.mingrisoft 包中，创建一个继承 android.app.Activity 的 LoginActivity，并重写 onCreate()方法，在重写的 onCreate()方法中，首先获取"登录"按钮，并为其添加单击事件监听器，在重写的 onClick()方法中，获取输入的账号和密码，并判断账号和密码是否正确，如果正确将对应的昵称保存到 Intent 中，并启动主界面 MainActivity 关键代码如下。

```
public class LoginActivity extends Activity {
    @Override
    protected void onCreate(Bundle savedInstanceState) {
        super.onCreate(savedInstanceState);
        setContentView(R.layout.login);                             // 设置该Activity使用的布局
        Button button=(Button)findViewById(R.id.login);
        button.setOnClickListener(new OnClickListener() {
            @Override
            public void onClick(View v) {
                String number=((EditText)findViewById(R.id.user)).getText().toString();
                String pwd=((EditText)findViewById(R.id.pwd)).getText().toString();
                boolean flag=false;                  //用于记录登录是否成功的标记变量
                String index="";                     //保存头像编号的变量
                //通过遍历数据的形式判断输入的账号和密码是否正确
                for(int i=0;i<Data.USER.length;i++){
                    if(number.equals(Data.USER[i][0])){           //判断账号是否正确
                        if(pwd.equals(Data.USER[i][1])){          //判断密码是否正确
                            index=Data.USER[i][2];                //获取头像编号
                            flag=true;                            //将标志变量设置为true
```

```
                    break;                          //跳出for循环
                }
            }
        }
        if(flag){
            //创建要显示Activity对应的Intent对象
            Intent intent=new Intent(LoginActivity.this,MainActivity.class);
            Bundle bundle=new Bundle();  //创建一个Bundle的对象bundle
            bundle.putInt("index", Integer.parseInt(index));//保存头像编号
            intent.putExtras(bundle);           //将数据包添加到intent对象中
            startActivity(intent);               //开启一个新的Activity
        }else{
            Toast toast=Toast.makeText(LoginActivity.this, "您输入的账号或密码错误！", Toast.LENGTH_SHORT);
            toast.setGravity(Gravity.BOTTOM, 0, 0);        //设置对齐方式
            toast.show();                                   //显示对话框
        }

    }
});
    }
}
```

（5）打开默认创建的 activity_main.xml 文件，将默认添加的 TextView 组件删除，然后添加一个水平的线性布局管理器和一个 ListView 组件，并且在线性布局管理器中，再添加一个 id 为 nickname 的 TextView 组件和一个 id 为 m_exit 的 Button 组件。关键代码如下。

```
<RelativeLayout xmlns:android="http://schemas.android.com/apk/res/android"
    xmlns:tools="http://schemas.android.com/tools"
    android:layout_width="match_parent"
    android:layout_height="match_parent"
    android:background="@drawable/main"
    tools:context="com.mingrisoft.MainActivity" >
    <!---显示头像的图像按钮-->
    <ImageButton
        android:id="@+id/qq"
        android:layout_width="30dp"
        android:layout_height="30dp"
        android:layout_alignParentLeft="true"
        android:layout_alignParentTop="true"
        android:layout_margin="3dp"
        android:background="#0000"
        android:scaleType="fitCenter"
        android:src="@drawable/qq" />
    <!---退出的图像按钮-->
    <ImageButton
        android:id="@+id/m_exit"
        android:layout_width="wrap_content"
        android:layout_height="wrap_content"
        android:layout_alignParentRight="true"
        android:layout_alignParentTop="true"
        android:layout_margin="3dp"
```

```
            android:background="#0000"
            android:src="@drawable/exit" />
    </RelativeLayout>
```

（6）打开默认添加的 MainActivity，定义一个成员变量，用于保存头像资源，具体代码如下：

```
int[] ico=new int[]{R.drawable.qq,R.drawable.ico1,R.drawable.ico2};//保存头像资源的数组
```

（7）在 MainActivity 的 onCreate()方法中，首先获取 Intent 对象以及传递的数据包，然后通过该数据包获取传递的头像编号，再获取显示头像的 ImageButton 按钮，并通过该组件显示登录账号的头像，最后获取"退出登录"按钮，并为其添加单击事件监听器，在重写的 onClick()方法中，关闭当前 Activity。关键代码如下。

```
Intent intent=getIntent();                                  //获取Intent对象
Bundle bundle=intent.getExtras();                           //获取传递的数据包
int index=bundle.getInt("index");                           //获取传递过来的头像编号
//获取用于显示当前登录用户的TextView组件
ImageButton ib=(ImageButton)findViewById(R.id.qq);
ib.setImageResource(ico[index]);                            //显示头像
ImageButton btn=(ImageButton)findViewById(R.id.m_exit);    //获取"退出登录"按钮
btn.setOnClickListener(new OnClickListener() {
    @Override
    public void onClick(View v) {
        finish();                                           //关闭当前Activity
    }
});
```

（8）打开 AndroidManifest.xml 文件，修改默认的配置代码。在该文件中，首先修改入口 Activity，这里修改为 LoginActivity，并为其设置 android:theme 属性，然后配置 MainActivity。修改后的关键代码如下。

```
<activity
    android:name=".LoginActivity"
    android:label="@string/app_name"
    android:theme="@android:style/Theme.Black.NoTitleBar" >
    <intent-filter>
        <action android:name="android.intent.action.MAIN" />
        <category android:name="android.intent.category.LAUNCHER" />
    </intent-filter>
</activity>
<activity
    android:name=".MainActivity"
    android:label="@string/app_name"
    android:theme="@android:style/Theme.Black.NoTitleBar" >
</activity>
```

说明　在上面的代码中，加粗的代码用于设置不显示标题栏。

完成以上操作后，在左侧的"包资源管理器"中的项目名称节点上，单击鼠标右键，在弹出的快捷菜单中，选择"运行方式"/Android Application 菜单项就可以通过模拟器来运行程序了。

习 题

6-1　什么是 Intent？
6-2　简述创建和配置 Activity 的基本步骤。
6-3　Android 提供了哪两种启动 Activity 的方法？
6-4　什么是 Bundle？如何使用 Bundle 在 Activity 之间交换数据？
6-5　实现调用另一个 Activity 并返回结果时通常需要应用哪几个方法？
6-6　什么是 BroadcastReceiver？
6-7　Android 提供了哪几种用于接收的广播？

第7章

Service应用

本章要点：

- Service简介
- Service的生命周期
- 在Android中使用线程
- 在子线程中更新UI
- 如何创建Started Service
- 本地服务绑定
- 跨进程调用Service

■ Service（服务）用于在后台完成用户指定的操作，例如，它可以应用在音乐播放器、文件下载工具等应用程序中。用户可以使用其他组件来与Service 进行通信。本章中将对Service 进行详细介绍。

7.1 Service 概述

Service 是能够在后台执行长时间运行操作并且不提供用户界面的应用程序组件。其他应用程序组件能启动服务并且即便用户切换到另一个应用程序，服务还是可以在后台运行。此外，组件能够绑定到服务并与之交互，甚至执行进程间通信（IPC）。例如，服务能在后台处理网络事务、播放音乐、执行文件 I/O 或者与 ContentProvider 通信。

7.1.1 Service 简介

Service 从本质上可以分为以下两种类型。

- Started（启动）。

当应用程序组件（例如 Activity）通过调用 startService()方法启动服务时，服务处于 started 状态。一旦启动，服务能在后台无限期运行，即使启动它的组件已经被销毁。通常，启动服务执行单个操作并且不会向调用者返回结果。例如，它可能通过网络下载或者上传文件。如果操作完成，服务需要停止自身。

Service 简介

- Bound（绑定）。

当应用程序组件通过调用 bindService()方法绑定到服务时，服务处于 bound 状态。绑定服务提供客户端-服务器接口以允许组件与服务交互、发送请求、获得结果、甚至使用进程间通信（IPC）跨进程完成这些操作。仅当其他应用程序组件与之绑定时，绑定服务才运行。多个组件可以一次绑定到一个服务上，但是当它们都解绑定时，服务会被销毁。

尽管本章将两种类型的服务分开讨论，服务也可以同时属于两种类型，它可以启动（无限期运行）也能绑定。其重点在于是否实现一些回调方法：onStartCommand()方法允许组件启动服务，onBind()方法允许组件绑定服务。

不管应用程序是否为启动状态、绑定状态或者两者都是，都能通过 Intent 使用服务（甚至从独立的应用程序），就像使用 Activity 那样。然而，开发人员可以在配置文件中将服务声明为私有的，从而阻止其他应用程序访问。

服务运行于管理它的进程的主线程，服务不会创建自己的线程也不会运行于独立的进程（除非开发人员定义）。这意味着，如果服务将完成 CPU 密集工作或者阻塞操作（例如 MP3 回放或者联网），开发人员需要在服务中创建新线程来完成这些工作。通过使用独立的线程，开发人员能减少应用程序不响应（ANR）错误的风险并且应用程序主线程仍然能用于用户与 Activity 交互。

7.1.2 Service 生命周期

Service 的生命周期比 Activity 简单很多。但是却需要开发人员更加关注服务如何创建和销毁，因为服务在用户不知情时就可以在后台运行。Service 的生命周期可以分成以下两个不同的路径。

- Started Service。

当其他组件调用 startService()方法时，服务被创建。接着服务无限期运行，其自身必须调用 stopSelf()方法或者其他组件调用 stopService()方法来停止服务。当服务停止时，系统将其销毁。

Service 生命周期

- Bound Service。

当其他组件调用 bindService()方法时，服务被创建，接着客户端通过 IBinder 接口与服务通信，客户端通过 unbindService()方法关闭连接。多个客户端能绑定到同一个服务并且当它们都解绑定时，系统销毁服务（服务不需要被停止）。

这两条路径并非完全独立，即开发人员可以绑定已经使用 startService()方法启动的服务。例如，后台音乐服务能使用包含音乐信息的 Intent 通过调用 startService()方法启动。然后，当用户需要控制播放器或者获得当前音乐信息时，可以调用 bindService()方法绑定 Activity 到服务。此时，stopService()和 stopSelf()方法直到全部客户端解绑定时才能停止服务。图 7-1 演示了两类服务的生命周期。

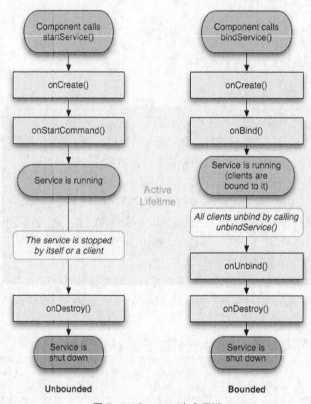

图 7-1　Service 生命周期

从图 7-1 中可以看出，Service 生命周期中会回调一些方法，用于根据需要提供组件绑定到服务的机制。重要的回调方法如下。

❑ onCreate()。

当服务第一次创建时，系统调用该方法执行一次性建立过程（在系统调用 onStartCommand()或 onBind()方法前）。如果服务已经运行，该方法不被调用。

❑ onStartCommand()。

当其他组件，例如 Activity 调用 startService()方法请求服务启动时，系统调用该方法。一旦该方法执行，服务就启动（处于"started"状态）并在后台无限期运行。如果开发人员实现该方法，则需要在任务完成时调用 stopSelf()或 stopService()方法停止服务（如果仅想提供绑定，则不必实现该方法）。

❑ onBind()。

当其他组件调用 bindService()方法想与服务绑定时（例如执行 RPC），系统调用该方法。在该方法的实现中，开发人员必须通过返回 IBinder 提供客户端用来与服务通信的接口。该方法必须实现，但是如果不想允许绑定，则应该返回 null。

❑ onUnBind()。

当调用者通过 unbindService()函数取消绑定 Service 时,onUnBind()方法将被调用。如果 onUnbind()函数返回 true,表示重新绑定服务时,onRebind()函数将被调用。

❑ onDestroy()。

当服务不再使用并即将销毁时,系统调用该方法。服务应该实现该方法来清理诸如线程、注册监听器、接收者等资源。这是服务收到的最后调用。

如果组件调用 startService()方法启动服务(onStartCommand()方法被调用),服务需要使用 stopSelf()方法停止自身,或者其他组件使用 stopService()方法停止该服务。

如果组件调用 bindService()方法创建服务（onStartCommand()方法不被调用），服务运行时间与组件绑定到服务的时间一样长。一旦服务从所有客户端解绑定，系统会将其销毁。

Android 系统仅当内存不足并且必须回收系统资源来显示用户关注的 Activity 时，才会强制停止服务。如果服务绑定到用户关注的 Activity，则会降低停止概率。如果服务被声明为前台运行，则基本不会停止。否则，如果服务是 started 状态并且长时间运行，则系统会随时间推移降低其在后台任务列表中的位置，并且服务有很大概率被停止。如果服务是 started 状态，则必须设计如何优雅地系统重启服务。如果系统停止服务，则资源可用时就会重启它（尽管这也依赖于 onStartCommand()方法的返回值）。

7.2 本地服务

7.2.1 使用线程

在现实生活中，很多事情都是同时进行的，例如，我们可以一边看书，一边喝咖啡，或者在手机上一边听音乐，一边刷微信。对于这种可以同时进行的任务，我们可以用线程来表示。下面将对如何在 Android 程序中使用线程进行介绍。

1. 创建线程

在 Android 中，提供了两种创建线程的方法，一种是通过 Thread 类的构造方法创建线程对象，并重写 run()方法实现，另一种是通过实现 Runnable 接口实现，下面分别进行介绍。

使用线程

❑ 通过 Thread 类的构造方法创建线程。

在 Android 中，可以使用 Thread 类提供的以下构造方法来创建线程。

Thread(Runnable runnable)

该构造方法的参数 runnable，可以通过创建一个 Runnable 类的对象并重写其 run()方法来实现，例如，要创建一个名称为 thread 的线程，可以使用下面的代码。

```
Thread thread=new Thread(new Runnable(){
    //重写run()方法
    @Override
     public void run() {
         //要执行的操作
    }
});
```

说明：在 run()方法中，可以编写要执行的操作代码，当线程被开启时，run()方法将会被执行。

❑ 通过实现 Runnable 接口创建线程。

在 Android 中，还可以通过实现 Runnable 接口来创建线程。实现 Runnable 接口的语法格式如下。

public class ClassName extends Object implements Runnable

当一个类实现 Runnable 接口后，还需要实现其 run() 方法，在 run() 方法中，可以编写要执行的操作的代码。

例如，我们要创建一个实现了 Runnable 接口的 Activity，可以使用下面的代码。

```
public class MainActivity extends Activity implements Runnable {
    @Override
    public void onCreate(Bundle savedInstanceState) {
        super.onCreate(savedInstanceState);
        setContentView(R.layout.main);
    }
    @Override
    public void run() {
        //要执行的操作
    }
}
```

2. 开启线程

创建线程对象后，还需要开启线程，线程才能执行。Thread 类提供了 start() 方法，可以开启线程，其语法格式如下。

start()

例如，存在一个名称为 thread 的线程，如果想开启该线程，可以使用下面的代码。

thread.start();   //开启线程

3. 线程的休眠

线程的休眠就是让线程暂停多长时间后再次执行。同 Java 一样，在 Android 中，也可以使用 Thread 类的 sleep() 方法，让线程休眠指定的时间。sleep() 方法的语法格式如下。

sleep(long time)

其中的参数 time 用于指定休眠的时间，单位为毫秒。

例如，想要线程休眠 1 秒钟，可以使用下面的代码。

Thread.sleep(1000);

4. 中断线程

当需要中断指定线程时，可以使用 Thread 类提供的 interrupt() 方法来实现。使用 interrupt() 方法可以向指定的线程发送一个中断请求，并将该线程标记为中断状态。interrupt() 方法的语法格式如下。

interrupt()

例如，存在一个名称为 thread 的线程，如果想中断该线程，可以使用下面的代码。

```
…                                         //省略部分代码
thread.interrupt();
…                                         //省略部分代码
public void run() {
    while(!Thread.currentThread().isInterrupted()){
        …                                 //省略部分代码
    }
}
```

另外，由于当线程执行 wait()、join() 或者 sleep() 方法时，线程的中断状态将被清除，并且抛出 InterruptedException，所以，如果在线程中执行了 wait()、join() 或者 sleep() 方法，那么，想要中断线程时，就需要使用一个 boolean 型的标记变量来记录线程的中断状态，并通过该标记变量来控制循环的执行与停止。例如,通过名称为 isInterrupt 的 boolean 型变量来标记线程的中断,关键代码如下。

```
private boolean isInterrupt=false;      //定义标记变量
…                                        //省略部分代码
…                                        //在需要中断线程时,将isInterrupt的值设置为true
public void run() {
    while(!isInterrupt){
        …                                //省略部分代码
    }
}
```

5. 在子线程中更新 UI

和许多其他的 GUI 库一样,Android 的 UI 也是线程不安全的。即如果在主线程中更新 UI 界面元素,将抛出异常。例如,我们在子线程的 run() 方法中,循环修改文本框的显示文本,将抛出如图 7-2 所示的异常信息。

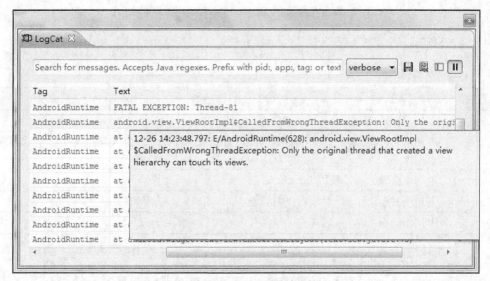

图 7-2　抛出的异常信息

为此,在 Android 中,引入了 Handler 消息传递机制,来实现在新创建的线程中操作 UI 界面。下面将对 Handler 消息传递机制进行介绍。

❑ 循环者 Looper。

在介绍 Looper 之前,我们需要先来了解另一个概念,那就是 MessageQueue。在 Android 中,一个线程对应一个 Looper 对象,而一个 Looper 对象又对应一个 MessageQueue(消息队列)。MessageQueue 用于存放 Message(消息),在 MessageQueue 中,存放的消息按照 FIFO(先进先出)原则执行,由于 MessageQueue 被封装到 Looper 里面了,所以这里不对 MessageQueue 进行过多介绍。

Looper 对象可以为一个线程开启一个消息循环,用来操作 MessageQueue。默认情况下 Android 中新创建的线程是没有开启消息循环的,但是主线程除外,系统会自动为主线程创建 Looper 对象,开启消息循环。所以,当我们在主线程中,应用下面的代码创建 Handler 对象时,就不会出错,而如果在新创建的非主线程中,应用下面的代码创建 Handler 对象时,将产生如图 7-3 所示的异常信息。

```
Handler handler2 = new Handler();
```

如果想要在非主线程中,创建 Handler 对象,首先需要使用 Looper 类的 prepare() 方法来初始化一个 Looper 对象,然后创建这个 Handler 对象,再使用 Looper 类的 loop() 方法,启动 Looper,并从消息队列里获取和处理消息。

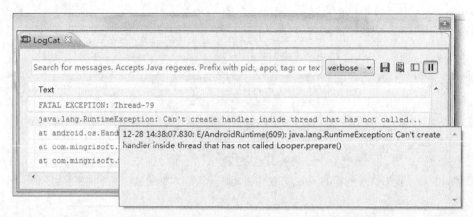

图 7-3　在非主线程中创建 Handler 对象产生的异常信息

Looper 类提供的常用方法如表 7-1 所示。

表 7-1　Looper 类提供的常用方法

方法	描述
prepare()	用于初始化 Looper
loop()	调用 loop() 方法后，Looper 线程就开始真正工作了，它会从消息队列里获取消息和处理消息
myLooper()	可以获取当前线程的 Looper 对象
getThread()	用于获取 Looper 对象所属的线程
quit()	用于结束 Looper 循环

写在 Looper.loop() 之后的代码不会被执行，这个函数内部是一个循环，当调用 Handler.getLooper().quit() 方法后，loop() 方法才会中止，其后面的代码才能得以运行。

❑ 消息处理类 Handler。

消息处理类（Handler）允许发送和处理 Message 或 Rannable 对象到其所在线程的 MessageQueue 中。Handler 有以下两个主要作用。

（1）将 Message 或 Runnable 应用 post() 方法或 sendMessage() 方法发送到 Message Queue 中，在发送时可以指定延迟时间、发送时间或者要携带的 Bundle 数据。当 MessageQueue 循环到该 Message 时，调用相应的 Handler 对象的 handlerMessage() 方法对其进行处理。

（2）在子线程中与主线程进行通信，也就是在工作线程中与 UI 线程进行通信。

在一个线程中，只能有一个 Looper 和 MessageQueue，但是，可以有多个 Handler，而且这些 Handler 可以共享同一个 Looper 和 MessageQueue。

Handler 类提供的常用的发送和处理消息的方法如表 7-2 所示。

表 7-2 Handler 类提供的常用方法

方法	描述
handleMessage(Message msg)	处理消息的方法。通常重写该方法来处理消息，在发送消息时，该方法会自动回调
post(Runnable r)	立即发送 Runnable 对象，该 Runnable 对象最后将被封装成 Message 对象
postAtTime(Runnable r, long uptimeMillis)	定时发送 Runnable 对象，该 Runnable 对象最后将被封装成 Message 对象
postDelayed(Runnable r, long delayMillis)	延迟多少毫秒发送 Runnable 对象，该 Runnable 对象最后将被封装成 Message 对象
sendEmptyMessage(int what)	发送空消息
sendMessage(Message msg)	立即发送消息
sendMessageAtTime(Message msg, long uptimeMillis)	定时发送消息
sendMessageDelayed(Message msg, long delayMillis)	延迟多少毫秒发送消息

❑ 消息类 Message。

消息类（Message）被存放在 MessageQueue 中，一个 MessageQueue 中可以包含多个 Message 对象。每个 Message 对象可以通过 Message.obtain()方法或者 Handler.obtainMessage()方法获得。一个 Message 对象具有如表 7-3 所示的 5 个属性。

表 7-3 Message 类的属性

属性	类型	描述
arg1	int	用来存放整型数据
arg2	int	用来存放整型数据
obj	Object	用来存放发送给接收器的 Object 类型的任意对象
replyTo	Messenger	用来指定此 Message 发送到何处的可选 Messenger 对象
what	int	用于指定用户自定义的消息代码，这样接收者可以了解这个消息的信息

使用 Message 类的属性可以携带 int 型的数据，如果要携带其他类型的数据，可以先将要携带的数据保存到 Bundle 对象中，然后通过 Message 类的 setDate()方法将其添加到 Message 中。

总之，Message 类的使用方法比较简单，只要在使用它时，注意以下 3 点内容就可以了。

❑ 尽管 Message 有 public 的默认构造方法，但是通常情况下，需要使用 Message.obtain()方法或 Handler.obtainMessage()方法来从消息池中获得空消息对象，以节省资源。

❑ 如果一个 Message 只需要携带简单的 int 型信息，应优先使用 Message.arg1 和 Message.arg2 属性来传递信息，这比用 Bundle 更省内存。

❑ 尽可能使用 Message.what 来标识信息，以便用不同方式处理 Message。

【例 7-1】 在 Eclipse 中创建 Android 项目，名称为 7-1，通过线程实现持续产生随机数。

（1）修改新建项目的 res/layout 目录下的布局文件 activity_main.xml，为默认添加的文本框组件设置 id 属性和显示文本，关键代码如下。

```xml
<TextView
    android:id="@+id/random"
    android:layout_width="wrap_content"
    android:layout_height="wrap_content"
    android:textSize="25sp"
    android:text="显示随机数" />
```

通过线程实现持续产生随机数

（2）打开默认添加的 MainActivity，让该类实现 Runnable 接口，修改后的创建类代码如下。

```java
public class MainActivity extends Activity implements Runnable {}
```

（3）在 MainActivity 类中声明两个成员变量，一个是显示随机数的文本框组件，另一个是 Handler 对象，关键代码如下。

```java
private TextView tv_random;      // 声明一个显示随机数的TextView组件
private Handler handler;         // 声明一个Handler对象
```

（4）实现 Runnable 接口中的 run()方法，在该方法中，判断当前线程是否被中断，如果没有被中断，则首先产生一个指定范围的随机数，然后获取一个 Message，并将生成的随机数和对应标题保存到该 Message 中，再发送消息，最后让线程休眠 1 秒钟，具体代码如下。

```java
@Override
public void run() {
    String value = "";                                  //生成的随机数
    int max=9999999;                                    //随机数的最大值
    int min=1000000;                                    //随机数的最小值
    while (!Thread.currentThread().isInterrupted()) {
        //生成指定范围的随机数
        value=String.valueOf(new Random().nextInt(max)%(max-min+1)+min);
        Message m = handler.obtainMessage();            // 获取一个Message
        m.obj = value;                                  // 保存生成的随机数
        m.what = 0x101;                                 // 设置消息标识
        handler.sendMessage(m);                         // 发送消息
        try {
            Thread.sleep(1000);                         // 线程休眠1秒钟
        } catch (InterruptedException e) {
            e.printStackTrace();                        // 输出异常信息
        }
    }
}
```

（5）在 onCreate()方法中，首先获取布局管理器中添加的 TextView 组件，然后创建一个新线程，并开启该线程，最后再实例化一个 Handler 对象，在重写的 handleMessage()方法中，更新 UI 界面中 TextView 组件的显示内容，具体代码如下。

```java
tv_random = (TextView) findViewById(R.id.random);     // 获取显示随机数据的文本框
Thread t = new Thread(this);                          // 创建新线程
t.start();                                            // 开启线程
// 实例化一个Handler对象
handler = new Handler() {
    @Override
    public void handleMessage(Message msg) {
        // 更新UI
```

```
            if (msg.what == 0x101) {
                tv_random.setText(msg.obj.toString());        // 显示随机数
            }
            super.handleMessage(msg);
        }
    };
```

运行本实例，将显示如图 7-4 所示的运行结果，其中屏幕上的数字每隔一秒钟变换一次。

图 7-4　持续产生随机数

7.2.2　创建 Started Service

　　Started Service（启动服务）是由其他组件调用 startService()方法启动的，这导致服务的 onStartCommand()方法被调用。当服务是 started 状态时，它的生命周期与启动它的组件无关并且可以在后台无限期运行，即使启动服务的组件已经被销毁。因此，服务需要在完成任务后调用 stopSelf()停止，或者由其他组件调用 stopService()方法停止。

　　应用程序组件(如 Activity)能通过调用 startService()方法和传递 Intent 对象来启动服务，在 Intent 对象中指定了服务并且包含服务需要使用的全部数据。服务使用 onStartCommand()方法接收 Intent。例如，Activity 需要保存一些数据到在线数据库，Activity 可以启动伴侣服务并通过传递 Intent 到 startService()方法来发送需要保存的数据。服务在 onStartCommand()方法中收到 Intent，连入网络并执行数据库事务。当事务完成时，服务停止自身并销毁。

　　Android 提供了两个类供开发人员继承来创建启动服务：

- ❑ Service：这是所有服务的基类。当继承该类时，创建新线程来执行服务的全部工作是非常重要的。因为服务默认使用应用程序主线程，这可能降低应用程序 Activity 的运行性能。
- ❑ IntentService：这是 Service 类的子类，它每次使用一个工作线程来处理全部启动请求。在不必同时处理多个请求时，这是最佳选择。开发人员仅需要实现 onHandleIntent()方法，它接收每次启动请求的 Intent 以便完成后台任务。

1．创建并配置 Service

　　同 Activity 类似，使用 Service 时，也需要先创建并配置它，具体步骤如下：

（1）创建一个继承 android.app.Service 的子类。例如，创建一个名称为

创建并配置 Service

MyService 的 Service，可以使用下面的代码。

```java
public class MyService extends Service {
    //必须实现的方法
    @Override
    public IBinder onBind(Intent arg0) {
        return null;
    }
}
```

（2）根据需要重写一些方法，通常情况下，我们会重写 onCreate()方法（用于在 Service 创建时执行一些操作）、onStartCommand()方法（用于当 Service 被启动时执行一些操作）和 onDestroy()方法（用于在 Service 被关闭之前进行资源清理）。例如下面的代码。

```java
//Service被创建时回调
@Override
public void onCreate() {
    super.onCreate();
}
//Service被关闭之前回调，通常用于清理资源
@Override
public void onDestroy() {
    super.onDestroy();
}
//Service被启动时回调
@Override
public int onStartCommand(Intent intent, int flags, int startId) {
    return super.onStartCommand(intent, flags, startId);
}
```

说明　通常情况下，如果希望服务一旦启动就立刻去执行某些操作，就可以将逻辑代码写在 onStartCommand()方法里。

（3）在 AndroidManifest.xml 文件中配置该 Service。为了配置 Service，需要向<application>标记中增加<service>子标记，<service>子标记的语法如下。

```xml
<service android:enabled=["true" | "false"]
    android:exported=["true" | "false"]
    android:icon="drawable resource"
    android:label="string resource"
    android:name="string"
    android:permission="string"
    android:process="string" >
    ...
</service>
```

各个标签属性的说明如下。

❑ android:enabled 属性。

服务能否被系统实例化，true 表示可以，false 表示不可用，默认值是 true。<application>标签也有自己的 enabled 属性，用于包括服务的全部应用程序组件。<application>和<service>属性必须同时设置成"true"（两者的默认值也都是"true"）才能让服务可用。如果任何一个是"false"，服务被禁用并且不能实例化。

❑ android:exported 属性。

其他应用程序组件能否调用服务或者与其交互，true 表示可以，false 表示不可以。当该值是 false 时，只有同一个应用程序的组件或者具有相同用户 ID 的应用程序能启动或者绑定到服务。

默认值依赖于服务是否包含 Intent 过滤器。没有过滤器说明它仅能通过精确类名调用，这意味着服务仅用于应用程序内部使用（因为其他可能不知道类名）。此时，默认值是 false。另一方面，存在至少一个过滤器暗示服务可以用于外部使用，因此默认值是 true。

该属性不是限制其他应用程序使用服务的唯一方式，它还可以使用 permission 属性限制外部实体与服务交互。

❑ android:icon 属性。

表示服务的图标。该属性必须设置成包含图片定义的可绘制资源引用，如果没有设置，使用应用程序图标取代。

服务图标，不管在此设置还是在<application>标签设置，都是所有服务的 Intent 过滤器默认图标。

❑ android:label 属性。

显示给用户的服务名称。如果没有设置，使用应用程序标签取代。

服务标签，不管在此设置还是在<application>标签设置，都是所有服务的 Intent 过滤器默认图标。

标签应该设置为字符串资源引用，这样它能像用户界面的其他字符串那样本地化。然而，为了开发时方便，也可以设置成原始字符串。

❑ android:name 属性。

实现服务的 Service 子类名称。这应该是一个完整的类名（例如 com.mingrisoft.RoomService），然而，为了简便，如果名称的第一个符号是点号（例如.RoomService），它会增加在<manifest>标签中定义的包名。

一旦发布了应用程序，不应该再修改这个名称。它没有默认值并且必须指定。

❑ android:permission 属性。

实体必须包含的权限名称，以便启动或者绑定到服务。如果 startService()、bindService()或 stopService()方法调用者没有被授权，方法调用无效并且 Intent 对象也不会发送给服务。

如果该属性没有设置，使用<application>标签的 permission 属性设置给服务。如果<application>和<service>标签的 permission 属性都未设置，服务不受权限保护。

❑ android:process 属性。

服务运行的进程名称。通常，应用程序的全部组件运行于为应用程序创建的默认进程，它与应用程序包名相同。<application>标签的 process 属性能为全部组件设置一个不同的默认值。但是组件能用自己的 process 属性重写默认值，从而允许应用程序跨越多个进程。

如果分配给该属性的名称以冒号（":"）开头，仅属于应用程序的新进程会在需要时创建，服务能在该进程中运行。如果进程名称以小写字母开头，服务会运行在以此为名的全局进程，但需要提供相应的权限。这允许不同应用程序组件共享进程，减少资源使用。

例如，配置步骤（1）创建的 MyService，可以使用下面的代码。

```
<service android:name=".MyService">
</service>
```

2. 启动 Service

开发人员可以从 Activity 或者其他应用程序组件通过传递 Intent 对象（指定要启动的服务）到 startService()方法启动服务。Android 系统调用服务的 onStartCommand()方法并将 Intent 传递给它。

启动 Service

请不要直接调用 onStartCommand()方法。

例如，Activity 能使用显式 Intent 和 startService()方法启动一个名称为 MyService 的 Service，其代码如下。

Intent intent = new Intent(this, MyService.class);
startService(intent);

startService()方法立即返回，然后 Android 系统调用服务的 onStartCommand()方法。如果服务还没有运行，系统首先调用 onCreate()方法，接着调用 onStartCommand()方法。

如果服务没有提供绑定，startService()方法发送的 Intent 是应用程序组件和服务之间唯一的通信模式。然而，如果开发人员需要服务返回结果，则启动该服务的客户端能为广播（使用 getBroadcast()方法）创建 PendingIntent 并通过启动服务的 Intent 发送它。服务接下来能使用广播来发送结果。

多个启动服务的请求导致服务的 onStartCommand()方法，然而，仅需要一个停止方法（stopSelf()或 stopService()方法）来停止服务。

3. 停止 Service

启动服务必须管理自己的生命周期，即系统不会停止或销毁服务，除非它必须回收系统内存而且在 onStartCommand()方法返回后服务继续运行。因此，服务必须调用 stopSelf()方法停止自身，或者其他组件调用 stopService()方法停止服务。

当使用 stopSelf()或 stopService()方法请求停止时，系统会尽快销毁服务。然而，如果服务同时处理多个 onStartCommand()方法调用请求，则处理完一个请求后，不应该停止服务。因为可能收到一个新的启动请求（在第一个请求结束后停止会终止第二个请求）。为了避免这个问题，开发人员可以使用 stopSelf(int)方法来确保停止服务的请求总是基于最近收到的启动请求，即当调用 stopSelf(int)方法时，同时将启动请求的 ID（发送给 onStartCommand()方法的 startId）传递给停止请求。这样如果服务在能够调用 stopSelf(int)方法前接收到新启动请求，ID 会不匹配，因而服务不会停止。

停止 Service

【例 7-2】 在 Eclipse 中创建 Android 项目，名称为 7-2，实现创建名称为 MyService 的 Service，并实现单击"开始 Service"按钮时启动 Service；单击"停止 Service"按钮时停止 Service。

（1）修改新建项目的 res/layout 目录下的布局文件 activity_main.xml，将默认添加的文本框组件删除，并添加两个 Button 按钮，设置第一个按钮的 id 属性为 btn_start，提示文字为"启动 Service"；第二个按钮的 id 属性为 btn_stop，提示文字为"停止 Service"，关键代码如下。

```
<Button
    android:id="@+id/btn_start"
    android:layout_width="wrap_content"
    android:layout_height="wrap_content"
    android:layout_alignParentTop="true"
    android:layout_centerHorizontal="true"
    android:text="启动Service" />
<Button
    android:id="@+id/btn_stop"
    android:layout_width="wrap_content"
    android:layout_height="wrap_content"
```

```
            android:layout_below="@id/btn_start"
            android:layout_centerHorizontal="true"
            android:text="停止Service" />
```

（2）创建名称为 MyService 的 Service，然后重写它的 onCreate()方法、onStartCommand()方法和 onDestroy()方法，并分别在每个方法中再输出一条所调用方法名称的日志信息，具体代码如下。

```
public class MyService extends Service {
    //必须实现的方法
    @Override
    public IBinder onBind(Intent arg0) {
        // TODO 自动生成的方法存根
        return null;
    }
    //Service被创建时回调
    @Override
    public void onCreate() {
        Log.i("Service","onCreate()方法被调用");
        super.onCreate();
    }
    //Service被关闭之前回调，通常用于清理资源
    @Override
    public void onDestroy() {
        Log.i("Service","onDestroy()方法被调用");
        super.onDestroy();
    }
    //Service被启动时回调
    @Override
    public int onStartCommand(Intent intent, int flags, int startId) {
        Log.i("Service","onStartCommand()方法被调用");
        return super.onStartCommand(intent, flags, startId);
    }
}
```

（3）在 AndroidManifest.xml 文件中配置 MyService，关键代码如下。

```
<service android:name=".MyService"></service>
```

（4）打开 MainActivity，在它的 onCreate()方法中，获取布局文件中添加的两个按钮，并为它们添加单击事件监听器，然后在第一个按钮的单击事件中启动 Service，在第二按钮的单击事件中停止 Service，关键代码如下。

```
Button btn_start=(Button)findViewById(R.id.btn_start);    //获取"启动Service"按钮
//创建Intent对象
final Intent intent=new Intent(MainActivity.this,MyService.class);
btn_start.setOnClickListener(new OnClickListener() {

    @Override
    public void onClick(View v) {
        startService(intent);                  //启动Service
    }
});
Button btn_stop=(Button)findViewById(R.id.btn_stop);      //获取"停止Service"按钮
btn_stop.setOnClickListener(new OnClickListener() {
```

```
            @Override
            public void onClick(View v) {
                stopService(intent);                                    //停止Service
            }
        });
```

运行本实例,将显示如图 7-5 所示的运行结果。单击"开启 Service"按钮,在 LogCat 面板中将输出如图 7-6 所示的日志信息;单击"停止 Service"按钮,在 LogCat 面板中,将输出如图 7-7 所示的日志信息。

图 7-5　运行结果

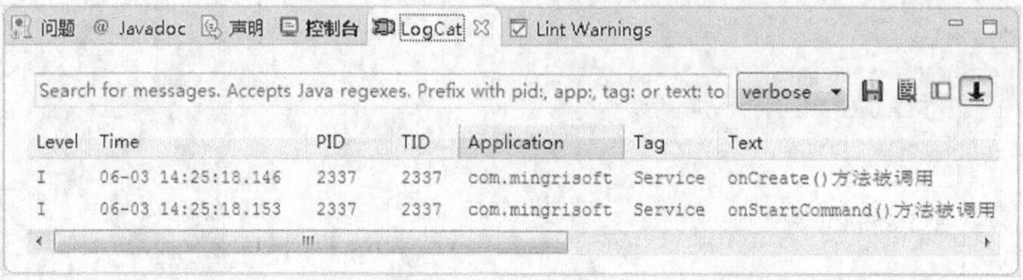

图 7-6　单击"开启 Service"按钮时输出的日志信息

图 7-7　单击"停止 Service"按钮时输出的日志信息

7.2.3　服务绑定

当程序使用 startService() 和 stopService() 方法启动和关闭 Service 时,Service 与访问者之间基本上就没有什么关系了。那么有没有办法让它们之间的关系更紧密一些呢?这时可以使用服务绑定的方式来启动和关闭 Service。

实现服务绑定时,需要实现 onBind() 回调方法。该方法返回 IBinder 对象,它定义了客户端用来与服务交互的程序接口,即通过该对象可实现与绑定的 Service 之间的通信。

服务绑定

对于 IBinder 对象通常会采用继承 Binder 的实现类的方式来实现。例如下面的代码,创建一个名称为 MyService 的 Service,并在其 onBind() 方法中返回 IBinder 对象。

```
public class MyService extends Service {
    private final IBinder binder = new MyBinder();
    public class MyBinder extends Binder {
        MyService getService() {
            return MyService.this;
```

```
        }
    }
    //必须实现的方法
    @Override
    public IBinder onBind(Intent arg0) {
        return binder;
    }
}
```

客户端能通过 bindService() 方法绑定到服务,此时,客户端必须提供 ServiceConnection 接口的实现类,它监视客户端与服务之间的连接。bindService() 方法立即返回,但是当 Android 系统创建客户端与服务之间的连接时,它调用 ServiceConnection 接口的 onServiceConnected() 方法,来发送客户端用来与服务通信的 IBinder 对象。

bindService() 方法的基本语法格式如下。

bindService(Intent service, ServiceConnection conn, int flags)

- ❑ service:用于指定一个 Intent 对象,通过该对象指定要启动的 Service;
- ❑ conn:用于指定一个 ServiceConnection 对象,通过它可以监听访问者与 Service 之间的连接情况。当访问者与 Service 连接成功时,将回调该对象的 onServiceConnected() 方法,当访问者与 Service 之间断开连接时,将回调该对象的 onServiceDisconnected() 方法;
- ❑ flags:用于指定绑定时是否自动创建 Service。其参数值可以指定为 0(表示不自动创建),也可以指定为 BIND_AUTO_CREATE(表示自动创建)。

取消绑定只需要使用 unbindService() 方法就可以。在实现取消绑定时,需要将 ServiceConnection 传递给 unbindService() 方法。但是需要注意,调用 unbindService() 方法成功后,系统并不会调用 onServiceDisconnected() 方法,因为 onServiceDisconnected() 方法仅在意外断开绑定时才被调用。

下面通过一个具体的实例演示如何以绑定的方式使用 Service。

【例 7-3】 在 Eclipse 中创建 Android 项目,名称为 7-3,实现在 Activity 中绑定本地 Service,并调用 Service 中的方法获取随机数。

(1)修改新建项目的 res/layout 目录下的布局文件 activity_main.xml,为默认添加的文本框组件修改为 Button 组件,并设置其显示文本为"获取随机数",关键代码如下:

```
<Button
    android:layout_width="wrap_content"
    android:layout_height="wrap_content"
    android:text="获取随机数" />
```

(2)创建名称为 MyService 的 Service,在该 Service 中,实现 onBind() 方法,并让其返回一个 IBinder 对象,然后再定义一个服务端方法,用于获取随机数具体代码如下。

```
public class MyService extends Service {
    private final IBinder binder = new MyBinder();        //创建一个IBinder对象
    private final Random generator = new Random();        //声明并实例化一个Random对象
    //编写一个继承自Binder的内部类
    public class MyBinder extends Binder {
        MyService getService() {
            return MyService.this;
        }
    }
    @Override
    public IBinder onBind(Intent arg0) {
```

```
            return binder;        //返回IBinder对象
        }
        //获取随机数的方法
        public int getRandomNumber() {
            return generator.nextInt(100);   //返回生成的随机数
        }
    }
```

MyBinder 类为客户端提供了 getService()方法来获得当前 MyService 的实例。这允许客户端调用服务中的公共方法。例如，客户端能从服务中调用 getRandomNumber()方法。

（3）打开 MainActivity，在该类中首先定义 3 个成员变量，其中最后一个通过匿名内部类对它进行实例化，在这里主要是在它的 onServiceConnected()方法中获取 Service 实例并将标记变量 bound 设置为 true，这表示已经绑定；在 onServiceDisconnected()方法中，将标记变量 bound 设置为 false，这表示未绑定，具体代码如下。

```
boolean bound = false;              //标记是否绑定的变量
MyService myService;                //声明一个MyService对象
private ServiceConnection connection = new ServiceConnection() {
        public void onServiceConnected(ComponentName className, IBinder service){
            MyBinder binder = (MyBinder) service;
            myService = binder.getService();    //获取Service实例
            bound = true;        //标记已经绑定
        }
        public void onServiceDisconnected(ComponentName arg0) {
            bound = false;       //标记未绑定
        }
};
```

然后，重写 onStart()和 onStop()方法，其中，在 onStart()方法中绑定步骤（2）中创建的 MyService，在 onStop()方法取消对该 Service 的绑定，具体代码如下。

```
@Override
protected void onStart() {
    super.onStart();
    Intent intent = new Intent(this, MyService.class);
    bindService(intent, connection, Context.BIND_AUTO_CREATE);   //绑定Service

}
@Override
protected void onStop() {
    super.onStop();
    if (bound) {
        unbindService(connection);           //取消绑定的Service
        bound = false;
    }
}
```

最后，编写一个按钮的单击事件调用方法，用于在单击按钮时，并且当服务已经绑定时，调用服务中的 getRandomNumber()方法获取随机数，具体代码如下。

```
public void onButtonClick(View v) {
    if (bound) {
        int num = myService.getRandomNumber();
        Log.i("MainActivity", "获得随机数：" + num); //向LogCat中输出获取的随机数
```

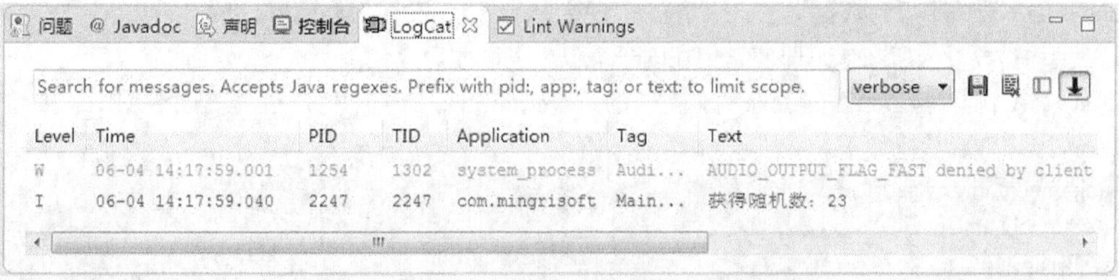

    }
}
```

（4）在布局文件 activity_main.xml 的 Button 组中添加 android:onClick 属性，用于为其设置单击事件监听器，代码如下。

```
android:onClick="onButtonClick"
```

（5）在 AndroidManifest.xml 文件中配置 MyService，关键代码如下。

```
<service android:name=".MyService"></service>
```

运行本实例，单击页面中的"获取随机数"按钮，在 LogCat 面板中将显示获取到的随机数，如图 7-8 所示。

图 7-8　在 LogCat 中显示的随机数

7.3　跨进程调用 Service

在 Android 系统中，各应用程序都运行在自己的进程中，出于安全考虑，进程之间一般无法直接进行数据交换。不过 Android 系统允许应用程序使用 Intent 启动 Activity 和 Service，同时传递数据，这是一种简单、高效的 IPC（Inter-Process Communication）机制。除了这种方法外，Android 还提供了另一种 IPC 机制，就是使用 AIDL（Android Interface Definition Language）接口实现。这种方法，服务和调用者在不同的进程中，调用过程需要跨进程才能实现。下面将对这种方法进行介绍。

跨进程调用 Service

7.3.1　AIDL 简介

AIDL 是 Android 系统自定义的接口描述语言，它可以简化进程间数据格式转换和数据交换的代码，通过定义 Service 内部的公共方式，它允许在不同进程的调用者和 Service 之间相互传递数据，其属于轻量级的进程通信机制。

AIDL 语言的语法与 Java 语言的接口定义非常相似，唯一的不同之处是：AIDL 允许定义函数参数的传递方向。AIDL 支持以下 3 种方向。

❑ in：默认值，表示将从调用者传递到远程服务中。
❑ out：表示将对远程服务传递到调用者中。
❑ inout：表示先从调用者传递到远程服务中，再从远程服务返回给调用者。

远程服务的创建和调用需要使用 AIDL 语言，一般分为以下 3 个步骤。

（1）使用 AIDL 语言定义远程服务接口。
（2）通过继承 Service 类实现远程服务。
（3）绑定和使用远程服务。
```

下面将结合一个具体的实例来对这 3 个步骤进行详细介绍。

> 【例 7-4】 在 Eclipse 中创建 Android 项目,名称为 7-4,实现创建并绑定远程服务,在该远程服务中生成一个随机的字符串,并获取该随机字符串并将其显示在屏幕上。

7.3.2 使用 AIDL 语言定义远程服务接口

AIDL 语言的语法十分简单,它与 Java 接口定义的语法很相似,但也有一些不同,具体表现在以下两方面。

- ❑ AIDL 定义接口的源代码必须以.aidl 结尾。
- ❑ AIDL 接口中用到数据类型,除了基本类型、String、List、Map 和 CharSequence 外,其他类型均需要导入所在包,即使它们在同一个包中也需要导入包。

例如,在例 7-4 项目的 src 目录下的 com.mingrisoft 包中,创建一个 AIDL 接口文件 ITestService.aidl,代码如下。

```
package com.mingrisoft;
interface ITestService{
    String getTest();
}
```

定义好上面的接口后,使用带 ADT 插件的 Eclipse 编辑该文件时,ADT 插件会根据 AIDL 文件在 gen 目录下生成 Java 接口文件 ITestService.java。打开该文件可以看到,在该文件中包含一个内部静态抽象类 Stub,该类继承了 Binder 类,并实现了 ITestService 接口。另外,在该类中还包含一个静态类 Proxy,这个类可以用来实现远程服务调用。

7.3.3 通过继承 Service 类实现远程服务

定义好 AIDL 接口后,接下来就可以定义一个继承 Service 的类,并在该类中通过 onBind()方法返回 IBinder 对象,调用者使用返回的 IBinder 对象访问远程服务。

例如,在例 7-4 项目的 com.mingrisoft 包中,创建一个名称为 TestService 的类,该类继承自 Service,并重写 onBind()、onCreate()和 onUnbind()方法,关键代码如下。

```
public class TestService extends Service {
    //字义一个字符串数组,用于从该数组中获取随机字符串
    String[] tests =new String[]{
        "坚持",
        "奋斗",
        "淡泊"
    };
    private String test;    //随机字符串属性
    //创建ITextService.Stub的实例,并实现ITestService中的方法
    private final ITestService.Stub mBinder= new ITestService.Stub() {

        @Override
        public String getTest() throws RemoteException {
            return test;
        }
    };
    //重写远程绑定方法
    @Override
    public IBinder onBind(Intent arg0) {
```

```
            Log.i("TestService","远程绑定：TestService");   //输出日志信息
            return mBinder;              //返回IBinder对象
        }
        @Override
        public void onCreate() {
            super.onCreate();
            int index =new Random().nextInt(3);       //生一个0～3的随机整数
            test=tests[index];    //从数字中取出对应的字符串
            Log.i("TestService输出：",test);       //将获取的随机字符串输出到LogCat中
        }
        //重写解除绑定方法
        @Override
        public boolean onUnbind(Intent intent) {
            Log.i("TestService","取消远程绑定：TestService");   //输出日志信息
            return false;
        }
    }
```

在上面的代码中，加粗的代码用于创建一个 ITextService.Stub 的实例，并且实现了 ITestService 中的 getTest()方法。另外在 onCreate()方法中，首先生成一个 0～3 之间（包括 0，但不包括 3）的随机数 index，然后再从字符串数组 tests 中获取下标为 index 的元素，从而实现获取随机字符串。

7.3.4 绑定和使用远程服务

接下来还需要在客户端绑定和使用前面定义的远程服务，大致可以分为以下两个步骤。

（1）创建 ServiceConnection 对象。

例如，在例 7-4 项目的 MainActivity 中，首先声明远程服务实例 testService，然后创建 ServiceConnection 对象，在重写的 onServiceConnected()方法中获取远程服务实例并赋值给 testService，关键代码如下。

```
private ITestService testService;  //声明ITestService对象
//创建ServiceConnection对象
private ServiceConnection conn = new ServiceConnection() {

    @Override
    public void onServiceDisconnected(ComponentName name) {
        testService=null;
    }

    @Override
    public void onServiceConnected(ComponentName name, IBinder service) {
        testService =ITestService.Stub.asInterface(service);

    }
};
```

（2）以 ServiceConnection 对象作为参数，调用 Context 的 bindService()方法绑定远程 Service 即可。

例如，在例 7-4 项目的 MainActivity 的 onCreate()中，首先应用 bindService()方法绑定远程服务，然后再获取布局文件中添加"获取随机字符串"按钮，并为其添加单击事件监听器，在重写的 onClick() 方法中将从远程服务获取的随机字符串显示的文本框中，关键代码如下。

```
Intent intent = new Intent();
intent.setAction("com.mingrisoft.AIDL_SERVICE");         //为Intent设置Action
//bindService(intent, conn, Service.BIND_AUTO_CREATE);//Android 5.0以前绑定远程服务的代码
//绑定远程服务
bindService(new Intent(getExplicitIntent(this,intent)), conn, Service.BIND_AUTO_CREATE);
Button btn=(Button)findViewById(R.id.button1);           //获取"获取随机字符串"按钮
btn.setOnClickListener(new OnClickListener() {
    @Override
    public void onClick(View v) {

        try {
            tv=(TextView)findViewById(R.id.test);        //获取显示内容的文本框组件
            //从远程服务中获取生成的随机字符串显示到文本框中
            tv.setText("从远程服务获取的随机字符串: "+testService.getTest());
        } catch (RemoteException e) {
            e.printStackTrace();
        }
    }
});
```

另外,在 Android 5.0 中,不能再隐式启动 Service 了,否则将显示图 7-9 所示的错误。

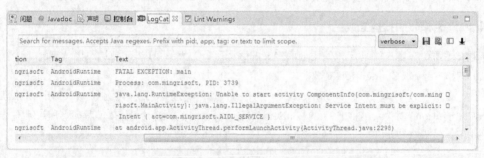

图 7-9　隐式启动 Service 时,在 LogCat 中显示的错误

所以,还需要编写下面的方法,将其转换为显式启动。

```
public static Intent getExplicitIntent(Context context,Intent implicitIntent){
    PackageManager pm=context.getPackageManager();
    List<ResolveInfo> resolveInfo =pm.queryIntentServices(implicitIntent, 0);
    if(resolveInfo==null||resolveInfo.size()!=1){
        return null;
    }
    ResolveInfo serviceInfo= resolveInfo.get(0);
    String packageName=serviceInfo.serviceInfo.packageName;
    String className=serviceInfo.serviceInfo.name;
    ComponentName component = new ComponentName(packageName, className);
    Intent explicitIntent = new Intent(implicitIntent);
    explicitIntent.setComponent(component);
    return explicitIntent;
}
```

重写 Activity 的 onDestroy()方法,调用 unbindService()方法解除远程服务的绑定,具体代码如下。

```
@Override
protected void onDestroy() {
```

```
        super.onDestroy();
        this.unbindService(conn);      //解除绑定
}
```
最后，还需要在 AndroidManifest.xml 文件中注册 TestService，具体代码如下。
```
<service android:name=".TestService">
    <intent-filter>
        <action android:name="com.mingrisoft.AIDL_SERVICE"/>
    </intent-filter>
</service>
```
至此，例 7-4 的项目就全部完成了，运行项目，将创建并绑定远程实例，单击屏幕上的"获取随机字符串"按钮，将获取远程服务中生成随机字符串并显示，如图 7-10 所示。

图 7-10　获取远程服务中生成的随机字符串

小　结

本章首先对 Service，以及 Service 的生命周期进行了简要的介绍；然后介绍了如何在 Android 中使用线程，以及在子线程中更新 UI，接下来又介绍了如何创建 Started Service（启动服务），以及实现本地服务绑定；最后介绍了如何应用 AIDL 实现跨进程调用 Service。其中，在 Android 中使用线程、在子线程中更新 UI 组件，以及如何创建 Started Service 是本章的重点，需要重点掌握。

上机指导

本练习要求在屏幕中添加一个"输出当前时间"按钮，单击该按钮，启动 Service，并向 LogCat 面板中输出格式化的当前时间。程序运行效果如图 7-11 所示，单击"输出当前时间"按钮，在 LogCat 面板中将显示如图 7-12 所示的日志信息，其中最后一条为格式化的当前时间。

图 7-11 运行结果

图 7-12 单击"输出当前时间"按钮时输出的日志信息

开发步骤如下。

(1)在 Eclipse 中创建 Android 项目,名称为 outputTime。

(2)修改新建项目的 res/layout 目录下的布局文件 activity_main.xml,将默认添加的文本框组件删除,并添加一个 Button 按钮,设置该按钮的 id 属性为 output,提示文字为"输出当前时间",关键代码如下。

```
<Button
    android:id="@+id/output"
    android:layout_width="wrap_content"
    android:layout_height="wrap_content"
    android:layout_centerHorizontal="true"
    android:text="输出当前时间" />
```

(3)创建名称为 MyService 的 Service,然后重写它的 onCreate()方法、onStartCommand()方法和 onDestroy()方法,并分别在每个方法中再输出一条所调用方法名称的日志信息。另外,在 onStartCommand()方法中,输出当前时间,最后停止 Service,具体代码如下。

```java
public class MyService extends Service {
    //必须实现的方法
    @Override
    public IBinder onBind(Intent arg0) {
        // TODO 自动生成的方法存根
        return null;
    }
    //Service被创建时回调
    @Override
    public void onCreate() {
        Log.i("Service","onCreate()方法被调用");
        super.onCreate();
    }
    //Service被关闭之前回调，通常用于清理资源
    @Override
    public void onDestroy() {
        Log.i("Service","onDestroy()方法被调用");
        super.onDestroy();
    }
    //Service被启动时回调
    @Override
    public int onStartCommand(Intent intent, int flags, int startId) {
        Log.i("Service","onStartCommand()方法被调用");
        Time time = new Time();                                     // 创建Time对象
        time.setToNow();                                            // 设置时间为当前时间
        String currentTime = time.format("%Y-%m-%d %H:%M:%S");// 设置时间格式
        Log.i("Service", currentTime);                              // 记录当前时间
        MyService.this.stopSelf();                                  //停止Service
        return super.onStartCommand(intent, flags, startId);
    }
}
```

（4）在 AndroidManifest.xml 文件中配置 MyService，关键代码如下。

```xml
<service android:name=".MyService"></service>
```

（5）打开 MainActivity，在它的 onCreate()方法中，获取布局文件中添加的按钮，并为其添加单击事件监听器，在重写的 onClick()方法中启动 Service，关键代码如下。

```java
Button btn_start=(Button)findViewById(R.id.output);    //获取"输出当前时间"按钮
btn_start.setOnClickListener(new OnClickListener() {

    @Override
    public void onClick(View v) {
        //创建Intent对象
        Intent intent=new Intent(MainActivity.this,MyService.class);
        startService(intent);           //启动Service
    }
});
```

完成以上操作后，在左侧的"包资源管理器"中的项目名称节点上，单击鼠标右键，在弹出的快捷菜单中，选择"运行方式"/Android Application 菜单项就可以通过模拟器来运行程序了。

习 题

7-1 什么是 Service？
7-2 Service 有哪两种类型？
7-3 简述 Service 的生命周期。
7-4 简述创建线程的两种方法。
7-5 解释 Looper、Handler、Message，以及 MessageQueue。
7-6 简述创建并配置本地 Service 的基本步骤。
7-7 创建和调用远程服务一般分为哪几个步骤？

第8章

数据存储与共享

本章要点：

- 应用SharedPreferences进行简单存储
- 实现内部存储
- 实现外部存储
- 访问存储的资源文件
- SQLite数据库的应用
- 应用Content Provider实现数据共享

■ Android 系统提供了多种数据存储方法，例如，使用 SharedPreferences 进行简单存储、文件存储、SQLite 数据库存储等。另外，它还提供了 ContentProvider，用于实现数据共享。在本章中将对这几种常用的数据存储方法和实现数据共享的 Content Provider 进行详细介绍。

8.1　SharedPreferences 存储

Android 系统提供了轻量级的数据存储方式——SharedPreferences 存储，它屏蔽了对底层文件的操作，通过为程序开发人员提供简单的编程接口，来实现以最单的方式对数据进行永久保存。下面将对 SharedPreferences 进行详细的介绍。

8.1.1　SharedPreferences

SharedPreferences 接口位于 android.content 包中，用于使用键值（key-value）对的方式来存储数据，该类主要用于基本类型，例如 boolean、float、int、long 和 String。在应用程序结束后，数据仍旧会保存。数据是以 XML 文件格式保存在 Android 系统下的 "/data/data/<应用程序包名>/shared_prefs" 目录中。

SharedPreferences

通常情况下，可以通过以下两种方式获得 SharedPreferences 对象。

❏ 使用 getSharedPreferences()方法获取。

如果需要多个使用名称来区分的共享文件，则可以使用该方法，该方法的基本语法格式如下。

`getSharedPreferences(String name, int mode)`

其中，第一个参数就是共享文件的名称（不包括扩展名），该文件为 XML 格式。对于使用同一个名称获得的多个 SharedPreferences 引用，其指向同一个对象；第二个参数用于指定访问权限，它的参数值可以是 MODE_PRIVATE（表示只能被本应用程序读和写，其中写入的内容会覆盖原文件的内容）、MODE_MULTI_PROCESS（表示可以跨进程、跨应用读取）、MODE_WORLD_READABLE（表示可以被其他应用程序读，但不能写）和 MODE_WORLD_WRITEABLE（表示可以被其他应用程序读和写）。

为了安全考虑，从 Android API 17 开始已经将 MODE_WORLD_READABLE 和 MODE_WORLD_WRITEABLE 废弃，再使用时将被打上删除线。

❏ 使用 getPreferences()方法获取。

如果 Activity 仅需要一个共享文件，则可以使用该方法。因为只有一个文件，它并不需要提供名称。完成向 SharedPreferences 类中存储数据的步骤如下。

（1）调用 SharedPreferences 类的 edit()方法获得 SharedPreferences.Editor 对象。例如，可以使用下面的代码获得私有类型的 SharedPreferences.Editor 对象。

`SharedPreferences.Editor editor=getSharedPreferences("mr",MODE_PRIVATE).edit();`

（2）向 SharedPreferences.Editor 对象中添加数据。例如，调用 putBoolean()方法添加布尔型数据、调用 putString()方法添加字符串数据、调用 putInt()方法添加整型数据，可以使用下面的代码。

```
editor.putString("username", username);
editor.putBoolean("status", false);
editor.putInt("age", 20);
```

（3）使用 commit()方法提交数据，从而完成数据存储操作。

从 SharedPreferences 类中读取值时，主要使用该类中定义的 get×××()方法。例如，下面的代码可以实现分别获取 String、Boolean 和 int 类型的值。

```
SharedPreferences sp = getSharedPreferences("mr", MODE_PRIVATE);
String username = sp.getString("username", "mr");// 获得用户名
Boolean status = sp.getBoolean("status", false);
int age = sp.getInt("age", 18);
```

8.1.2 使用 SharedPreferences 保存输入的用户名和密码

【例 8-1】 在 Eclipse 中创建 Android 项目，名称为 8-1，实现使用 SharedPreferences 保存输入的用户名和密码，并在第二个 Activity 中显示。

（1）修改新建项目的 res/layout 目录下的布局文件 activity_main.xml，在该文件中添加用于显示提示信息的文本框组件、输入用户名和密码的编辑框，以及登录按钮，关键代码如下。

使用 Shared
Preferences 保存
输入的用户名和密码

```xml
<LinearLayout
    android:layout_width="match_parent"
    android:layout_height="wrap_content" >
    <TextView
        android:layout_width="wrap_content"
        android:layout_height="wrap_content"
        android:text="@string/username"
        android:textSize="20sp" />
    <EditText
        android:id="@+id/username"
        android:layout_width="0dip"
        android:layout_height="wrap_content"
        android:layout_weight="1"
        android:inputType="text"
        android:textSize="20sp" >
        <requestFocus />
    </EditText>
</LinearLayout>
<LinearLayout
    android:layout_width="match_parent"
    android:layout_height="wrap_content" >
    <TextView
        android:layout_width="wrap_content"
        android:layout_height="wrap_content"
        android:text="@string/password"
        android:textSize="20sp" />
    <EditText
        android:id="@+id/password"
        android:layout_width="0dip"
        android:layout_height="wrap_content"
        android:layout_weight="1"
        android:inputType="textPassword"
        android:textSize="20sp" />
</LinearLayout>
<Button
    android:id="@+id/login"
```

```xml
android:layout_width="wrap_content"
android:layout_height="wrap_content"
android:text="@string/login"
android:textSize="20sp" />
```

（2）打开 MainActivity，在它的 onCreate()方法中，获得用户输入的用户名和密码，然后将其保存到 SharedPreferences 类中，最后使用 Intent 跳转到 SharedPreferencesReadActivity，其代码如下。

```java
final EditText usernameET = (EditText) findViewById(R.id.username);  // 获得用户名组件
final EditText passwordET = (EditText) findViewById(R.id.password);  // 获得密码组件
Button login = (Button) findViewById(R.id.login);                    // 获得按钮组件
login.setOnClickListener(new View.OnClickListener() {
    @Override
    public void onClick(View v) {
        String username = usernameET.getText().toString();   // 获得用户名
        String password = passwordET.getText().toString();   // 获得密码
        // 获得私有类型的SharedPreferences
        SharedPreferences sp = getSharedPreferences("mrsoft", MODE_PRIVATE);
        Editor editor = sp.edit();                            // 获得Editor对象
        editor.putString("username", username);               // 增加用户名
        editor.putString("password", password);               // 增加密码
        editor.commit();                                      // 确认提交
        Intent intent = new Intent();                         // 创建Intent对象
        // 指定跳转到SharedPreferencesReadActivity
        intent.setClass(MainActivity.this, SharedPreferencesReadActivity.class);
        startActivity(intent);                                // 实现跳转
    }
});
```

（3）在/res/layout 包中新建名为 result.xml 的布局文件，在该布局文件中添加一个垂直线性布局管理器，添加两个文本框并修改其默认属性，具体代码如下。

```xml
<LinearLayout xmlns:android="http://schemas.android.com/apk/res/android"
    android:layout_width="match_parent"
    android:layout_height="match_parent"
    android:orientation="vertical"
    android:paddingBottom="@dimen/activity_vertical_margin"
    android:paddingLeft="@dimen/activity_horizontal_margin"
    android:paddingRight="@dimen/activity_horizontal_margin"
    android:paddingTop="@dimen/activity_vertical_margin" >
    <TextView
        android:id="@+id/username"
        android:layout_width="wrap_content"
        android:layout_height="wrap_content"
        android:textSize="20sp" />
    <TextView
        android:id="@+id/password"
        android:layout_width="wrap_content"
        android:layout_height="wrap_content"
        android:textSize="20sp" />
</LinearLayout>
```

（4）创建 SharedPreferencesReadActivity，它从 SharedPreferences 中读取已经保存的用户名和

密码，然后使用文本框显示，其代码如下。

```java
public class SharedPreferencesReadActivity extends Activity {
    @Override
    protected void onCreate(Bundle savedInstanceState) {
        super.onCreate(savedInstanceState);           // 调用父类方法
        setContentView(R.layout.result);              // 设置布局文件
        TextView usernameTV = (TextView) findViewById(R.id.username);
        TextView passwordTV = (TextView) findViewById(R.id.password);
        // 获得私有类型的SharedPreferences
        SharedPreferences sp = getSharedPreferences("mrsoft", MODE_PRIVATE);
        String username = sp.getString("username", "mr");        // 获得用户名
        String password = sp.getString("password", "001");       // 获得密码
        usernameTV.setText("用户名：" + username);              // 显示用户名
        passwordTV.setText("密    码：" + password);            // 显示密码
    }
}
```

（5）在 AndroidManifest.xml 文件中配置名称为 SharedPreferencesReadActivity 的 Activity，关键代码如下。

```xml
<activity android:name=".SharedPreferencesReadActivity" />
```

运行本实例，将显示用户登录界面，在该页面中输入用户名和密码，如图 8-1 所示。单击"登录"按钮，将显示如图 8-2 所示的页面，此时，在 DDMS 视图的 File Explorer 选项卡中，打开 data/data 文件夹，可以看到图 8-3 所示的 XML 文件。

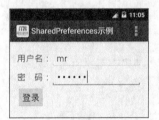

图 8-1　输入用户名和密码

图 8-2　显示获取的用户名和密码

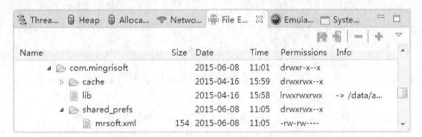

图 8-3　XML 文件保存位置

8.2　文件存储

在 Android 中，主要提供了 3 种文件存储方式。一种是内部存储方式，是 Java 提供的 IO 流体系，即使用 FileOutputStream 类提供的 openFileOutput 方法，和 FileInputStream 类提供的 openFileInput()方法访问设备内部存储器上的文件；另一种是外部存储方式，是使用 Environment 类的 getExternalStorageDirectory()

方法对 SD 卡上的文件进行数据读写；还有一种是资源文件存储方式。本节将对这 3 种文件存储方式进行详细讲解。

8.2.1 内部存储

内部存储是指对设备的内部存储器上的文件进行存储，该文件保存在 Android 系统下的/data/data/<包名>/files 目录中。使用 Java 提供的 IO 流体系可以很方便地对内部存储的数据进行读写操作，其中，FileOutputStream 类的 openFileOutput() 方法用来打开相应的输出流；而 FileInputStream 类的 openFileInput() 方法用来打开相应的输入流。默认情况下，使用 IO 流保存的文件仅对当前应用程序可见，对于其他应用程序（包括用户）是不可见的（即不能访问其中的数据）。如果用户卸载了该应用程序，则保存数据的文件也会一起被删除。

内部存储

❑ FileOutputStream 类的 openFileOutput()方法的基本语法格式如下。

FileOutputStream openFileOutput(String name, int mode) throws FileNotFoundException

其中，第一个参数 name，用于指定文件名称，该参数不能包含描述路径的斜杠；第二个参数用于指定访问权限，可以使用 MODE_PRIVATE（表示文件只能被创建它的程序访问）、MODE_APPEND（表示追加模式，如果文件存在，则在文件的结尾处添加新数据，否则创建文件）、MODE_WORLD_READABLE（表示可以被其他应用程序读，但不能写）和 MODE_WORLD_WRITEABLE（表示可以被其他应用程序读和写）。openFileOutput()方法的返回值为 FileOutputStream 对象。

openFileOutput()方法需要抛出 FileNotFoundException。

例如，创建一个只能被创建它的程序访问的文件 mr.txt，可以使用下面的代码。

```
try {
    FileOutputStream fos = openFileOutput("mr.txt", MODE_PRIVATE);    // 获得文件输出流
    fos.write("www.mingrisoft.com".getBytes());                        // 保存网址
    fos.flush();                                                       // 清除缓存
    fos.close();                                                       // 关闭文件输出流
} catch (FileNotFoundException e) {
    e.printStackTrace();
}
```

在上面的代码中，FileOutputStream 对象的 write()方法用于将数据写入文件；flush()方法用于将缓冲中的数据写入文件；close()方法用于关闭 FileOutputStream。

❑ FileInputStream 类的 openFileInput()方法的基本语法格式如下。

FileInputStream openFileInput(String name) throws FileNotFoundException

该方法只有一个参数，它用于指定文件名称，同样不可以包含描述路径的斜杠，而且也需要抛出 FileNotFoundException 异常。返回值为 FileInputStream 对象。

例如，读取文件 mr.txt 的内容，可以使用下面的代码。

```
FileInputStream fis = openFileInput("mr.txt");       // 获得文件输入流
byte[] buffer = new byte[fis.available()];           // 定义保存数据的数组
fis.read(buffer);                                    // 从输入流中读取数据
```

下面通过一个实例演示如何使用 Java 提供的 IO 流体系对内部存储文件进行操作。

第8章 数据存储与共享

【例 8-2】 在 Eclipse 中创建 Android 项目，名称为 8-2，实现使用内部存储保存用户输入的用户名和密码，并在第二个 Activity 中显示。

（1）本实例使用的布局文件与例 8-1 相同，请参考前面给出的代码。

（2）打开 MainActivity 类，在重写的 onCreate()方法中，首先获得用户输入的用户名和密码，然后将其保存到 login 文件中，最后使用 Intent 跳转到 InternalDataReadActivity，其代码如下。

```java
final EditText usernameET = (EditText) findViewById(R.id.username);   // 获得用户名控件
final EditText passwordET = (EditText) findViewById(R.id.password);   // 获得密码控件
Button login = (Button) findViewById(R.id.login);// 获得按钮控件
login.setOnClickListener(new View.OnClickListener() {
    @Override
    public void onClick(View v) {
        String username = usernameET.getText().toString();      // 获得用户名
        String password = passwordET.getText().toString();      // 获得密码
        FileOutputStream fos = null;
        try {
            fos = openFileOutput("login", MODE_PRIVATE);        // 获得文件输出流
            fos.write((username + " " + password).getBytes());  // 保存用户名和密码
            fos.flush();// 清除缓存
        } catch (FileNotFoundException e) {
            e.printStackTrace();
        } catch (IOException e) {
            e.printStackTrace();
        } finally {
            if (fos != null) {
                try {
                    fos.close();                                // 关闭文件输出流
                } catch (IOException e) {
                    e.printStackTrace();
                }
            }
        }
        Intent intent = new Intent();                           // 创建Intent对象
        // 指定跳转到InternalDataReadActivity
        intent.setClass(MainActivity.this, InternalDataReadActivity.class);
        startActivity(intent);                                  // 实现跳转
    }
});
```

（3）创建 InternalDataReadActivity，它从 login 文件中读取已经保存的用户名和密码，然后使用文本框显示，其代码如下。

```java
public class InternalDataReadActivity extends Activity {
    protected void onCreate(Bundle savedInstanceState) {
        super.onCreate(savedInstanceState);                     // 调用父类方法
        setContentView(R.layout.result);                        // 使用布局文件
        FileInputStream fis = null;
        byte[] buffer = null;
        try {
            fis = openFileInput("login");                       // 获得文件输入流
            buffer = new byte[fis.available()];                 // 定义保存数据的数组
            fis.read(buffer);                                   // 从输入流中读取数据
```

```
            } catch (FileNotFoundException e) {
                e.printStackTrace();
            } catch (IOException e) {
                e.printStackTrace();
            } finally {
                if (fis != null) {
                    try {
                        fis.close();                            // 关闭文件输入流
                    } catch (IOException e) {
                        e.printStackTrace();
                    }
                }
            }
            TextView usernameTV = (TextView) findViewById(R.id.username);
            TextView passwordTV = (TextView) findViewById(R.id.password);
            String data = new String(buffer);                   // 获得数组中保存的数据
            String username = data.split(" ")[0];               // 获得username
            String password = data.split(" ")[1];               // 获得password
            usernameTV.setText("用户名: " + username);          // 显示用户名
            passwordTV.setText("密    码: " + password);        // 显示密码
        }
    }
```

（4）在 AndroidManifest.xml 文件中配置名称为 InternalDataReadActivity 的 Activity，关键代码如下。

```
<activity android:name=".InternalDataReadActivity" />
```

运行程序，显示图 8-4 所示的用户登录界面。输入用户名"mr"和密码"123"，单击"登录"按钮，跳转到图 8-5 所示的用户信息界面。

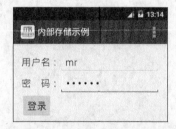

图 8-4　获得用户输入信息

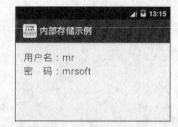

图 8-5　显示用户输入信息

将 Eclipse 切换到 DDMS 视图，打开 File Explorer 中 data/data 文件夹，可以看到保存数据的文件位于图 8-6 所示的位置。

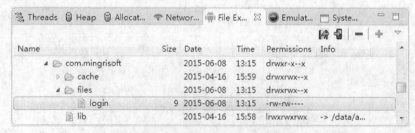

图 8-6　login 文件保存位置

8.2.2 外部存储

每个 Android 设备都支持共享的外部存储用来保存文件,这些外部存储可以是 SD 卡等可以移除的存储介质,也可以是手机内存等不可以移除的存储介质。保存在外部存储的文件都是全局可读的,而且在用户使用 USB 连接计算机后,可以修改这些文件。在 Android 程序中,对 SD 卡上的外部存储文件进行操作时,需要使用 Environment 类的 getExternalStorageDirectory 方法,该方法用来获取外部存储器(SD 卡)的目录。

外部存储

下面将通过一个具体的实例来演示如何在 SD 卡上创建文件。

【例 8-3】 在 Eclipse 中创建 Android 项目,名称为 8-3,实现在 SD 卡上创建文件的功能。

(1)修改新建项目的 res/layout 目录下的布局文件 activity_main.xml,为默认添加的文本框组件设置 id 属性为 message,关键代码如下。

```xml
<TextView
    android:id="@+id/message"
    android:layout_width="wrap_content"
    android:layout_height="wrap_content"
    android:text="@string/hello_world" />
```

(2)打开 MainActivity 类,在它的 onCreate()方法中,首先使用 getExternalStorageDirectory()方法获得 SD 卡根文件夹,然后使用 createNewFile()方法创建文件并给出提示,其代码如下。

```java
TextView tv = (TextView) findViewById(R.id.message);    //获取布局文件中添加的文本框组件
File root = Environment.getExternalStorageDirectory();    // 获得SD卡根路径
if(root.exists()&&root.canWrite()){
    File file = new File(root, "DemoFile.png");
    try {
        if (file.createNewFile()) {
            tv.setText(file.getName() + "创建成功! ");
        } else {
            tv.setText(file.getName() + "创建失败! ");
        }
    } catch (IOException e) {
        e.printStackTrace();
    }
}else {
    tv.setText("SD卡不存在或者不可写! ");
}
```

(3)修改 AndroidManifest.xml 配置文件,在<manifest>标记中,添加子标记<uses-permission>增加外部存储写入权限,关键代码如下。

```xml
<manifest xmlns:android="http://schemas.android.com/apk/res/android"
    package="com.mingrisoft"
    android:versionCode="1"
    android:versionName="1.0" >
    <uses-sdk
        android:minSdkVersion="14"
        android:targetSdkVersion="21" />
```

```
    <uses-permission android:name="android.permission.WRITE_EXTERNAL_STORAGE" />
    <uses-permission android:name="android.permission.MOUNT_UNMOUNT_FILESYSTEMS" />
    <!-- 此处省略了<application>标记的代码 -->
</manifest>
```

运行程序，显示图 8-7 所示的文件创建成功信息。将 Eclipse 切换到 DDMS 视图，打开 File Explorer 中 storage/sdcard 文件夹，可以看到新创建的文件位于图 8-8 所示的位置。

图 8-7　文件创建成功

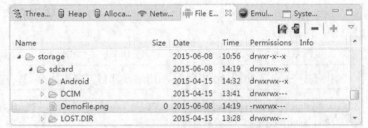

图 8-8　File Explorer 中新创建的文件

8.2.3　资源文件

在 Android 中，除了可以在内部和外部存储设备上读写文件，还可以访问在 res 目录下的 raw 和 xml 子目录下的文件，下面分别进行介绍。

1. 访问 res/raw 目录下的原始格式文件

在 raw 子目录下，可以保存任何格式的文件，例如，视频格式文件、音频格式文件、图像文件或数据文件等。在应用程序编译和打包时，res/raw 目录下的所有文件都会保留原有格式不变。

资源文件

  保存在 res/raw 目录下的文件，会被映射在 R.java 文件中，在访问时，可以直接使用资源 ID（例如，R.raw.ding，其中 ding 可以是 ding.wav 文件的文件名）。

在读取 raw 目录下保存的原始格式文件时，首先需要调用 getResource() 方法获得资源实例，然后通过调用资源实例的 openRawResource() 方法以二进制流的形式打开指定的原始格式文件。在读取文件结束后，调用 close() 方法关闭文件流。

下面通过一个具体的实例来演示如何读取 raw 目录下的名称为 demo_raw.txt 的文件。

【例 8-4】 在 Eclipse 中创建 Android 项目，名称为 8-4，实现读取 raw 目录下的文本文件。

（1）在 res 目录下，创建子目录，名称为 raw，并且在该目录下创建一个名称为 demo_raw.txt 的文本文件，内容为"明日科技"。在创建文件时，还需设置文件的编码格式，默认为 GBK，并需将其设置为 UTF-8，否则，在读取时，将会产生图 8-9 所示的乱码。

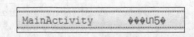

图 8-9　产生的乱码

具体设置步骤为：在文件名称节点上单击鼠标右键，在打开的快捷菜单中，选择"属性"菜单项，然后在打开的对话框中，选中"其他"单选按钮，并且在右侧的下拉列表中选择 UTF-8，如图 8-10 所示，单击"确定"按钮即可。

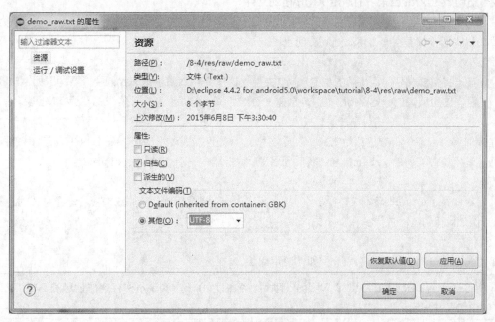

图 8-10　设置文件的编码为 UTF-8

（2）在 MainActivity 的 onCreate()方法中，获取资源实例，并读取 demo_raw.txt 文件的全部内容，关键代码如下。

```
Resources resources=getResources();              //获取资源实例
InputStream is=null;                             //声明输入流对象
is=resources.openRawResource(R.raw.demo_raw);    //获取raw资源
byte[] buffer;
try {
    buffer = new byte[is.available()];
    is.read(buffer);
    String result=new String(buffer, "utf-8");   //转换为字符串，采用UTF-8编码
    Log.i("MainActivity", result);               //将读取结果输出到LogCat中
    is.close();                                  //关闭输入流对象
} catch (IOException e) {
    e.printStackTrace();                         //输出异常信息
}
```

运行本实例，在 LogCat 面板中，将显示图 8-11 所示的日志信息。

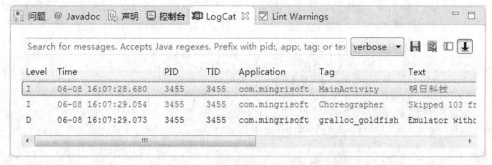

图 8-11　LogCat 面板中显示的文件内容

2. 访问 res/xml 目录下的原始 XML 格式文件

在 xml 子目录下，一般用来保存格式化数据的 XML 文件，这些文件在编译和打包时将被转换为二进制格式，以降低存储器空间占用和提高访问效率。

在定义资源文件时，使用的也是 XML 文件，这些文件不属于这节我们要介绍的原始 XML 资源。这里所说的原始 XML 资源，是指一份格式良好的，没有特殊要求的普通 XML 文件。

在读取 xml 目录下保存的原始 XML 格式文件时，首先也需要调用 getResource()方法获得资源实例，然后通过调用资源实例的 getXml()方法获取到 XML 解析器——XmlResourceParser。

XmlResourceParser 是 Android 平台标准的 XML 解析器，这项技术来自开源的 XML 解析 API 项目 XMLPULL。

下面将通过一个具体的实例来介绍如何使用原始 XML 资源。

【例 8-5】 在 Eclipse 中创建 Android 项目，名称为 8-5，实现从保存客户信息的 XML 文件中读取客户信息并显示。

（1）修改新建项目的 res/layout 目录下的布局文件 activity_main.xml，为默认添加的 TextView 组件设置 ID 属性，并且修改默认显示的文本，关键代码如下。

```
<TextView
    android:id="@+id/show"
    android:layout_width="wrap_content"
    android:layout_height="wrap_content"
    android:text="正在读取XML文件..."  />
```

（2）在 res 目录中，创建一个名称为 xml 的目录，并在该目录中，创建一个名称为 customers.xml 的文件，在该文件中，添加一个名称为 customers 的根节点，并在该节点中，添加 3 个 customer 子节点，用于保存客户信息。customers.xml 文件的具体代码如下。

```
<customers>
    <customer name="mr" tel="0431-84******" email="mingrisoft@mingirsoft.com"/>
    <customer name="宁宁" tel="1363*******" email="mingrisoft@163.com"/>
    <customer name="琦琦" tel="130********" email="mingrisoft@163.com" />
    <customer name="婷婷" tel="159********" email="mingrisoft@mingrisoft.com" />
</customers>
```

（3）打开默认创建的 MainActivity，在 onCreate()方法中，首先获取 XML 文档，然后通过 while 循环（循环的条件是不能到文档的结尾）对该 XML 文档进行遍历。在遍历时，首先判断是否为指定的开始标记。如果是，则获取各属性；否则遍历下一个标记，一直遍历到文档的结尾，最后获取显示文本框，并将获取的结果显示到该文本框中。关键代码如下。

```
XmlResourceParser xrp=getResources().getXml(R.xml.customers);//获取XML文档
StringBuilder sb=new StringBuilder("");//创建一个空的字符串构建器
try {
    //如果没有到XML文档的结尾处
    while(xrp.getEventType()!=XmlResourceParser.END_DOCUMENT){
        if(xrp.getEventType()==XmlResourceParser.START_TAG){//判断是否为开始标记
            String tagName=xrp.getName(); //获取标记名
```

```
            if(tagName.equals("customer")){   //如果标记名是customer
                sb.append("姓名："+xrp.getAttributeValue(0)+"    ");    //获取客户姓名
                sb.append("电话："+xrp.getAttributeValue(1)+"    ");    //获取联系电话
                sb.append("E-mail："+xrp.getAttributeValue(2));         //获取E-mail
                sb.append("\n");            //添加换行符
            }
        }
        xrp.next();                  //下一个标记
    }
    TextView tv=(TextView)findViewById(R.id.show);   //获取显示文本框
    tv.setText(sb.toString());        //将获取到XML文件的内容显示到文本框中
} catch (XmlPullParserException e) {
    e.printStackTrace();
} catch (IOException e) {
    e.printStackTrace();
}
```

运行本实例，将从指定的 XML 文件中获取客户信息并显示，如图 8-12 所示。

图 8-12　从 XML 文件中读取客户信息

8.3　数据库存储

Android 系统集成了一个轻量级的关系数据库——SQLite，它不像 Oracle、MySQL 和 SQL Server 等那样专业，但是因为它占用资源少、运行效率高、安全可靠、可移植性强，并且提供零配置运行模式，非常适用于在资源有限的设备（如手机、平板电脑等）上进行数据存取。下面将对 SQLite 的基本操作进行介绍。

8.3.1　手动建库

手动建库

在 Android SDK 的 platform-tools 目录下提供了一个 sqlite3.exe 工具，它是一个简单的 SQLite 数据库管理工具，类似于 MySQL 提供的命令行窗口，可以通过手工输入命令完成数据库的创建和操作。

1．启动和退出 sqlite3

启动 sqlite3 需要先在系统的开始菜单的"运行"框中输入"cmd"命令（或者按键盘上的〈Windows+R〉

键调出运行对话框，在该对话框中输入"cmd"命令），进入到 DOS 窗口，然后再输入"adb shell"命令，进入到 Shell 命令模式，最后在#号右侧输入"sqlite3"，并按〈Enter〉键即可启动 sqlite3。命令执行结果如图 8-13 所示。

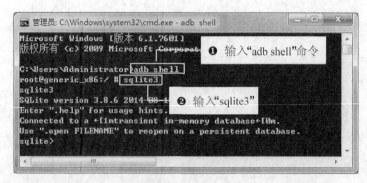

图 8-13　启动 sqlite3

启动 sqlite3 工具后，提示符从"#"变为"sqlite>"，表示已经进入到 SQLite 数据库交互模式，此时可以输入相应命令完成创建、修改或删除数据库的操作。要退出 sqlite3 可以使用".exit"命令，命令执行结果如图 8-14 所示。

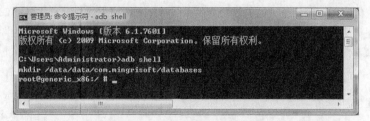

图 8-14　退出 sqlite3

2. 建立数据库目录

通常情况下，每个应用程序的数据库都保存在各自的/data/data/<包名>/databases 目录下。如果我们使用手动创建数据库，则必须先创建数据库目录。创建数据库目录可以在 Shell 命令模式下使用 mkdir 命令完成。例如，在/data/data/com.mingrisoft 目录下创建子目录 databases，可以使用下面的命令。

```
mkdir /data/data/com.mingrisoft/databases
```
命令执行结果如图 8-15 所示。

图 8-15　创建 databases 目录

 说明

如果是在模拟器上操作，目录创建完成后，可以在 DDMS 视图的 File Explorer 面板中，/data/data/com.mingrisoft/目录下看到这个目录。

3. 创建/打开数据库文件

在 SQLite 数据库中，每个数据库保存在一个单独的文件中，使用"sqlite3+数据库文件名"的方式可以打开数据库文件，如果指定的文件不存在，则自动创建新文件。但是有一点需要注意，如果想要在指定的目录下创建数据库文件，需要先应用 cd 命令进入到该目录下，然后再执行创建/打开数据库的命令。例如，要在已经创建的/data/data/com.mingrisoft/databases 目录下创建一个名称为 mr 的数据库，需要使用下面的两行命令。

```
cd /data/data/com.mingrisoft/databases
sqlite3 mr
```

命令执行结果如图 8-16 所示。

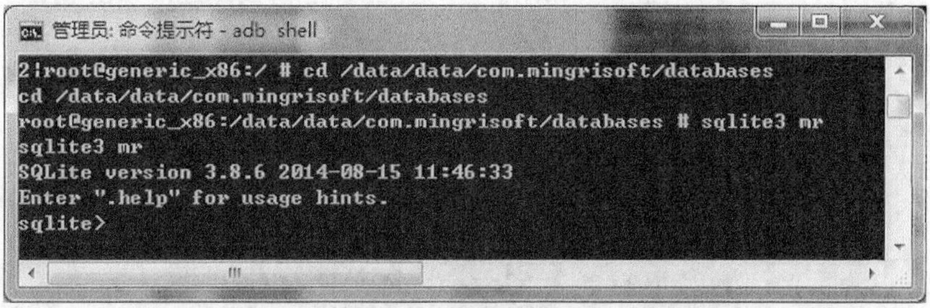

图 8-16 创建 mr 数据库

4. 创建数据表

在 SQLite 数据库中创建数据表使用 create table 命令实现。例如，创建一个名称为 user 的数据表，包含 3 个字段，分别为 id（整型的主键）、name（字符串类型，表示用户名，不允许为空）、pwd（字符串类型，表示密码）。代码如下。

```
create table user
(id integer primary key autoincrement,
name text not null,
pwd text);
```

命令执行结果如图 8-17 所示。

图 8-17 创建 user 数据表

5. 显示全部数据表

在 SQLite 数据库中，显示全部数据表使用.tables 命令实现。例如，通过下面的代码可以显示当前数据库 mr 中的全部数据表。

```
.tables
```

命令执行结果如图 8-18 所示。

图 8-18 显示全部数据表

6. 查看建立表时使用的 SQL 命令

在 SQLite 数据库中,查看建立表时使用的 SQL 命令可以使用.schema 命令实现。例如,通过下面的代码可以查看建立表 user 时使用的 SQL 命令。

.schema

命令执行结果如图 8-19 所示。

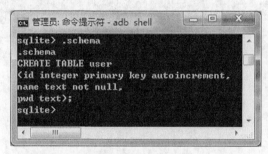

图 8-19 查看建立表时使用的 SQL 命令

7. 添加数据

在 SQLite 数据库中,添加数据可以使用 insert into 命令完成,例如,向数据表 user 中添加两条数据,可以使用下面的代码。

insert into user values(null,'mr','111');
insert into user values(null,'mingri','123');

命令执行结果如图 8-20 所示。

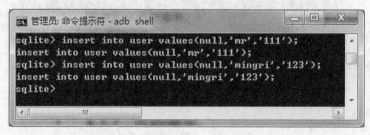

图 8-20 向数据表 user 中插入两条数据

8. 查询数据

在 SQLite 数据库中,查询数据可以使用 select 命令完成,例如,查询数据表 user 中的全部数据可以使用下面的代码。

select * from user;

命令执行结果如图 8-21 所示。

图 8-21 所示的查询结果不太直观，可以使用 .mode 命令更改结果输出格式。例如，可以使用 column 格式，执行下面的命令后，再应用 select 语句查询数据时，将显示图 8-22 所示的结果。

.mode column

图 8-21 查询数据表 user 的全部数据

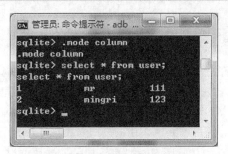

图 8-22 更改结果显示方式

9. 更新数据

在 SQLite 数据库中，更新数据可以使用 update 命令实现。update 命令的基本语法格式如下：

update 表名 set 字段名=新值 where 条件

例如，将 user 数据库表中 id 为 2 的用户密码修改为 mrsoft，可以使用下面的代码。

update user set pwd='mrsoft' where id=2;

命令执行结果如图 8-23 所示。

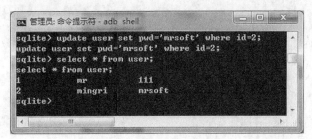

图 8-23 更新数据

在使用 update 命令更新数据时，一定要加上 where 子句，否则将更新全部记录。

10. 删除数据

在 SQLite 数据库中，删除数据可以使用 delete 命令实现。delete 命令的基本语法格式如下：

delete from 表名 where 条件

例如，将 user 数据库表中 id 为 1 的用户删除，可以使用下面的代码。

delete from user where id=1;

命令执行结果如图 8-24 所示。

图 8-24 删除数据

在使用 delete 命令删除数据时，一定要加上 where 子句，否则将删除全部记录。

8.3.2 代码建库

在开发手机应用时，一般会通过代码来动态创建数据库，即在程序运行时，首先尝试打开数据库，如果数据库不存在，则自动创建该数据库，然后再打开数据库。

在 Android 中，提供了一个数据库辅助类 SQLiteOpenHelper。在该类的构造器中，调用 Context 中的方法创建并打开一个指定名称的数据库。我们在应用这个类时，需要编写继承自 SQLiteOpenHelper 类的子类，并且重写 onCreate() 和 onUpgrade() 方法。下面通过创建个人理财通的数据库的实例来演示如何通过代码建库。

代码建库

【例 8-6】在 Eclipse 中创建 Android 项目，名称为 8-6，实现通过代码创建个人理财通的数据库。

（1）在 com.mingrisoft 包中，创建一个名称为 DBOpenHelper.java 的 Java 类，让它继承自 android.database.sqlite.SQLiteOpenHelper，并且重写 onCreate() 和 onUpgrade() 方法，关键代码如下。

```java
public class DBOpenHelper extends SQLiteOpenHelper {
    private static final int VERSION = 1;                    // 定义数据库版本号
    private static final String DBNAME = "account.db";       // 定义数据库名
    public DBOpenHelper(Context context){                    // 定义构造函数
        super(context, DBNAME, null, VERSION);               // 重写基类的构造函数
    }
    @Override
    public void onCreate(SQLiteDatabase db){                 // 创建数据库
        // 创建支出信息表
        db.execSQL("create table tb_outaccount (_id integer primary key,"+
                "money decimal,time varchar(10),"
                + "type varchar(10),address varchar(100),mark varchar(200))");
        // 创建收入信息表
        db.execSQL("create table tb_inaccount (_id integer primary key,"+
                "money decimal,time varchar(10),"
                + "type varchar(10),handler varchar(100),mark varchar(200))");
        db.execSQL("create table tb_pwd (password varchar(20))");   // 创建密码表
        db.execSQL("create table tb_flag (_id integer primary key,"+
                "flag varchar(200))");                       // 创建便签信息表
    }
    // 重写基类的onUpgrade()方法，以便数据库版本更新
    @Override
    public void onUpgrade(SQLiteDatabase db, int oldVersion, int newVersion){
    }
}
```

（2）打开默认创建的 MainActivity，在重写的 onCreate() 方法中，首先创建并初始化步骤（1）创建的 DBOpenHelper 类的对象，然后调用 getWritableDatabase() 方法初始化 SQLiteDatabase 对象，从而创建个人理财通的数据库及数据表。具体代码如下。

DBOpenHelper helper = new DBOpenHelper(this);   // 创建并初始化DBOpenHelper对象
SQLiteDatabase db = helper.getWritableDatabase();   // 初始化SQLiteDatabase对象

运行本实例，将创建个人理财通的数据库account.db，以及所应用的数据表。在DDMS视图的File Explorer面板中，/data/data/com.mingrisoft/databases目录下可以看到已经创建的数据库account.db，如图8-25所示。

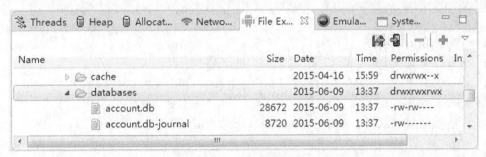

图8-25 已经创建的数据库

8.3.3 数据操作

最常用的数据操作是指添加、删除、更新和查询。对于这些操作，程序开发人员完全可以通过执行SQL语句来完成。但是这里推荐使用Android提供的专用类和方法来实现。SQLiteDatabase类提供了insert()、update()、delete()和query()方法，这些方法封装了执行添加、更新、删除和查询操作的SQL命令，所以我们可以使用这些方法来完成对应的操作，而不用去编写SQL语句了。

数据操作

1. 添加操作

SQLiteDatabase类提供了insert()方法用于向表中插入数据。insert()方法的基本语法格式如下。

public long insert (String table, String nullColumnHack, ContentValues values)

- table：用于指定表名。
- nullColumnHack：可选的，用于指定当values参数为空时，将哪个字段设置为null，如果values不为空，则该参数值可以设置为null。
- values：用于指定具体的字段值。它相当于Map集合，也是通过键值对的形式存储值的。

2. 更新操作

SQLiteDatabase类提供了update()方法用于更新表中的数据。update()方法的基本语法格式如下。

update(String table, ContentValues values, String whereClause, String[] whereArgs)

- table：用于指定表名。
- values：用于指定要更新的字段及对应的字段值。它相当于Map集合，也是通过键值对的形式存储值的。
- whereClause：用于指定条件语句，可以使用占位符（？）。
- whereArgs：当条件表达式中包含占位符（？）时，该参数用于指定各占位参数的值。如果不包括占位符，该参数值可以设置为null。

3. 删除操作

SQLiteDatabase类提供了delete()方法用于从表中删除数据。delete()方法的基本语法格式如下。

delete(String table, String whereClause, String[] whereArgs)

- table：用于指定表名。

- whereClause：用于指定条件语句，可以使用占位符（?）。
- whereArgs：当条件表达式中包含占位符（?）时，该参数用于指定各占位参数的值。如果不包括占位符，该参数值可以设置为 null。

4．查询操作

SQLiteDatabase 类提供了 query()方法用于查询表中的数据。query()方法的基本语法格式如下。

query(String table, String[] columns, String selection, String[] selectionArgs, String groupBy, String having, String orderBy, String limit)

- table：用于指定表名。
- columns：用于指定要查询的列。若为空，则返回所有列。
- selection：用于指定 where 子句，即指定查询条件，可以使用占位符（?）。
- selectionArgs：where 子句对应的条件值，当条件表达式中包含占位符（?）时，该参数用于指定各占位参数的值。如果不包括占位符，该参数值可以设置为 null。
- groupBy：用于指定分组方式。
- having：用于指定 having 条件。
- orderBy：用于指定排序方式，为空表示采用默认排序方式。
- limit：用于限制返回的记录条数，为空表示不限制。

query()方法的返回值为 Cursor 对象。该对象中保存着查询结果，但是这个结果并不是数据集合的完整复制，而是数据集的指针。通过它提供的多种移动方式，我们可以获取数据集合中的数据。Cursor 类提供的常用方法如表 8-1 所示。

表 8-1 Cursor 类提供的常用方法

方法	说明
moveToFirst()	用于将指针移动到第一条记录上
moveToNext()	用于将指针移动到下一条记录上
moveToPrevious()	用于将指针移动到上一条记录上
getCount()	用于获取集合的记录数量
getColumnIndexOrThrow()	用于返回指定字段名称的序号，如果字段不存在，则产生异常
getColumnName()	用于返回指定序号的字段名称
getColumnNames()	用于返回字段称的字符串数组
getColumnIndex()	用于根据字段名称返回序号
moveToPosition()	用于将指针移动到指定的记录上
getPosition()	用于返回当前指针的位置

下面通过一个具体的实例来演示如何使用 insert()、update()、delete()和 query()方法实现对数据的操作。

【例 8-7】 在 Eclipse 中复制例 8-6 的项目，设置名称为 8-7，实现向个人理财通的数据库中添加、删除、更新和查询收入信息。

（1）修改新建项目的 res/layout 目录下的布局文件 activity_main.xml，将默认添加的相对布局管理器修改为垂直的线性布局管理器，然后将默认添加的文本框组件删除，再添加 4 个按钮，并设置它的 ID 属性，关键代码如下。

```
<Button
    android:id="@+id/bt_insert"
```

```
        android:layout_width="wrap_content"
        android:layout_height="wrap_content"
        android:text="插入" />
    <Button
        android:id="@+id/bt_update"
        android:layout_width="wrap_content"
        android:layout_height="wrap_content"
        android:text="更新" />
    <Button
        android:id="@+id/bt_query"
        android:layout_width="wrap_content"
        android:layout_height="wrap_content"
        android:text="查询" />
    <Button
        android:id="@+id/bt_delete"
        android:layout_width="wrap_content"
        android:layout_height="wrap_content"
        android:text="删除" />
```

（2）打开 MainActivity，在该类中定义常量，用于保存要操作的数据表，具体代码如下。

```
private final String TABLENAME="tb_inaccount";      //收入信息表
```

（3）获取布局文件中添加的"添加"按钮，并为其添加单击事件监听器，在重写的 onClick()方法中，调用 insert()方法向收入信息表中添加一条记录，关键代码如下。

```
//插入数据
Button bt_insert=(Button)findViewById(R.id.bt_insert);
bt_insert.setOnClickListener(new OnClickListener() {

    @Override
    public void onClick(View v) {
        ContentValues values=new ContentValues();
        values.put("money", 5000);
        values.put("time", "2015-06-10");
        values.put("type", "工资");
        values.put("handler", "明日科技");
        values.put("mark", "5月份工资");
        db.insert(TABLENAME,null , values);
    }
});
```

（4）获取布局文件中添加的"更改"按钮，并为其添加单击事件监听器，在重写的 onClick()方法中，调用 update()方法将"付款方"为"明日科技"修改为"吉林省明日科技有限公司"，关键代码如下。

```
Button bt_update=(Button)findViewById(R.id.bt_update);
bt_update.setOnClickListener(new OnClickListener() {

    @Override
    public void onClick(View v) {
        ContentValues values=new ContentValues();
        values.put("handler", "吉林省明日科技有限公司");      //修改付款方字段
        db.update(TABLENAME, values,"handler='明日科技'",null);
    }
});
```

（5）获取布局文件中添加的"查询"按钮，并为其添加单击事件监听器，在重写的onClick()方法中，调用query()方法查询全部收入信息，并显示到LogCat面板中，关键代码如下。

```java
Button bt_query=(Button)findViewById(R.id.bt_query);
bt_query.setOnClickListener(new OnClickListener() {
    @Override
    public void onClick(View v) {
        Cursor cursor=db.query(TABLENAME,null, null, null, null, null, null);
        //遍历查询结果输出到LogCat
        if(cursor.moveToFirst()){
            while(!cursor.isAfterLast()){
                Log.i("查询结果","ID:"+cursor.getInt(0)+
                    " 金额："+cursor.getFloat(1)+" 时间："+cursor.getString(2)+
                    " 类型："+cursor.getString(3)+" 付款方："+cursor.getString(4)+
                    " 备注："+cursor.getString(5));
                cursor.moveToNext();        //移动下一条
            }
        }
    }
});
```

（6）获取布局文件中添加的"删除"按钮，并为其添加单击事件监听器，在重写的onClick()方法中，调用delete()方法删除_id字段值为1的记录，关键代码如下。

```java
Button bt_delete=(Button)findViewById(R.id.bt_delete);
bt_delete.setOnClickListener(new OnClickListener() {

    @Override
    public void onClick(View v) {
        db.delete(TABLENAME,"_id=?" , new String[]{"1"});
    }
});
```

运行本实例，将显示图8-26所示的页面，在该页面中，单击"插入"按钮，将向数据库中插入一条新记录；单击"更新"按钮，会将数据库中所有"付款方"为"明日科技"的记录的付款方字段的值修改为"吉林省明日科技有限公司"；单击"查询"按钮，会将所有的记录输出到LogCat面板中；单击"删除"按钮，会将_id字段值为1的记录删除。

图8-26　页面运行结果

单击"插入"按钮后，单击"查询"按钮查询插入结果，再单击"更新"按钮，然后再单击"查询"按钮，在LogCat面板中，可以看到图8-27所示的查询结果。

图 8-27　在 LogCat 面板显示的查询结果

8.4　数据共享

Android 应用程序运行在不同的进程中，因此不同的应用程序的数据是不能够直接访问的。为了增强程序之间的数据共享能力，Android 系统提供了 Content Provider。通过它可以保存和获取数据并使其对所有应用程序可见，从而可以实现不同应用程序间共享数据。下面将详细介绍如何应用 Content Provider 实现数据共享。

8.4.1　Content Provider 概述

Content Provider 内部如何保存数据由其设计者决定，但是所有的 Content Provider 都实现一组通用的方法用来提供数据的增、删、改、查功能。

客户端通常不会直接使用这些方法，大多数是通过 ContentResolver 对象实现对 Content Provider 的操作。开发人员可以通过调用 Activity 或者其他应用程序组件的实现类的 getContentResolver()方法来获得 ContentProvider 对象，例如，

Content Provider
概述

ContentResolver cr = getContentResolver();

使用 ContentResolver 提供的方法可以获得 Content Provider 中任何感兴趣的数据。

当开始查询时，Android 系统确认查询的目标 Content Provider 并确保它正在运行。系统会初始化所有 ContentProvider 类的对象，开发人员不必完成此类操作。实际上，开发人员根本不会直接使用 ContentProvider 类的对象。通常，每个类型的 ContentProvider 仅有一个单独的实例。但是该实例能与位于不同应用程序和进程的多个 ContentResolver 类对象通信。不同进程之间的通信由 ContentProvider 类和 ContentResolver 类处理。

1．数据模型

Content Provider 使用基于数据库模型的简单表格来提供其中的数据，这里每行代表一条记录，每列代表特定类型和含义的数据。例如，联系人的信息可能以如表 8-2 所示的方式提供。

表 8-2　联系方式

_ID	NAME	NUMBER	EMAIL
001	张××	123*****	123**@163.com
002	王××	132*****	132**@163.com
003	李××	312*****	312**@qq.com
004	赵××	321*****	321**@126.com

每条记录包含一个数值型的_ID 字段，它用于在表格中唯一标识该记录。ID 能用于匹配相关表格中的记录，例如在一个表格中查询联系人电话号码，在另一表格中查询其照片。

 ID 字段前还包含了一个下划线，请读者在编写代码时不要忘记。

查询返回一个 Cursor 对象，它能遍历各行各列来读取各个字段的值。对于各个类型的数据，它都提供了专用的方法。因此，为了读取字段的数据，开发人员必须知道当前字段包含的数据类型。

2．URI 的用法

每个 Content Provider 提供公共的 URI（使用 Uri 类包装）来唯一标识其数据集。管理多个数据集（多个表格）的 Content Provider 为每个数据集都提供了单独的 URI。所有为 provider 提供的 URI 都以"content://"作为前缀，"content://"模式表示数据由 Content Provider 来管理。

如果自定义 Content Provider，则应该为其 URI 也定义一个常量，来简化客户端代码并让日后更新更加简洁。Android 为当前平台提供的 Content Provider 定义了 CONTENT_URI 常量。匹配电话号码到联系人表格的 URI 和匹配保存联系人照片表格的 URI 分别如下。

android.provider.Contacts.Phones.CONTENT_URI
android.provider.Contacts.Photos.CONTENT_URI

URI 常量用于所有与 Content Provider 的交互中。每个 ContentResolver 方法使用 URI 作为其第一个参数。它标识 ContentResolver 应该使用哪个 provider 及其中的哪个表格。

下面是 Content URI 重要部分的总结：

content://com.mingrisoft.employeeprovider/dba/001
     A   B   C   D

A：标准的前缀，用于标识该数据由 Content Provider 管理。它永远不用修改。

B：URI 的 authority 部分，它标识该 Content Provider。对于第三方应用，该部分应该是完整的类名（使用小写形式）来保证唯一性。在<provider>元素的 authorities 属性中声明 authority。

C：Content Provider 的路径部分，用于决定哪类数据被请求。如果 Content Provider 仅提供一种数据类型，这部分可以没有。如果 provider 提供几种类型，包括子类型，这部分可以由几部分组成。

D：被请求的特定记录的 ID 值。这是被请求记录的_ID 值，如果请求不仅限于单条记录，该部分及其前面的斜线应该删除。

content://com.mingrisoft.employeeprovider/dba

8.4.2 创建数据提供者

程序开发人员可以通过继承 ContentProvider 类，创建一个新的数据提供者。通常情况下，需要完成以下操作。

❑ 继承 ContentProvider 类来提供数据访问方式。
❑ 在应用程序的 AndroidManifest 文件中声明 Content Provider。

下面分别进行介绍。

创建数据提供者

1．继承 ContentProvider 类

开发人员定义 ContentProvider 类的子类以便使用 ContentResolver 和 Cursor 类带来的便捷来共享数据。原则上，这意味着需要实现 ContentProvider 类定义的以下 6 个抽象方法。

```
public boolean onCreate()
public Cursor query(Uri uri, String[] projection, String selection, String[] selectionArgs, String sortOrder)
public Uri insert(Uri uri, ContentValues values)
public int update(Uri uri, ContentValues values, String selection, String[] selectionArgs)
public int delete(Uri uri, String selection, String[] selectionArgs)
public String getType(Uri uri)
```

各个方法的说明如表 8-3 所示。

表 8-3 ContentProvider 中抽象说明

方法	说明
onCreate()	用于初始化 provider
query()	返回数据给调用者
insert()	插入新数据到 Content Provider
update()	更新 Content Provider 中已经存在的数据
delete()	从 Content Provider 中删除数据
getType()	返回 Content Provider 数据的 MIME 类型

query()方法必须返回 Cursor 对象，它用于遍历查询结果。Cursor 自身是一个接口，但是 Android 提供了一些该接口的实现类，例如，SQLiteCursor 能遍历存储在 SQLite 数据库中的数据。通过调用 SQLiteDatabase 类的 query()方法可以获得 Cursor 对象。它们都位于 android.database 包中，其继承关系如图 8-28 所示。

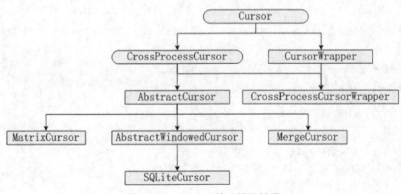

图 8-28 Cursor 接口继承关系

 圆角矩形表示接口，非圆角矩形表示类。

由于这些 ContentProvider 方法能被位于不同进程和线程的不同 ContentResolver 对象调用，因此它们必须以线程安全的方式实现。

此外，开发人员可能也想调用 ContentResolver.notifyChange()方法以便在数据修改时通知监听器。

除了定义子类自身，还应采取一些其他措施以便简化客户端工作并让类更加易用：

（1）定义 public static final Uri CONTENT_URI 变量（CONTENT_URI 是变量名称），该字符串表示自定义的 Content Provider 处理的完整 content:URI。开发人员必须为该值定义唯一的字符串。最佳的解决方式是使用 Content Provider 的完整类名（小写），例如，EmployeeProvider 的 URI 可能按如下定义。

```
public static final Uri CONTENT_URI = Uri.parse("content://com.mingrisoft.employeeprovider");
```

如果 provider 包含子表，也应该为各个子表定义 URI。这些 URI 应该有相同的 authority（因为它标识 Content Provider）然后使用路径进行区分，例如：

```
content://com.mingrisoft.employeeprovider/dba
content://com.mingrisoft.employeeprovider/programmer
content://com.mingrisoft.employeeprovider/ceo
```

（2）定义 Content Provider 将返回给客户端的列名。如果开发人员使用底层数据库，这些列名通常与 SQL 数据库列名相同。同样定义 public static String 常量，客户端用它们来指定查询中的列和其他指令。确保包含名为"_ID"的整数列用来作为记录的 ID 值，无论记录中其他字段是否唯一，例如 URL，开发人员都应该包含该字段。如果打算使用 SQLite 数据库，_ID 字段应该是如下类型。

```
INTEGER PRIMARY KEY AUTOINCREMENT
```

（3）仔细注释每列的数据类型，客户端需要使用这些信息来读取数据。

（4）如果开发人员正在处理新数据类型，则必须定义新的 MIME 类型以便在 ContentProvider.getType() 方法实现中返回。

（5）如果开发人员提供的 byte 数据太大而不能放到表格中，例如 bitmap 文件，那么提供给客户端的字段应该包含 content:URI 字符串。

2. 声明 Content Provider

为了让 Android 系统知道开发人员编写的 Content Provider，应该在应用程序的 AndroidManifest.xml 文件中定义<provider>元素。没有在配置文件中声明的自定义 Content Provider 对于 Android 系统不可见。

name 属性的值是 ContentProvider 类的子类的完整名称。authorities 属性是 provider 定义的 content:URI 中 authority 部分。ContentProvider 的子类是 EmployeeProvider，<provider>元素应该如下。

```
<provider android:name="com.mingrisoft.EmployeeProvider"
          android:authorities="com.mingrisoft.employeeprovider"
    .../>
</provider>
```

authorities 属性删除了 content:URI 中的路径部分。

其他<provider>属性能设置读写数据的权限，提供显示给用户的图标或文本，启用或禁用 provider 等。如果数据不需要在多个运行着的 Content Provider 间同步，则设置 multiprocess 为 true。这允许在各个客户端进程创建一个 provider 实例，从而避免执行 IPC。

8.4.3 使用数据提供者

Android 系统为常用数据类型提供了很多预定义的 Content Provider（声音、视频、图片、联系人等），它们大都位于 android.provider 包中。开发人员可以查询这些 provider 以获得其中包含的信息（尽管有些需要适当的权限来读取数据）。Android 系统提供的常见 Content Provider 说明如下：

❑ Browser：读取或修改书签、浏览历史或网络搜索。
❑ CallLog：查看或更新通话历史。

使用数据提供者

- Contacts：获取、修改或保存联系人信息。
- LiveFolders：由 ContentProvider 提供内容的特定文件夹。
- MediaStore：访问声音、视频和图片。
- Setting：查看和获取蓝牙设置、铃声和其他设备偏好。
- SearchRecentSuggestions：能被配置以使用查找意见 provider 操作。
- SyncStateContract：用于使用数据数组账号关联数据的 ContentProvider 约束。希望使用标准方式保存数据的 provider 可以使用它。
- UserDictionary：在可预测文本输入时，提供用户定义单词给输入法使用。应用程序和输入法能增加数据到该字典。单词能关联频率信息和本地化信息。

1．查询数据

开发人员需要下面 3 条信息才能查询 Content Provider 中的数据：
- 标识该 Content Provider 的 URI；
- 需要查询的数据字段名称；
- 字段中数据的类型。

如果查询特定的记录，则还需要提供该记录的 ID 值。

为了查询 Content Provider 中的数据，开发人员需要使用 ContentResolver.query()或 Activity.managedQuery()方法。这两个方法使用相同的参数，并且都返回 Cursor 对象。然而，managedQuery()方法导致 Activity 管理 Cursor 的生命周期。托管的 Cursor 处理所有的细节，例如当 Activity 暂停时卸载自身，当 Activity 重启时加载自身。调用 Activity.startManagingCursor()方法可以让 Activity 管理未托管的 Cursor 对象。

query()和 managedQuery()方法的第一个参数是 provider 的 URI，即标识特定 ContentProvider 和数据集的 CONTENT_URI 常量。

为了限制仅返回一条记录，可以在 URI 结尾增加该记录的_ID 值，即将匹配 ID 值的字符串作为 URI 路径部分的结尾片段。例如，ID 值是 10，URI 将是：

content://.../10

有些辅助方法，特别是 ContentUris.withAppendedId()和 Uri.withAppendedPath()，能轻松地将 ID 增加到 URI。这两个方法都是静态方法并返回一个增加了 ID 的 Uri 对象。

query()和 managedQuery()方法其他参数用来更加细致的限制查询结果，它们是：
- 应该返回的数据列名称。null 值表示返回全部列，否则，仅返回列出的列。全部预定义 Content Provider 为其列都定义了常量。例如 android.provider.Contacts.Phones 类定义了_ID、NUMBER、NUMBER_KEY、NAME 等常量。
- 决定哪些行被返回的过滤器，格式类似 SQL 的 WHERE 语句（但是不包含 WHERE 自身）。null 值表示返回全部行（除非 URI 限制查询结果为单行记录）。
- 选择参数。
- 返回记录的排序器，格式类似 SQL 的 ORDER BY 语句（但是不包含 ORDER BY 自身）。null 值表示以默认顺序返回记录，这可能是无序的。

查询返回一组零条或多条数据库记录。列名、默认顺序和数据类型对每个 Content Provider 都是特别的，但是每个 provider 都有一个_ID 列，它为每条记录保存唯一的数值 ID。每个 provider 也能使用_COUNT 报告返回结果中记录的行数，该值在各行都是相同的。

获得数据使用 Cursor 对象处理，它能向前或者向后遍历整个结果集，开发人员可以使用它来读取数据。增加、修改和删除数据则必须使用 ContentResolver 对象。

2. 增加记录

为了向 Content Provider 中增加新数据，首先需要在 ContentValues 对象中建立键值对映射，这里每个键匹配 content provider 中列名，每个值是该列中希望增加的值。然后调用 ContentResolver.insert() 方法并传递给它 provider 的 URI 参数和 ContentValues 映射。该方法返回新记录的完整 URI，即增加了新记录 ID 的 URI。开发人员可以使用该 URI 来查询并获取该记录的 Cursor，以便修改该记录。

3. 增加新值

一旦记录存在，开发人员可以向其增加新信息或者修改已经存在的信息。增加记录到 Contacts 数据库的最佳方式是增加保存新数据的表名到代表记录的 URI，然后使用组装好的 URI 来增加新数据。每个 Contacts 表格以 CONTENT_DIRECTORY 常量的方式提供名称作为该用途。

开发人员可以调用使用 byte 数组作为参数的 ContentValues.put() 方法向表格中增加少量二进制数据。这适用于诸如类似小图标的图片、短音频片段等。然而，如果需要增加大量二进制数据，例如图片或者完整的歌曲，保存代表数据的 content:URI 到表格，然后使用文件 URI 调用 ContentResolver.openOutputStream() 方法。这导致 Content Provider 保存数据到文件并在记录的隐藏字段保存文件路径。

4. 批量更新记录

为了批量更新数据（例如，将全部字段中"NY"替换成"New York"）使用 ContentResolver.update() 方法并提供需要修改的列名和值。

5. 删除记录

如果需要删除单条记录，调用 ContentResolver.delete() 方法并提供特定行的 URI。

如果需要删除多条记录，调用 ContentResolver.delete() 方法并提供删除记录类型的 URI（例如，android.provider.Contacts.People.CONTENT_URI）和一个 SQL WHERE 语句，它定义哪些行需要删除。

请确保提供了一个合适的 WHERE 语句，否则可能删除全部数据。

【例 8-8】 在 Eclipse 中创建项目，设置名称为 8-8，实现查询通信录中全部联系人的姓名和手机号码。

（1）修改新建项目的 res/layout 目录下的布局文件 activity_main.xml，将默认添加的文本框组件设置 ID 属性，关键代码如下。

```
<TextView
    android:id="@+id/result"
    android:layout_width="wrap_content"
    android:layout_height="wrap_content"
    android:text="正在获取通信录信息..." />
```

（2）打开 MainActivity，定义一个成员变量，类型为字符串数组，用于指定要获取的列，关键代码如下。

```
private String[] columns = { Contacts._ID,            // 获得ID值
    Contacts.DISPLAY_NAME,                             // 获得姓名
    Phone.NUMBER,                                      // 获得电话
    Phone.CONTACT_ID};
```

（3）编写 getQueryData() 方法，用于从通信录中获取联系人姓名和手机号码，具体代码如下。

```
private String getQueryData() {
```

```
        StringBuilder sb = new StringBuilder();                    // 用于保存字符串
        ContentResolver resolver = getContentResolver();           // 获得ContentResolver对象
        // 查询记录
        Cursor cursor = resolver.query(Contacts.CONTENT_URI, null, null, null, null);
        while (cursor.moveToNext()) {
            int idIndex = cursor.getColumnIndex(columns[0]);       // 获得ID值的索引
            int displayNameIndex = cursor.getColumnIndex(columns[1]);  // 获得姓名索引
            int id = cursor.getInt(idIndex);                       // 获得id
            String displayName = cursor.getString(displayNameIndex);   // 获得名称
            Cursor phone = resolver.query(Phone.CONTENT_URI, null, columns[3] +
                    "=" + id, null, null);
            while (phone.moveToNext()) {
                int phoneNumberIndex = phone.getColumnIndex(columns[2]);  // 获得电话索引
                String phoneNumber = phone.getString(phoneNumberIndex);   // 获得电话
                sb.append(displayName + ": " + phoneNumber + "\n");       // 保存数据
            }
        }
        cursor.close();// 关闭游标
        return sb.toString();
    }
```

（4）在onCreate()方法中获得布局文件中添加的文本框组件，并设置其显示文本为调用QueryData()方法获得的联系人信息，代码如下。

```
TextView tv = (TextView) findViewById(R.id.result);    // 获得布局文件中的文本框
tv.setText(getQueryData());                            // 为文本框设置显示文本
```

（5）在AndroidManifest文件中增加读取联系人记录的权限，代码如下：

```
<uses-permission android:name="android.permission.READ_CONTACTS"/>
```

运行本实例，将显示图8-29所示的联系人姓名和电话。

图8-29 查询联系人姓名和电话

小 结

本章首先介绍了 Android 系统中提供的最简单的永久性保存数据的方式——Shared Preferences；然后介绍了直接使用文件系统保存数据的几种方法；接下来又介绍了使用 SQLite 进行数据库存储；最后介绍了如何使用 Content Provider 实现数据共享。本章的介绍的内容在实际项目开发中经常使用，希望大家认真学习，为以后进行实际项目开发打下良好的基础。

上机指导

实现向 SQLite 数据库中批量添加数据，并通过 ListView 显示添加后的数据。程序运行效果如图 8-30 所示。

图 8-30　批量添加数据并显示

开发步骤如下：

（1）在 Eclipse 中创建 Android 项目，名称为 batchAdding。

（2）修改新建项目的 res/layout 目录下的布局文件 activity_main.xml，将默认添加的相对布局管理器修改为垂直线性布局管理器，然后添加一个 Button 按钮和一个 ListView 组件。关键代码如下。

```
<Button
    android:id="@+id/add"
    android:layout_width="match_parent"
    android:layout_height="wrap_content"
    android:text="开始添加数据" />
<ListView
    android:id="@+id/list"
    android:layout_width="match_parent"
    android:layout_height="wrap_content"
    android:dividerHeight="3dp"
    android:footerDividersEnabled="false"
    android:headerDividersEnabled="false" >
```

```
</ListView>
```

（3）在com.mingrisoft.util 包中创建 DataBean 类，用来封装数据表中的相关字段信息，其代码如下。

```
public class DataBean {
    private int id;
    private int number;
    private int square;
    private int cube;
    public DataBean() {
    }
    public int getId() {
        return id;
    }
    public int getNumber() {
        return number;
    }
    public void setNumber(int number) {
        this.number = number;
    }
    public int getSquare() {
        return square;
    }
    public void setSquare(int square) {
        this.square = square;
    }
    public int getCube() {
        return cube;
    }
    public void setCube(int cube) {
        this.cube = cube;
    }
}
```

（4）在com.mingrisoft.util 包中创建 DBHelper 类，其中定义了若干字段来保存与数据库相关的信息。DBOpenHelper 类继承了 SQLiteOpenHelper 类，它提供了创建表格的功能。insert()方法用于向数据库表格中保存数据；queryAll()方法用于查询全部数据，其代码如下。

```
public class DBHelper {
    private static final String DATABASE_NAME = "datastorage";// 保存数据库名称
    private static final int DATABASE_VERSION = 1;// 保存数据库版本号
    private static final String TABLE_NAME = "numbers";// 保存表名称
    private static final String[] COLUMNS = { "_id", "number", "square", "cube" };
    private DBOpenHelper helper;
    private SQLiteDatabase db;
    private static class DBOpenHelper extends SQLiteOpenHelper {
        // 定义创建表格的SQL语句
        private static final String CREATE_TABLE = "create table " + TABLE_NAME + " ("
                + COLUMNS[0] + " integer primary key autoincrement, " + COLUMNS[1]
                + " integer, " + COLUMNS[2] + " integer, " + COLUMNS[3] + " integer);";
        public DBOpenHelper(Context context) {
            super(context, DATABASE_NAME, null, DATABASE_VERSION);
        }
```

```
        @Override
        public void onCreate(SQLiteDatabase db) {
            db.execSQL(CREATE_TABLE);// 创建表格
        }
        @Override
        public void onUpgrade(SQLiteDatabase db, int oldVersion, int newVersion) {
            db.execSQL("drop table if exists " + TABLE_NAME);// 删除旧版表格
            onCreate(db);// 创建表格
        }
    }
    public DBHelper(Context context) {
        helper = new DBOpenHelper(context);// 创建SQLiteOpenHelper对象
        db = helper.getWritableDatabase();// 获得可写的数据库
    }
    public void insert(DataBean data) {// 向表格中插入数据
        ContentValues values = new ContentValues();
        values.put(COLUMNS[1], data.getNumber());
        values.put(COLUMNS[2], data.getSquare());
        values.put(COLUMNS[3], data.getCube());
        db.insert(TABLE_NAME, null, values);
    }
    public List<String> queryAll() {
        List<String> result = new ArrayList<String>();
        Cursor cursor = db.query(TABLE_NAME, COLUMNS, null, null, null, null, null);
        while (cursor.moveToNext()) {
            result.add(cursor.getInt(1) + " " + cursor.getInt(2) +
                    " " + cursor.getInt(3));
        }
        return result;
    }
}
```

（5）在 res/raw 目录下，创建一个名称为 data 的文件，用于指定要添加的数据，内容如下。

```
1 1 1
2 4 8
3 9 27
4 16 64
5 25 125
6 36 216
7 49 343
8 64 512
9 81 729
```

（6）打开 MainActivity 类，在重写的 onCreate()方法中，获取布局文件中添加的"开始添加数据"按钮，并为其设置单击事件监听器，在重写的 onClick()方法中，获得 data 文件中的数据，并将其保存到 SQLite 数据库中，然后再从数据库中获取已经添加的数据并显示到 ListView 中，关键代码如下。

```
Button btn=(Button)findViewById(R.id.add);        //获取"开始添加数据"按钮
btn.setOnClickListener(new OnClickListener() {
```

```java
            @Override
            public void onClick(View v) {
                /*****************批量添加数据*****************/
                DBHelper helper = new DBHelper(MainActivity.this);
                InputStream is = getResources().openRawResource(R.raw.data);   // 获得输入流
                Scanner scanner = new Scanner(is);
                while (scanner.hasNextLine()) {
                    String line = scanner.nextLine();              // 获得一行数据
                    String[] data = line.split(" ");               // 使用空格将数据分行
                    DataBean db = new DataBean();
                    db.setNumber(Integer.parseInt(data[0]));       // 设置number值
                    db.setSquare(Integer.parseInt(data[1]));       // 设置square值
                    db.setCube(Integer.parseInt(data[2]));         // 设置cube值
                    helper.insert(db);//  向数据库中插入一条数据
                }
                /*******************************************/
                ListView lv = (ListView) findViewById(R.id.list);// 获得列表视图
                ArrayAdapter<String> fileList = new ArrayAdapter<String>(MainActivity.this, R.layout.list_item, helper.queryAll());
                lv.setAdapter(fileList);                             // 设置列表适配器
            }
        });
```

完成以上操作后，在左侧的"包资源管理器"中的项目名称节点上，单击鼠标右键，在弹出的快捷菜单中，选择"运行方式"/Android Application 菜单项就可以通过模拟器来运行程序了。

习 题

8-1 Android 中提供了哪两种方法用来获得 SharedPreferences 对象？

8-2 什么是内部存储和外部存储？

8-3 进行内部存储常用哪两个类中的什么方法？

8-4 简述 res 目录下的 raw 和 xml 子目录的区别。

8-5 什么是 SQLite？

8-6 如何创建/打开数据库文件？

8-7 简述 Content Provider 的作用。

8-8 简述 Content Provider 提供的 URI 的用法。

第 9 章
图像绘制技术

本章要点：

- 常用绘图类
- 绘制几何图形
- 如何绘制文本、路径和图片
- OpenGL简介
- 绘制3D模型
- 为3D图形添加纹理贴图、旋转、光照效果和透明效果

■ 图像绘制技术在 Android 中非常重要，特别是在开发益智类游戏或者 3D 游戏时，都离不开图像绘制技术的支持。本章将对 Android 提供的绘制 2D 图像和应用 OpenGL 实现 3D 图形等内容进行详细介绍。

9.1 绘制 2D 图像

9.1.1 常用绘图类

在 Android 中，绘制图像时，最常应用的就是 Paint 类、Canvas 类、Bitmap 类和 BitmapFactory 类，其中 Paint 类代表画笔，Canvas 类代表画布。在现实生活中，有画笔和画布我们就可以正常画画了，在 Android 中，也是如此，通过 Paint 类和 Canvas 类就可绘制图像了。下面将对这 4 个类进行详细介绍。

常用绘图类

1. Paint 类

Paint 类代表画笔，它用来描述图形的颜色和风格，如线宽、颜色、透明度和填充效果等信息。使用 Paint 类时，需要先创建该类的对象，这可以通过该类提供的构造方法来实现。通常情况下，只需要使用 Paint()方法来创建一个使用默认设置的 Paint 对象，具体代码如下。

Paint paint=new Paint();

创建 Paint 类的对象后，还可以通过该对象提供的方法来对画笔的默认设置进行改变，例如，改变画笔的颜色、笔触宽度等。用于改变画笔设置的常用方法如表 9-1 所示。

表 9-1 Paint 类的常用方法

方法	描述
setARGB(int a, int r, int g, int b)	用于设置颜色，各参数值均为 0~255 之间的整数，分别用于表示透明度、红色、绿色和蓝色值
setColor(int color)	用于设置颜色，参数 color 可以通过 Color 类提供的颜色常量指定，也可以通过 Color.rgb(int red,int green,int blue)方法指定
setAlpha(int a)	用于设置透明度，值为 0~255 之间的整数
setAntiAlias(boolean aa)	用于指定是否使用抗锯齿功能，如果使用会使绘图速度变慢
setDither(boolean dither)	用于指定是否使用图像抖动处理，如果使用会使图像颜色更加平滑和饱满，而且更加清晰
setPathEffect(PathEffect effect)	用于设置绘制路径时的路径效果，例如点画线
setShader(Shader shader)	用于设置渐变，可以使用 LinearGradient（线性渐变）、RadialGradient（径向渐变）或者 SweepGradient（角度渐变）
setShadowLayer(float radius, float dx, float dy, int color)	用于设置阴影，参数 radius 为阴影的角度，dx 和 dy 为阴影在 x 轴和 y 轴上的距离，color 为阴影的颜色。如果参数 radius 的值为 0，那么将没有阴影
setStrokeCap(Paint.Cap cap)	用于当画笔的填充样式为 STROKE 或 FILL_AND_STROKE 时，设置笔刷的图形样式，参数值可以是 Cap.BUTT、Cap.ROUND 或 Cap.SQUARE。主要体现在线的端点上
setStrokeJoin(Paint.Join join)	用于设置画笔转弯处的连接风格，参数值为 Join.BEVEL、Join.MITER 或 Join.ROUND
setStrokeWidth(float width)	用于设置笔触的宽度

续表

方法	描述
setStyle(Paint.Style style)	用于设置填充风格，参数值为 Style.FILL、Style.FILL_AND_STROKE 或 Style.STROKE
setTextAlign(Paint.Align align)	用于设置绘制文本时的文字对齐方式，参数值为 Align.CENTER、Align.LEFT 或 Align.RIGHT
setTextSize(float textSize)	用于设置绘制文本时的文字的大小
setFakeBoldText(boolean fakeBoldText)	用于设置是否为粗体文字
setXfermode(Xfermode xfermode)	用于设置图形重叠时的处理方式，例如合并、取交集或并集，经常用来制作橡皮的擦除效果

例如，要定义一个画笔，指定该画笔的颜色为红色，带一个深灰色的阴影，可以使用下面的代码。

Paint paint=new Paint();
paint.setColor(Color.RED);
paint.setShadowLayer(2, 3, 3, Color.rgb(90, 90, 90));

应用该画笔，在画布上绘制一个带阴影的矩形的效果如图 9-1 所示。

图 9-1　绘制带阴影的矩形

2. Canvas 类

Canvas 类代表画布，通过该类提供的方法，我们可以绘制各种图形（例如，矩形、圆形和线条等）。通常情况下，要在 Android 中绘图，需要先创建一个继承自 View 类的视图，并且在该类中重写它的 onDraw(Canvas canvas)方法，然后在显示绘图的 Activity 中添加该视图。下面将通过一个具体的实例来说明如何创建用于绘图的画布。

【例 9-1】 在 Eclipse 中创建 Android 项目，名称为 9-1，实现创建绘图画布功能。

（1）创建一个名称为 DrawView 的类，该类继承自 android.view.View 类，并添加构造方法和重写 onDraw(Canvas canvas)方法，关键代码如下。

```
public class DrawView extends View {
    /**
    * 功能：构造方法
    */
    public DrawView(Context context, AttributeSet attrs) {
        super(context, attrs);
    }
    /*
    * 功能：重写onDraw()方法
    */
    @Override
    protected void onDraw(Canvas canvas) {
        super.onDraw(canvas);
```

　　　　}
　　}

 上面加粗的代码为重写 onDraw()方法的代码。在重写的 onDraw()方法中，可以编写绘图代码，参数 canvas 就是我们要进行绘图的画布。

（2）修改新建项目的 res/layout 目录下的布局文件 activity_main.xml，将默认添加的相对布局管理器和 TextView 组件删除，然后添加一个帧布局管理器，并在帧布局管理器中添加步骤（1）创建的自定义视图。修改后的代码如下。

```xml
<FrameLayout xmlns:android="http://schemas.android.com/apk/res/android"
    android:layout_width="match_parent"
    android:layout_height="match_parent"
    >
    <com.mingrisoft.DrawView
        android:id="@+id/drawView1"
        android:layout_width="wrap_content"
        android:layout_height="wrap_content" />
</FrameLayout>
```

（3）在 DrawView 的 onDraw()方法中，添加以下代码用于绘制一个带阴影的红色矩形。

```
Paint paint=new Paint();                                  //定义一个采用默认设置的画笔
paint.setColor(Color.RED);                                //设置颜色为红色
paint.setShadowLayer(2, 3, 3, Color.rgb(90, 90, 90));     //设置阴影
canvas.drawRect(40, 40, 200, 100, paint);                 //绘制矩形
```

运行本实例，将显示图 9-2 所示的运行结果。

图 9-2　创建绘图画布并绘制带阴影的矩形

3. Bitmap 类

Bitmap 类代表位图，它是 Android 系统中图像处理的最重要类之一，使用它不仅可以获取图像文件信息，进行图像剪切、旋转、缩放等操作，而且还可以指定格式保存图像文件。对于这些操作都可以通过 Bitmap 类提供的方法来实现。Bitmap 类提供的常用方法如表 9-2 所示。

表 9-2　Bitmap 类的常用方法

方法	描述
compress(Bitmap.CompressFormat format, int quality, OutputStream stream)	用于将 Bitmap 对象压缩为指定格式并保存到指定的文件输出流中，其中 format 参数值可以是 Bitmap.CompressFormat.PNG、Bitmap.CompressFormat.JPEG 和 Bitmap.CompressFormat.WEBP
createBitmap(Bitmap source, int x, int y, int width, int height, Matrix m, boolean filter)	用于从源位图的指定坐标点开始，"挖取"指定宽度和高度的一块图像来创建新的 Bitmap 对象，并按 Matrix 指定规则进行变换

续表

方法	描述
createBitmap(int width, int height, Bitmap.Config config)	用于创建一个指定宽度和高度的新 Bitmap 对象
createBitmap(Bitmap source, int x, int y, int width, int height)	用于从源位图的指定坐标点开始,"挖取"指定宽度、和高度的一块图像来创建新的 Bitmap 对象
createBitmap(int[] colors, int width, int height, Bitmap.Config config)	使用颜色数组创建一个指定宽度和高度的新 Bitmap 对象,其中,数组元素的个数为 width*height
createBitmap(Bitmap src)	用于使用源位图创建一个新的 Bitmap 对象
createScaledBitmap(Bitmap src, int dstWidth, int dstHeight, boolean filter)	用于将源位图缩放为指定宽度和高度的新的 Bitmap 对象
isRecycled()	用于判断 Bitmap 对象是否被回收
recycle()	强制回收 Bitmap 对象

例如,创建一个包括 4 个像素(每个像素对应一种颜色)的 Bitmap 对象的代码如下。

```
Bitmap bitmap=Bitmap.createBitmap(new int[]{Color.RED,Color.GREEN,Color.BLUE,Color.MAGENTA}, 4, 1, Config.RGB_565);
```

4. BitmapFactory 类

在 Android 中,还提供了一个 BitmapFactory 类,该类为一个工具类,它用于从不同的数据源来解析、创建 Bitmap 对象。BitmapFactory 类提供的创建 Bitmap 对象的常用方法如表 9-3 所示。

表 9-3 BitmapFactory 类的常用方法

方法	描述
decodeFile(String pathName)	用于从给定的路径所指定的文件中解析、创建 Bitmap 对象
decodeFileDescriptor(FileDescriptor fd)	用于从 FileDescriptor 对应的文件中解析、创建 Bitmap 对象
decodeResource(Resources res, int id)	用于根据给定的资源 ID 从指定的资源中解析、创建 Bitmap 对象
decodeStream(InputStream is)	用于从指定的输入流中解析、创建 Bitmap 对象

例如,要解析 SD 卡上的图片文件 img01.jpg,并创建对应的 Bitmap 对象可以使用下面的代码。

```
String path="/sdcard/pictures/bccd/img01.jpg";
Bitmap bm=BitmapFactory.decodeFile(path);
```

要解析 Drawable 资源中保存的图片文件 img02.jpg,并创建对应的 Bitmap 对象可以使用下面的代码。

```
Bitmap bm=BitmapFactory.decodeResource(MainActivity.this.getResources(),
R.drawable.img02);
```

9.1.2 绘制几何图形

比较常见的几何图形包括点、线、弧、圆形、矩形等。在 Android 中,Canvas 类提供了丰富的绘制几何图形的方法,通过这些方法可以绘制出各种几何图形。常用的绘制几何图形的方法如表 9-4 所示。

绘制几何图形

表 9-4 Canvas 类提供的绘制几何图形的方法

方法	描述	举例	绘图效果
drawArc(RectF oval, float startAngle, float sweepAngle, Boolean useCenter, Paint paint)	绘制弧	RectF rectf=new RectF(10, 20, 100, 110); canvas.drawArc(rectf, 0, 60, true, paint);	
		RectF rectf1=new RectF(10, 20, 100, 110); canvas.drawArc(rectf1, 0, 60, false, paint);	
drawCircle(float cx, float cy, float radius, Paint paint)	绘制圆形	paint.setStyle(Style.STROKE); canvas.drawCircle(50, 50, 15, paint);	
drawLine(float startX, float startY, float stopX, float stopY, Paint paint)	绘制一条线	canvas.drawLine(100, 10, 150, 10, paint);	
drawLines(float[] pts, Paint paint)	绘制多条线	canvas.drawLines(new float[]{10,10, 30,10, 30,10, 15,30, 15,30, 10,10}, paint);	
drawOval(RectF oval, Paint paint)	绘制椭圆	RectF rectf=new RectF(40, 20, 80, 40); canvas.drawOval(rectf,paint);	
drawPoint(float x, float y, Paint paint)	绘制一个点	canvas.drawPoint(10, 10, paint);	
drawPoints(float[] pts, Paint paint)	绘制多个点	canvas.drawPoints(new float[]{10,10, 15,10, 20,15, 25,10, 30,10}, paint);	
drawRect(float left, float top, float right, float bottom, Paint paint)	绘制矩形	canvas.drawRect(10, 10, 40, 30, paint);	
drawRoundRect(RectF rect, float rx, float ry, Paint paint)	绘制圆角矩形	RectF rectf=new RectF(40, 20, 80, 40); canvas.drawRoundRect(rectf, 6, 6, paint);	

在表 9-4 中给出的绘图效果使用的画笔均为以下代码所定义的画笔。

```
Paint paint=new Paint();            //创建一个采用默认设置的画笔
paint.setAntiAlias(true);            //使用抗锯齿功能
paint.setColor(Color.RED);          //设置颜色为红色
paint.setStrokeWidth(2);            //笔触的宽度为2像素
paint.setStyle(Style.STROKE);       //填充样式为描边
```

【例9-2】 在Eclipse中创建Android项目，名称为9-2，实现绘制个人理财通的支出统计图表。

（1）修改新建项目的res/layout目录下的布局文件activity_main.xml，将默认添加的布局管理器和TextView组件删除，然后添加一个帧布局管理器，用于显示自定义的绘图类。修改后的代码如下。

```xml
<FrameLayout xmlns:android="http://schemas.android.com/apk/res/android"
    android:layout_width="match_parent"
    android:layout_height="match_parent"
    android:id="@+id/frameLayout1"
    >
</FrameLayout>
```

（2）打开默认创建的MainActivity，在该文件中，创建一个名称为MyView的内部类，该类继承自android.view.View类，并添加构造方法和重写onDraw(Canvas canvas)方法，关键代码如下。

```java
public class MyView extends View{
    public MyView(Context context) {
        super(context);
    }
    @Override
    protected void onDraw(Canvas canvas) {
        super.onDraw(canvas);
    }
}
```

（3）在MainActivity的onCreate()方法中，获取布局文件中添加的帧布局管理器，并将步骤（2）中创建的MyView视图添加到该帧布局管理器中，关键代码如下。

```java
//获取布局文件中添加的帧布局管理器
FrameLayout ll=(FrameLayout)findViewById(R.id.frameLayout1);
ll.addView(new MyView(this));                    //将自定义的MyView视图添加到帧布局管理器中
```

（4）在MainActivity中定义7个成员变量，用于保存绘制图表时所需的固定值，具体代码如下。

```java
private float[] money=new float[]{600,1000,600,300,1500};    //各项金额
private int[] color=new int[]{Color.GREEN,Color.YELLOW,
              Color.RED,Color.MAGENTA,Color.BLUE};            //各项颜色
private final int WIDTH = 30;                                 //柱型的宽度
private final int OFFSET = 15;                                //间距
private int x =70;                                            //起点x
private int y=329;                                            //终点y
private int height=220;                                       //高度
```

（5）编写自定义方法maxMoney()，用于计算支出金额数组中的最大值，具体代码如下：

```java
float maxMoney(float[] money){
    float max=money[0];              //将第一个数组元素赋值给变量max
    for(int i=0;i<money.length-1;i++){
        if(max<money[i+1]){
            max=money[i+1];          //更新max
        }
    }
    return max;
}
```

（6）在DrawView的onDraw()方法中，首先指定画布的背景色，然后创建一个采用默认设置的画笔，

并设置该画笔使用抗锯齿功能，然后绘制图表中的坐标轴和纵轴的刻度，再设置填充样式为填充，最后通过 for 循环绘制每一个柱型。具体代码如下。

```
canvas.drawColor(Color.WHITE);                          //指定画布的背景色为白色
Paint paint=new Paint();                                //创建采用默认设置的画笔
paint.setAntiAlias(true);                               //使用抗锯齿功能
/***********绘制坐标轴********************/
paint.setStrokeWidth(1);                                //设置笔触的宽度
paint.setColor(Color.BLACK);                            //设置笔触的颜色
canvas.drawLine(50, 330, 300, 330, paint);              //横
canvas.drawLine(50, 100, 50, 330, paint);               //竖
/*****************************************/
/***********绘制柱型*********************/
paint.setStyle(Style.FILL);                             //设置填充样式为填充
int left=0;   //每个柱型的起点X坐标
float max=maxMoney(money);
for(int i=0;i<money.length;i++){
    paint.setColor(color[i]);                           //设置笔触的颜色
    left=x+i*(OFFSET+WIDTH);                            //计算每个柱型起点X坐标
    canvas.drawRect(left, y-height/max*money[i], left+WIDTH, y, paint);
}
/*****************************************/
/***********绘制纵轴的刻度****************/
paint.setColor(Color.BLACK);                            //设置笔触的颜色
int tempY=0;
for(int i=0;i<11;i++){
    tempY=y-height+height/10*i+1;
    canvas.drawLine(47,tempY , 50, tempY, paint);
}
/*****************************************/
```

运行本实例，将显示如图 9-3 所示的运行结果。

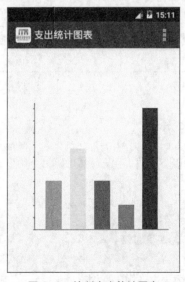

图 9-3　绘制支出统计图表

9.1.3 绘制文本

在 Android 中，虽然可以通过 TextView 或是图片显示文本，但是在开发游戏时，特别是开发 RPG（角色）类游戏时，会包含很多文字，使用 TextView 和图片显示文本不太合适，这时，就需要通过绘制文本的方式来实现。Canvas 类提供了一系列的绘制文本的方法，下面分别进行介绍。

绘制文本

1. drawText()方法

drawText()方法用于在画布的指定位置绘制文字。该方法比较常用的语法格式如下。

drawText(String text, float x, float y, Paint paint)

在该语法中，参数 text 用于指定要绘制的文字；x 用于指定文字的起始位置的 x 轴坐标；y 用于指定文字的起始位置的 y 轴坐标；paint 用于指定使用的画笔。

例如，要在画布上输出文字"明日科技"可以使用下面的代码。

Paint paintText=new Paint();

paintText.setTextSize(20);

canvas.drawText("明日科技", 165,65, paintText);

2. drawPosText()方法

drawPosText()方法也是用于在画布上绘制文字，与 drawText()方法不同的时，使用该方法绘制字符串时，需要为每个字符指定一个位置。该方法比较常用的语法格式如下。

drawPosText(String text, float[] pos, Paint paint)

在该语法中，参数 text 用于指定要绘制的文字；post 用于指定每一个字符的位置；paint 用于指定要使用的画笔。

例如，要在画布上分两行输出文字"很高兴见到你"，可以使用下面的代码。

Paint paintText=new Paint();

paintText.setTextSize(24);

float[] pos= new float[]{80,215, 105,215, 130,215,80,240, 105,240, 130,240};

canvas.drawPosText("很高兴见到你", pos, paintText);

【例 9-3】 在 Eclipse 中，复制例 9-2 的项目，名称为 9-3，实现在个人理财通的支出统计图表上绘制说明文字。

（1）打开 MainActivity，在 onDraw()方法中，找到绘制纵轴刻度的 for 循环语句，在其中添加以下代码，用于绘制纵轴的题注。

paint.setTextSize(12); //设置字体大小

canvas.drawText(String.valueOf((int)max/10*(10-i)), 15,tempY+5, paint);//绘制纵轴题注

（2）在 onDraw()方法中，添加以下代码，用于绘制图表的标题，以及横轴题注。

paint.setColor(Color.BLACK); //设置笔触的颜色

paint.setTextSize(21); //设置字体大小

canvas.drawText("个人理财通的支出统计图", 40,55, paint); //绘制标题

paint.setTextSize(16); //设置字体大小

canvas.drawText("餐费   应酬   礼金   车费   其他", 68,350, paint); //绘制横轴题注

运行本实例，将显示如图 9-4 所示的支出统计图表。

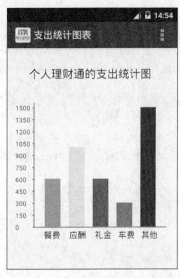

图 9-4　最后完成的支出统计图表

9.1.4　绘制路径

在 Android 中提供了绘制路径的功能。绘制一条路径可以分为创建路径和绘制定义好的路径两部分，下面分别进行介绍。

绘制路径

1. 创建路径

要创建路径可以使用 android.graphics.Path 类来实现。Path 类包含一组矢量绘图方法，例如，画圆、矩形、弧、线条等。常用的绘图方法如表 9-5 所示。

表 9-5　Path 类的常用方法

方法	描述
addArc(RectF oval, float startAngle, float sweepAngle)	添加弧形路径
addCircle(float x, float y, float radius, Path.Direction dir)	添加圆形路径
addOval(RectF oval, Path.Direction dir)	添加椭圆形路径
addRect(RectF rect, Path.Direction dir)	添加矩形路径
addRoundRect(RectF rect, float rx, float ry, Path.Direction dir)	添加圆角矩形路径
moveTo(float x, float y)	设置开始绘制直线的起始点
lineTo(float x, float y)	在 moveTo()方法设置的起始点与该方法指定的结束点之间画一条直线，如果在调用该方法之前没使用 moveTo()方法设置起始点，那么将从（0,0）点开始绘制直线
quadTo(float x1, float y1, float x2, float y2)	用于根据指定的参数绘制一条线段轨迹
close()	闭合路径

说明

在使用 addCircle()、addOval()、addRect()和 addRoundRect()方法时，需要指定 Path.Direction 类型的常量，可选值为 Path.Direction.CW(顺时针)和 Path.Direction.CCW(逆时针)。

例如，要创建一个顺时针旋转的圆形路径可以使用下面的代码。

```
Path path=new Path();                               //创建并实例化一个path对象
path.addCircle(150, 200, 60, Path.Direction.CW);    //在path对象中添加一个圆形路径
```

要创建一个折线，可以使用下面的代码。

```
Path mypath=new Path();        //创建并实例化一个mypath对象
mypath.moveTo(50, 100);        //设置起始点
mypath.lineTo(100, 45);        //设置第一段直线的结束点
mypath.lineTo(150, 100);       //设置第二段直线的结束点
mypath.lineTo(200, 80);        //设置第3段直线的结束点
```

将该路径绘制到画布上的效果如图 9-5 所示。

要创建一个三角形路径，可以使用下面的代码。

```
Path path=new Path();          //创建并实例化一个path对象
path.moveTo(50,50);            //设置起始点
path.lineTo(100, 10);          //设置第一条边的结束点，也是第二条边的起始点
path.lineTo(150, 50);          //设置第二条边的结束点，也是第3条边的起始点
path.close();                  //闭合路径
```

将该路径绘制到画布上的效果如图 9-6 所示。

说明

在创建这个三角形的路径时，如果不使用 close()方法闭合路径，那么绘制的将不是一个三角形，而是一个折线，如图 9-7 所示。

图 9-5　绘制 3 条线组成的折线　　　图 9-6　绘制 1 个三角形　　　图 9-7　绘制 2 条线组成的折线

2．将定义好的路径绘制在画布上

使用 Canvas 类提供的 drawPath()方法可以将定义好的路径绘制在画布上。

说明

在 Android 的 Canvas 类中，还提供了另一个应用路径的方法 drawTextOnPath()，也就是沿着指定的路径绘制字符串。使用该方法可绘制环型文字。

9.1.5　绘制图片

在 Android 中，Canvas 类不仅可以绘制几何图形、文件和路径，还可用来绘制图片。要想使用 Canvas 类绘制图片，只需要使用 Canvas 类提供的如表 9-6 所示的方法来将 Bitmap 对象中保存的图片绘制到画布上就可以了。

绘制图片

表 9-6 Canvas 类提供的绘制图片的常用方法

方法	描述
drawBitmap(Bitmap bitmap, Rect src, RectF dst, Paint paint)	用于从指定点绘制从源位图中"挖取"的一块
drawBitmap(Bitmap bitmap, float left, float top, Paint paint)	用于在指定点绘制位图
drawBitmap(Bitmap bitmap, Rect src, Rect dst, Paint paint)	用于从指定点绘制从源位图中"挖取"的一块

例如，从源位图上"挖取"从（0,0）点到（500,300）点的一块图像，然后绘制到画布的（50,50）点到（450,350）点所指区域，可以使用下面的代码。

```
Rect src=new Rect(0,0,500,300);                //设置挖取的区域
Rect dst=new Rect(50,50,450,350);              //设置绘制的区域
canvas.drawBitmap(bm, src, dst, paint);        //绘制图片
```

【例 9-4】 在 Eclipse 中创建 Android 项目，名称为 9-4，实现在屏幕上绘制指定位图，以及从该位图上挖取一块绘到屏幕的指定区域。

（1）修改新建项目的 res/layout 目录下的布局文件 activity_main.xml，将默认添加的相对布局管理器和 TextView 组件删除，然后添加一个帧布局管理器，用于显示自定义的绘图类。关键代码如下。

```
<FrameLayout xmlns:android="http://schemas.android.com/apk/res/android"
    android:id="@+id/frameLayout1"
    android:layout_width="match_parent"
    android:layout_height="match_parent"
    >
</FrameLayout>
```

（2）打开默认创建的 MainActivity，在该文件中，首先创建一个名称为 MyView 的内部类，该类继承自 android.view.View 类，并添加构造方法和重写 onDraw(Canvas canvas)方法，然后在 onCreate()方法中，获取布局文件中添加的帧布局管理器，并将 MyView 视图添加到该帧布局管理器中。

（3）在 MyView 的 onDraw()方法中，首先创建一个画笔，然后获取图片文件对应的 Bitmap 对象，并绘制在画布的指定位置，接下来再从图片的指定位置挖取一块区域，最后绘制到画布上。具体代码如下。

```
Paint paint = new Paint();                              // 创建一个采用默认设置的画笔
String path = "/sdcard/pictures/img01.png";             // 指定图片文件的路径
Bitmap bm = BitmapFactory.decodeFile(path);             // 获取图片文件对应的Bitmap对象
canvas.drawBitmap(bm, 10, 10, paint);                   // 将获取的Bitmap对象绘制在画布的指定位置
Rect src = new Rect(72, 110, 130, 185);                 // 设置挖取的区域
Rect dst = new Rect(360, 30, 440, 120);                 // 设置绘制的区域
canvas.drawBitmap(bm, src, dst, paint);                 // 绘制挖取到的图像
```

（4）修改 AndroidManifest.xml 配置文件，在<manifest>标记中，添加子标记<uses-permission>增加 SD 卡访问权限，关键代码如下。

```
<uses-permission android:name="android.permission.WRITE_EXTERNAL_STORAGE" />
<uses-permission android:name="android.permission.MOUNT_UNMOUNT_FILESYSTEMS" />
```

运行本实例，将显示如图 9-8 所示的运行结果。

图 9-8 绘制图片

9.2 应用 OpenGL 实现 3D 图形

9.2.1 OpenGL 简介

OpenGL（Open Graphics Library）是 SGI 公司于 1992 年发布的，一款功能强大、调用方便的底层图形库，它为编程人员提供了统一的操作，以便充分利用任何制造商提供的硬件。OpenGL 的核心实现了视区和光照等我们熟知的概念，并试图向开发人员隐藏大部分硬件层。

OpenGL 简介

由于 OpenGL 是专门为工作站设计的，它太大了，无法安装在移动设备上，所以 Khronos Group 为 OpenGL 提供了一个子集 OpenGL ES（OpenGL for Embedded System）。OpenGL ES 是免费的、跨平台的、功能完善的 2D/3D 图形库接口 API，它是专门针对多种嵌入式系统（包括手机、PDA 和游戏主机等）设计的，并提供一种标准方法来描述在图形处理器或主 CPU 上渲染这些图像的底层硬件。

 Khronos Group 是一个图形软硬件行业协会，该协会主要关注图形和多媒体方向的开放标准。

OpenGL ES 去除了 OpenGL 中的 glBegin/glEnd、四边形（GL_QUADS）、多边形（GL_POLYGONS）等复杂图元等许多非绝对必要的特性。经过多年发展，目前的 OpenGL ES 主要有 OpenGL ES 1.x（针对固定管线硬件）和 OpenGL ES 2.x（针对可编程管线硬件）两个版本。OpenGL ES 1.0 是以 OpenGL 1.3 规范为基础的，OpenGL ES 1.1 是以 OpenGL 1.5 规范为基础的，OpenGL ES 2.0 则是参照 OpenGL 2.0 规范定义的，它补充和修改了 OpenGL ES 1.1 标准着色器语言及 API，并将 OpenGL ES 1.1 中所有可以用着色器程序替换的功能全部删除了，这样可以节约移动设备的开销及电力消耗。

 OpenGL ES 可以应用于很多主流移动平台上，包括 Android、Symbian 和 iPhone 等。

Android 为 OpenGL 提供了相应的支持，它专门为支持 OpenGL 提供了 android.opengl 包。在该包中，GLES10 类是为支持 OpenGL ES 1.0 而提供的；GLES11 类是为支持 OpenGL ES 1.1 而提供的，GLES20 类是为支持 OpenGL ES 2.0 而提供的。其中，OpenGL ES 2.0 是从 Android 2.2（API Level 8）版本才开始使用的。

如果你的应用只支持 OpenGL ES 2.0，那么必须在该项目的 AndroidManifest.xml 文件中添加下列设置。
`<uses-feature android:glEsVersion="0x00020000" android:required="true" />`

9.2.2 构建 3D 开发的基本框架

构建 3D 开发的基本框架

构建一个 3D 开发的基本框架大致可以分为以下几个步骤：

（1）创建一个 Activity，并指定该 Activity 显示的内容是一个指定了 Renderer 对象的 GLSurfaceView 对象。例如，创建一个名称为 MainActivity 的 Activity，在重写的 onCreate()方法中，创建一个 GLSurfaceView 对象，并为其指定使用的 Renderer 对象，再将其设置为 Activity 要显示的内容，可以使用下面的代码。

```
@Override
protected void onCreate(Bundle savedInstanceState) {
    super.onCreate(savedInstanceState);
    GLSurfaceView mGLView = new GLSurfaceView(this);      //创建一个GLSurfaceView对象
    mGLView.setRenderer(new CubeRenderer());//为GLSurfaceView指定使用的Renderer对象
    setContentView(mGLView);               //设置Activity显示的内容为GLSurfaceView对象
}
```

通常情况下，考虑到当 Activity 恢复和暂停时，GLSurfaceView 对象也恢复或者暂停，还要重写 Activity 的 onResume()方法和 onPause()方法。例如，一个 Activity 使用的 GLSurfaceView 对象为 mGLView，那么，可以使用以下的重写 onResume()和 onPause()方法的代码。

```
@Override
protected void onResume() {
    super.onResume();
    mGLView.onResume();
}
@Override
protected void onPause() {
    super.onPause();
    mGLView.onPause();
}
```

（2）创建实现 GLSurfaceView.Renderer 接口的类。在创建该类时，需要实现接口中的以下 3 个方法。

- public void onSurfaceCreated(GL10 gl, EGLConfig config)：当 GLSurfaceView 被创建时回调该方法。
- public void onDrawFrame(GL10 gl)：Renderer 对象调用该方法绘制 GLSurfaceView 的当前帧。
- public void onSurfaceChanged(GL10 gl, int width, int height)：当 GLSurfaceView 的大小改变时回调该方法。

例如，创建一个实现 GLSurfaceView.Renderer 接口的类 EmptyRenderer，并实现 onSurfaceCreated()、onDrawFrame()和 onSurfaceChanged()方法，为窗体设置背景颜色，具体代码如下。

```
import javax.microedition.khronos.egl.EGLConfig;
```

```
import javax.microedition.khronos.opengles.GL10;
import android.opengl.GLSurfaceView;
public class EmptyRenderer implements GLSurfaceView.Renderer {
    public void onSurfaceCreated(GL10 gl, EGLConfig config) {
        // 设置窗体的背景颜色
        gl.glClearColor(0.7f, 0.7f, 0.9f, 1.0f);
    }
    public void onDrawFrame(GL10 gl) {
        // 重设背景颜色
        gl.glClear(GL10.GL_COLOR_BUFFER_BIT | GL10.GL_DEPTH_BUFFER_BIT);
    }
    public void onSurfaceChanged(GL10 gl, int width, int height) {
        gl.glViewport(0, 0, width, height);
    }
}
```

当窗口被创建时，需要调用 onSurfaceCreated()方法，进行一些初始化操作。onSurfaceCreated() 方法有一个 GL10 类型的参数 gl，它相当于 OpenGL ES 的画笔。通过它提供的方法不仅可以绘制 3D 图形，也可以对 OpenGL 进行初始化。下面将以表格的形式给出 GL10 提供的用于进行初始化的方法。GL10 提供的用于进行初始化的方法如表 9-7 所示。

表 9-7 GL10 提供的用于进行初始化的方法

方法	描述
glClearColor(float red, float green, float blue, float alpha)	用于指定清除屏幕时使用的颜色，4 个参数分别用于设置红、绿、蓝和透明度的值，值的范围是 0.0f～1.0f
glDisable(int cap)	用于禁用 OpenGL ES 某个方面的特性。例如，要关闭抗抖动功能，可以使用 gl.glDisable(GL10.GL_DITHER);语句
glEnable(int cap)	用于启用 OpenGL ES 某个方面的特性
glFrustumf(float left, float right, float bottom, float top, float zNear, float zFar)	用于设置透视视窗的空间大小
glHint(int target, int mode)	用于对 OpenGL ES 某个方面进行修正
glLoadIdentity()	用于初始化单位矩阵
glMatrixMode(int mode)	用于设置视图的矩阵模式。通常可以使用 GL10.GL_MODELVIEW 和 GL10.GL_PROJECTION 两个常量值
glShadeModel(int mode)	用于设置 OpenGL ES 的阴影模式。例如，要设置为平滑模式，可以使用 gl.glShadeModel(GL10.GL_SMOOTH);语句
glViewport(int x, int y, int width, int height)	用于设置 3D 场景的大小

9.2.3 绘制一个模型

在基本框架构建完成后，我们就可以在该框架的基础上绘制 3D 模型了。在 OpenGL ES 中，任何模型都会被分解为三角形。下面将以绘制一个 2D 的三角形为例介绍绘制 3D 模型的基本步骤。

绘制一个模型

（1）在 onSurfaceCreated()方法中，定义顶点坐标数组。例如，要绘制一个二维的三角形，可以使用以下代码定义顶点坐标数组。
```
private final IntBuffer mVertexBuffer;
public GLTriangle() {
    int one = 65536;
    int vertices[] = {
        0, one, 0,              //上顶点
        -one, -one, 0,          //左下点
        one, -one, 0            //右下点
    };
    ByteBuffer vbb = ByteBuffer.allocateDirect(vertices.length * 4);
    vbb.order(ByteOrder.nativeOrder());
    mVertexBuffer = vbb.asIntBuffer();
    mVertexBuffer.put(vertices);
    mVertexBuffer.position(0);
}
```

在默认的情况下，OpenGL ES 采取的坐标是[0,0,0]（X,Y,Z）表示 GLSurfaceView 的中心；[1,1,0]表示 GLSurfaceView 的右上角；[-1,-1,0]表示 GLSurfaceView 的左下角。

（2）在 onSurfaceCreated()方法中，应用以下代码启用顶点坐标数组。
```
gl.glEnableClientState(GL10.GL_VERTEX_ARRAY);              // 启用顶点坐标数组
```
（3）在 onDrawFrame()方法中，应用步骤（1）定义的顶点坐标数组绘制图形。例如，要绘制一个三角形可以使用下面的代码。
```
gl.glVertexPointer(3, GL10.GL_FIXED, 0, mVertexBuffer);    // 为画笔指定顶点坐标数据
gl.glColor4f(1, 0, 0, 0.5f);                               // 设置画笔颜色
gl.glDrawArrays(GL10.GL_TRIANGLE_STRIP, 0, 3);             // 绘制图形
```
在了解了应用 OpenGL ES 绘制 3D 图形的基本步骤后，下面将以一个具体的实例来介绍如何绘制一个立方体。

【例 9-5】 在 Eclipse 中创建 Android 项目，名称为 9-5，实现绘制一个 6 个面采用不同颜色的立方体。

（1）在默认创建的 MainActivity 中，创建一个 GLSurfaceView 类型的成员变量，关键代码如下。
```
private GLSurfaceView mGLView;
```
（2）在重写的 onCreate()方法中，首先创建一个 GLSurfaceView 对象，然后为 GLSurfaceView 指定使用的 Renderer 对象，最后再设置 Activity 显示的内容为 GLSurfaceView 对象，关键代码如下。
```
@Override
protected void onCreate(Bundle savedInstanceState) {
    super.onCreate(savedInstanceState);
    mGLView = new GLSurfaceView(this);               //创建一个GLSurfaceView对象
    mGLView.setRenderer(new CubeRenderer());         //为GLSurfaceView指定使用的Renderer对象
    setContentView(mGLView);                         //设置Activity显示的内容为GLSurfaceView对象
}
```
（3）重写 onResume()和 onPause()方法，具体代码如下。
```
@Override
protected void onResume() {
    super.onResume();
    mGLView.onResume();
```

```
    }
    @Override
    protected void onPause() {
        super.onPause();
        mGLView.onPause();
    }
```

（4）创建一个实现 GLSurfaceView.Renderer 接口的类 CubeRenderer，并实现 onSurfaceCreated()、onDrawFrame()和 onSurfaceChanged()方法，具体代码如下。

```
import javax.microedition.khronos.egl.EGLConfig;
import javax.microedition.khronos.opengles.GL10;
import android.opengl.GLSurfaceView;
public class CubeRenderer implements GLSurfaceView.Renderer {
    @Override
    public void onDrawFrame(GL10 gl) {
    }
    @Override
    public void onSurfaceChanged(GL10 gl, int width, int height) {
    }
    @Override
    public void onSurfaceCreated(GL10 gl, EGLConfig config) {
    }
}
```

（5）在 onSurfaceCreated()方法中，应用以下代码进行初始化操作，主要包括设置窗体背景颜色、启用顶点坐标数组、关闭抗抖动功能、设置系统对透视进行修正、设置阴影平滑模式、启用深度测试及设置深度测试的类型等。具体代码如下。

```
public void onSurfaceCreated(GL10 gl, EGLConfig config) {
    gl.glClearColor(0.7f, 0.9f, 0.9f, 1.0f);              // 设置窗体背景颜色
    gl.glEnableClientState(GL10.GL_VERTEX_ARRAY);         //启用顶点坐标数组
    gl.glDisable(GL10.GL_DITHER);                         // 关闭抗抖动
    // 设置系统对透视进行修正
    gl.glHint(GL10.GL_PERSPECTIVE_CORRECTION_HINT, GL10.GL_FASTEST);
    gl.glShadeModel(GL10.GL_SMOOTH);                      // 设置阴影平滑模式
    gl.glEnable(GL10.GL_DEPTH_TEST);                      // 启用深度测试
    gl.glDepthFunc(GL10.GL_LEQUAL);                       // 设置深度测试的类型
}
```

深度测试就是让 OpenGL ES 负责跟踪每个物体在 Z 轴上的深度，这样可避免后面的物体遮挡前面的物体。

（6）在 onSurfaceChanged()方法中，首先设置 OpenGL 场景的大小，并计算透视视窗的宽度、高度比，然后将当前矩阵模式设为投影矩阵，再初始化单位矩阵，最后设置透视视窗的空间大小。具体代码如下。

```
public void onSurfaceChanged(GL10 gl, int width, int height) {
    gl.glViewport(0, 0, width, height);                   // 设置OpenGL场景的大小
    float ratio = (float) width / height;                 // 计算透视视窗的宽度、高度比
    gl.glMatrixMode(GL10.GL_PROJECTION);                  // 将当前矩阵模式设为投影矩阵
    gl.glLoadIdentity();                                  // 初始化单位矩阵
    GLU.gluPerspective(gl, 45.0f, ratio, 1, 100f);        // 设置透视视窗的空间大小
}
```

（7）在 onDrawFrame()方法中，首先清除颜色缓存和深度缓存，并设置使用模型矩阵进行变换，然后初始化单位矩阵，再设置视点，并旋转总坐标系，最后绘制立方体。具体代码如下。

```java
public void onDrawFrame(GL10 gl) {
    // 清除颜色缓存和深度缓存
    gl.glClear(GL10.GL_COLOR_BUFFER_BIT | GL10.GL_DEPTH_BUFFER_BIT);
    gl.glMatrixMode(GL10.GL_MODELVIEW);                // 设置使用模型矩阵进行变换
    gl.glLoadIdentity();                                // 初始化单位矩阵
    // 当使用GL_MODELVIEW模式时，必须设置视点，也就是观察点
    GLU.gluLookAt(gl, 0, 0, -5, 0f, 0f, 0f, 0f, 1.0f, 0.0f);
    gl.glRotatef(1000, -0.1f, -0.1f, 0.05f);            // 旋转总坐标系
    cube.draw(gl);                                      // 绘制立方体
}
```

（8）创建一个用于绘制立方体模型的 Java 类，名称为 GLCube，在该类中，首先定义一个用于记录顶点坐标数据缓冲的成员变量，关键代码如下。

```java
public class GLCube {
    private final IntBuffer mVertexBuffer;              // 顶点坐标数据缓冲
}
```

（9）定义 GLCube 类的构造方法，在构造方法中创建一个记录顶点位置的数组，并根据该数组创建顶点坐标数据缓冲，具体代码如下。

```java
public GLCube() {
    int one = 65536;
    int half = one / 2;
    int vertices[] = {
        // 前面
        -half, -half, half, half, -half, half,
        -half, half, half, half, half, half,
        // 背面
        -half, -half, -half, -half, half, -half,
        half, -half, -half, half, half, -half,
        // 左面
        -half, -half, half, -half, half, half,
        -half, -half, -half, -half, half, -half,
        // 右面
        half, -half, -half, half, half, -half,
        half, -half, half, half, half, half,
        // 上面
        -half, half, half, half, half, half,
        -half, half, -half, half, half, -half,
        // 下面
        -half, -half, half, -half, -half, -half,
        half, -half, half, half, -half, -half,
    };                                                   //定义顶点位置
    //创建顶点坐标数据缓冲
    ByteBuffer vbb = ByteBuffer.allocateDirect(vertices.length * 4);
    vbb.order(ByteOrder.nativeOrder());                 //设置字节顺序
    mVertexBuffer = vbb.asIntBuffer();                  //转换为int型缓冲
    mVertexBuffer.put(vertices);                        //向缓冲中放入顶点坐标数据
    mVertexBuffer.position(0);                          //设置缓冲区的起始位置
}
```

（10）在 GLCube 类中，编写用于绘制立方体的 draw() 方法，在该方法中，首先为画笔指定顶点坐标数组，然后分别绘制立方体的 6 个面，每个面使用的颜色是不同的。draw() 方法的具体代码如下。

```
public void draw(GL10 gl) {
    gl.glVertexPointer(3, GL10.GL_FIXED, 0, mVertexBuffer);    //为画笔指定顶点坐标数据
    // 绘制FRONT和BACK 2个面
    gl.glColor4f(1, 0, 0, 1);
    gl.glNormal3f(0, 0, 1);
    gl.glDrawArrays(GL10.GL_TRIANGLE_STRIP, 0, 4);              //绘制图形
    gl.glColor4f(1, 0, 0.5f, 1);
    gl.glNormal3f(0, 0, -1);
    gl.glDrawArrays(GL10.GL_TRIANGLE_STRIP, 4, 4);              //绘制图形
    // 绘制LEFT和RIGHT 2个面
    gl.glColor4f(0, 1, 0, 1);
    gl.glNormal3f(-1, 0, 0);
    gl.glDrawArrays(GL10.GL_TRIANGLE_STRIP, 8, 4);              //绘制图形
    gl.glColor4f(0, 1, 0.5f, 1);
    gl.glNormal3f(1, 0, 0);
    gl.glDrawArrays(GL10.GL_TRIANGLE_STRIP, 12, 4);             //绘制图形
    // 绘制TOP和BOTTOM 2个面
    gl.glColor4f(0, 0, 1, 1);
    gl.glNormal3f(0, 1, 0);
    gl.glDrawArrays(GL10.GL_TRIANGLE_STRIP, 16, 4);             //绘制图形
    gl.glColor4f(0, 0, 0.5f, 1);
    gl.glNormal3f(0, -1, 0);
    gl.glDrawArrays(GL10.GL_TRIANGLE_STRIP, 20, 4);             //绘制图形
}
```

（11）打开 CubeRenderer 类，在该类中创建一个代表立方体对象的成员变量，并为 CubeRenderer 类创建无参的构造方法，在该构造方法中，实例化立方体对象。关键代码如下。

```
private final GLCube cube;                                      //立方体对象
public CubeRenderer() {
    cube = new GLCube();                                        //实例化立方体对象
}
```

运行本实例，将显示如图 9-9 所示的运行结果。

图 9-9　绘制一个立方体

9.2.4 应用纹理贴图

为了让 3D 图形更加逼真,我们需要为这些 3D 图形应用纹理贴图。例如,要在场景中放置一个木箱,那么就需要为场景中绘制的立方体应用木材纹理进行贴图。为 3D 模型添加纹理贴图大致可以分为以下 3 个步骤。

(1)设置贴图坐标的数组信息,这与设置顶点坐标数组类似。
(2)设置启用贴图坐标数组。
(3)调用 GL10 的 texImage2D()方法生成纹理。

应用纹理贴图

在使用纹理贴图时,需要准备一张纹理图片,建议该图片的长、宽是 2 的 *n* 次方,例如,可以是 256 像素 * 256 像素的图片,也可以是 512 像素 * 512 像素的图片。

下面将对例 9-5 所绘制的立方体进行纹理贴图。

【例 9-6】 在 Eclipse 中,复制例 9-5 的项目,名称为 9-6,实现为绘制的立方体进行纹理贴图。

在进行纹理贴图前,需要将立方体的每个面都绘制为白色。

(1)打开 GLCube 类文件,在该类中定义,用于保存纹理贴图数据缓冲的成员变量,具体代码如下。

```
private IntBuffer mTextureBuffer;                    // 纹理贴图数据缓冲
```

(2)打开 GLCube 类文件,在构造方法中,定义贴图坐标数组,并根据该数组创建贴图坐标数据缓冲,具体代码如下。

```
int texCoords[] = {
    // 前面
    0, one, one, one, 0, 0, one, 0,
    // 后面
    one, one, one, 0, 0, one, 0, 0,
    // 左面
    one, one, one, 0, 0, one, 0, 0,
    // 右面
    one, one, one, 0, 0, one, 0, 0,
    // 上面
    one, 0, 0, 0, one, one, 0, one,
    // 下面
    0, 0, 0, one, one, 0, one, one, };      //定义贴图坐标数组
ByteBuffer tbb = ByteBuffer.allocateDirect(texCoords.length * 4);
tbb.order(ByteOrder.nativeOrder());                  // 设置字节顺序
mTextureBuffer = tbb.asIntBuffer();                  // 转换为int型缓冲
mTextureBuffer.put(texCoords);                       // 向缓冲中放入贴图坐标数组
mTextureBuffer.position(0);                          // 设置缓冲区的起始位置
```

(3)GLCube 类的 draw()方法的最后,应用 GL10 的 glTexCorrdPointer()方法为画笔指定贴图坐标数据,关键代码如下。

```
gl.glTexCoordPointer(2, GL10.GL_FIXED, 0, mTextureBuffer);    //为画笔指定贴图坐标数据
```

（4）编写 loadTexture()方法，用于进行纹理贴图，具体代码如下：

```
/**
* 功能：进行纹理贴图
* @param gl
* @param context
* @param resource
*/
void loadTexture(GL10 gl, Context context, int resource) {
    Bitmap bmp = BitmapFactory.decodeResource(context.getResources(),
            resource);                                              //加载位图
    GLUtils.texImage2D(GL10.GL_TEXTURE_2D, 0, bmp, 0);               //使用图片生成纹理
    bmp.recycle();                                                   //释放资源
}
```

（5）打开 CubeRenderer 类文件，定义一个用于保存上下文对象的成员变量，并且修改构造方法 CubeRenderer()，为其设置 Content 类型的参数，修改后的代码如下：

```
private Context context;
public CubeRenderer(Context context) {
    cube = new GLCube();    //实例化立方体对象
    this.context=context;
}
```

（6）在 CubeRenderer 类的 onSurfaceCreated()方法中，添加以下代码，首先启用贴图坐标数组，然后启用纹理贴图，最后调用 GLCube 类的 loadTexture()方法进行纹理贴图。

```
gl.glEnableClientState(GL10.GL_TEXTURE_COORD_ARRAY);    //启用贴图坐标数组
gl.glEnable(GL10.GL_TEXTURE_2D);                        //启用纹理贴图
cube.loadTexture(gl, context, R.drawable.mr);           //进行纹理贴图
```

（7）打开 MainActivity，找到 onCreate()方法中的"为 GLSurfaceView 指定使用的 Renderer 对象"的这行代码，将其修改为以下代码。

```
mGLView.setRenderer(new CubeRenderer(this));//为GLSurfaceView指定使用的Renderer对象
```

（8）将用于进行贴图的图片 mr.jpg 复制到 res/drawable-mdpi 目录中。

运行本实例，将显示如图 9-10 所示的运行结果。

图 9-10　为立方体进行纹理贴图

9.2.5 旋转

到目前为止，我们绘制的 3D 物体还是静止的，为了更好的看到 3D 效果，还可以为其添加旋转效果，这样就可达到动画效果了。要实现旋转比较简单，只需要使用 GL10 的 glRotatef() 方法不断地旋转要放置的对象即可。glRotatef() 方法的语法格式如下。

旋转

glRotatef(float angle, float x, float y, float z)

其中，参数 angle 通常是一个变量，表示对象转过的角度；x 表示 X 轴的旋转方向（值为 1 表示顺时针、-1 表示逆时针方向、0 表示不旋转）；y 表示 Y 轴的旋转方向（值为 1 表示顺时针、-1 表示逆时针方向、0 表示不旋转）；z 表示 Z 轴的旋转方向（值为 1 表示顺时针、-1 表示逆时针方向、0 表示不旋转）。

例如，要将对象经过 X 轴旋转 n 角度，可以使用下面的代码。

gl.glRotatef(n, 1, 0, 0);

【例 9-7】 在 Eclipse 中，复制例 9-6 的项目，名称为 9-7，实现一个不断旋转的立方体。

（1）打开 CubeRenderer 类文件，在该类中定义，用于保存开始时间的成员变量，具体代码如下。

private long startTime;   //保存开始时间

（2）在构造方法中，为成员变量 startTime 赋初始值为当前时间，具体代码如下：

startTime=System.currentTimeMillis();

（3）在 onDrawFrame() 方法绘制立方体的代码之前，添加以下代码，完成旋转立方体的操作。

```
//旋转
long elapsed = System.currentTimeMillis() - startTime;      //计算逝去的时间
gl.glRotatef(elapsed * (30f / 1000f), 0, 1, 0);             //在Y轴上旋转30度
gl.glRotatef(elapsed * (15f / 1000f), 1, 0, 0);             //在X轴上旋转15度
```

在上面的代码中，首先计算逝去的时间，然后在 y 轴上旋转 30°，最后再在 x 轴上旋转 15°。

运行本实例，将显示如图 9-11 所示的运行结果。

图 9-11　旋转的立方体

9.2.6 光照效果

光照效果

为了使用程序效果更加美观、逼真,还可以让其模拟光照效果。在为物体添加光照效果前,我们先来了解一下 3D 图形支持的光照类型。所有的 3D 图形都支持以下 3 种光照类型。

- 环境光:一种普通的光线,光线会照亮整个场景,即使对象背对着光线也可以。
- 散射光:柔和的方向性光线,例如,荧光板上发出的光线就是这种散射光。场景中的大部分光线常来源于散射光源。
- 镜面高光:耀眼的光线,通常来源于明亮的点光源。与有光泽的材料结合使用时,这种光会带来高光效果,增加场景的真实感。

在 OpenGL 中,添加光照效果,通常分为以下 2 个步骤进行。

1. 光线

在定义光照效果时,通常需要定义光线,也就是为场景添加光源。这可以通过 GL10 提供的 glLightfv() 方法实现。glLightfv() 方法的语法格式如下。

```
glLightfv(int light, int pname, float[] params, int offset)
```

其中,light 表示光源的 ID,当程序中包含多个光源时,可以通过这个 ID 来区分光源;pname 表示光源的类型(参数值为 GL10.GL_AMBIENT 表示环境光、参数值为 GL10.GL_DIFFUSE 表示散射光);params 表示光源数组;offset 表示偏移量。

例如,我们要定义一个发出白色的全方向的光源,可以使用下面的代码。

```
float lightAmbient[]=new float[]{0.2f,0.2f,0.2f,1};              //定义环境光
float lightDiffuse[]=new float[]{1,1,1,1};                        //定义散射光
float lightPos[]=new float[]{1,1,1,1};                            //定义光源的位置
gl.glEnable(GL10.GL_LIGHTING);                                    //启用光源
gl.glEnable(GL10.GL_LIGHT0);                                      //启用0号光源
gl.glLightfv(GL10.GL_LIGHT0, GL10.GL_AMBIENT, lightAmbient,0);    //设置环境光
gl.glLightfv(GL10.GL_LIGHT0, GL10.GL_DIFFUSE, lightDiffuse, 0);   //设置散射光
gl.glLightfv(GL10.GL_LIGHT0, GL10.GL_POSITION, lightPos, 0);      //设置光源的位置
```

在定义和设置光源后,还需要使用 glEnable() 方法启用光源,否则,设置的光源将不起作用。

2. 被照射的物体

在定义光照效果时,通常需要定义被照射物体的制作材料,因为不同材料的光线反射情况是不同的。使用 GL10 提供的 glMaterialfv() 方法可以设置材质的环境光和散射光,glMaterialfv() 方法的语法格式如下。

```
glMaterialfv(int face, int pname, float[] params, int offset)
```

其中,face 表示是为正面还是背面材质设置光源;pname 表示光源的类型(参数值为 GL10.GL_AMBIENT 表示环境光、参数值为 GL10.GL_DIFFUSE 表示散射光);params 表示光源数组;offset 表示偏移量。

例如,定义一个不是很亮的纸质的物体,可以使用下面的代码。

```
float matAmbient[]=new float[]{1,1,1,1};                          //定义材质的环境光
```

```
float matDiffuse[]=new float[]{1,1,1,1};                                        //定义材质的散射光
gl.glMaterialfv(GL10.GL_FRONT_AND_BACK, GL10.GL_AMBIENT, matAmbient,0);//设置材质的环境光
gl.glMaterialfv(GL10.GL_FRONT_AND_BACK, GL10.GL_DIFFUSE, matDiffuse,0);  //设置材质的散射光
```

下面通过一个具体的实例来说明为物体添加光照效果的具体步骤。

【例 9-8】 在 Eclipse 中，复制例 9-7 的项目，名称为 9-8，实现为旋转的立方体添加光照效果的功能。

（1）打开 CubeRenderer 类文件，在 onSurfaceCreated()方法中为被照射的物体设置材质。首先定义材质的环境光和散射光，然后设置材质的环境光和散射光，具体代码如下。

```
float matAmbient[]=new float[]{1,1,1,1};                                        //定义材质的环境光
float matDiffuse[]=new float[]{1,1,1,1};                                        //定义材质的散射光
gl.glMaterialfv(GL10.GL_FRONT_AND_BACK, GL10.GL_AMBIENT, matAmbient,0);//设置材质的环境光
gl.glMaterialfv(GL10.GL_FRONT_AND_BACK, GL10.GL_DIFFUSE, matDiffuse,0);  //设置材质的散射光
```

（2）在 onSurfaceCreated()方法中添加场景光线。首先定义环境光和散射光，并定义光源的位置，然后启用光源和 0 号光源，最后设置环境光、散射光和光源的位置，具体代码如下。

```
float lightAmbient[]=new float[]{0.2f,0.2f,0.2f,1};              //定义环境光
float lightDiffuse[]=new float[]{1,1,1,1};                        //定义散射光
float lightPos[]=new float[]{1,1,1,1};                            //定义光源的位置
gl.glEnable(GL10.GL_LIGHTING);                                    //启用光源
gl.glEnable(GL10.GL_LIGHT0);                                      //启用0号光源
gl.glLightfv(GL10.GL_LIGHT0, GL10.GL_AMBIENT, lightAmbient,0);    //设置环境光
gl.glLightfv(GL10.GL_LIGHT0, GL10.GL_DIFFUSE, lightDiffuse, 0);   //设置散射光
gl.glLightfv(GL10.GL_LIGHT0, GL10.GL_POSITION, lightPos, 0);      //设置光源的位置
```

运行本实例，将显示如图 9-12 所示的运行结果。

图 9-12　为立方体添加光照效果

9.2.7 透明效果

在游戏中，经常需要应用透明效果，使用 OpenGL ES 实现简单的透明效果也比较简单，只需要应用以下代码就可以实现。

```
gl.glDisable(GL10.GL_DEPTH_TEST);                                //关闭深度测试
gl.glEnable(GL10.GL_BLEND);                                      //打开混合
```

透明效果

gl.glBlendFunc(GL10.GL_SRC_ALPHA, GL10.GL_ONE);//使用alpha通道值进行混色，从而达到透明效果

> **说明** 实现透明效果时，需要关闭深度测试，并且打开混合效果，然后才能使用GL10类的glBlendFunc()方法进行混色，从而达到透明效果。

下面通过一个具体的实例来说明实现透明效果的具体步骤。

【例9-9】 在 Eclipse 中，复制例 9-8 的项目，名称为 9-9，实现一个透明的、不断旋转的立方体。

打开 CubeRenderer 类文件，在 onSurfaceCreated()方法中为立方体添加透明效果。首先关闭深度测试，然后打开混合效果，最后再使用 alpha 通道值进行混色，从而达到透明效果，具体代码如下。

gl.glDisable(GL10.GL_DEPTH_TEST);   //关闭深度测试
gl.glEnable(GL10.GL_BLEND);   //打开混合
gl.glBlendFunc(GL10.GL_SRC_ALPHA, GL10.GL_ONE);//使用alpha通道值进行混色，从而达到透明效果

运行本实例，将显示如图 9-13 所示的运行结果。

图 9-13 透明且旋转的立方体

小 结

本章首先介绍了常用的绘制 2D 图像的方法，然后又介绍了如何应用 OpenGL 实现 3D 图形。在介绍 2D 图像的绘制时，主要介绍了如何绘制几何图形、文本、路径和图片等，在进行游戏开发时，经常需要应用到这些内容，因而需要重点掌握；在介绍应用 OpenGL 实现 3D 图形时，首先对 OpenGL 进行了简要介绍，然后又介绍了如何绘制 3D 模型和为 3D 图形添加纹理贴图、旋转效果、光照颜色和透明效果，这些内容都是进行 3D 产品开发的基础，希望读者重点掌握。

上机指导

对于 Android 的标志——一个绿色的小机器人，我们都很熟悉。在本练习中，将要求应用绘制 2D 图像技术实现在屏幕上绘制 Android 的机器人。程序运行效果如图 9-14 所示。

图 9-14　绘制 Android 的机器人

开发步骤如下。

（1）在 Eclipse 中创建 Android 项目，名称为 androidIco。

（2）修改新建项目的 res/layout 目录下的布局文件 activity_main.xml，将默认添加的布局代码删除，然后添加一个帧布局管理器，用于显示自定义的绘图类。具体代码如下。

```
<FrameLayout xmlns:android="http://schemas.android.com/apk/res/android"
    android:id="@+id/frameLayout1"
    android:layout_width="match_parent"
    android:layout_height="match_parent"
    >
</FrameLayout>
```

（3）打开默认创建的 MainActivity，在该文件中，首先创建一个名称为 MyView 的内部类，该类继承自 android.view.View 类，并添加构造方法和重写 onDraw(Canvas canvas)方法，然后在 onCreate()方法中，获取布局文件中添加的帧布局管理器，并将 MyView 视图添加到该帧布局管理器中。关键代码如下。

```
@Override
protected void onCreate(Bundle savedInstanceState) {
    super.onCreate(savedInstanceState);
    setContentView(R.layout.activity_main);
    //获取布局文件中的帧布局管理器
    FrameLayout ll=(FrameLayout)findViewById(R.id.frameLayout1);
    ll.addView(new MyView(this));      //将自定义视图添加到帧布局管理器中
```

```java
        }
        public class MyView extends View{
            public MyView(Context context) {
                super(context);
            }
            @Override
            protected void onDraw(Canvas canvas) {
                super.onDraw(canvas);
            }
        }
```

（4）在 MyView 的 onDraw()方法中，首先创建一个画笔，并设置画笔的相关属性，然后绘制机器人的头、眼睛、天线、身体、胳膊和腿，具体代码如下。

```java
Paint paint=new Paint();                                //采用默认设置创建一个画笔
paint.setAntiAlias(true);                               //使用抗锯齿功能
paint.setColor(0xFFA4C739);                             //设置画笔的颜色为绿色
//绘制机器人的头
RectF rectf_head=new RectF(10, 10, 100, 100);
rectf_head.offset(100, 20);
canvas.drawArc(rectf_head, -10, -160, false, paint);    //绘制弧
//绘制眼睛
paint.setColor(Color.WHITE);                            //设置画笔的颜色为白色
canvas.drawCircle(135, 53, 4, paint);                   //绘制圆
canvas.drawCircle(175, 53, 4, paint);                   //绘制圆
paint.setColor(0xFFA4C739);                             //设置画笔的颜色为绿色
//绘制天线
paint.setStrokeWidth(2);                                //设置笔触的宽度
canvas.drawLine(120, 15, 135, 35, paint);               //绘制线
canvas.drawLine(190, 15, 175, 35, paint);               //绘制线
//绘制身体
canvas.drawRect(110, 75, 200, 150, paint);              //绘制矩形
RectF rectf_body=new RectF(110,140,200,160);
canvas.drawRoundRect(rectf_body, 10, 10, paint);        //绘制圆角矩形
//绘制胳膊
RectF rectf_arm=new RectF(85,75,105,140);
canvas.drawRoundRect(rectf_arm, 10, 10, paint);         //绘制左侧的胳膊
rectf_arm.offset(120, 0);                               //设置在X轴上偏移120像素
canvas.drawRoundRect(rectf_arm, 10, 10, paint);         //绘制右侧的胳膊
//绘制腿
RectF rectf_leg=new RectF(125,150,145,200);
canvas.drawRoundRect(rectf_leg, 10, 10, paint);         //绘制左侧的腿
rectf_leg.offset(40, 0);                                //设置在X轴上偏移40像素
canvas.drawRoundRect(rectf_leg, 10, 10, paint);         //绘制右侧的腿
```

完成以上操作后，在左侧的"包资源管理器"中的项目名称节点上，单击鼠标右键，在弹出的快捷菜单中，选择"运行方式"/Android Application 菜单项就可以通过模拟器来运行程序了。

习 题

9-1　Android 提供了哪些常用的绘图类？简述它们的作用。
9-2　Canvas 类提供了哪两个常用的绘制文本的方法？
9-3　简述 OpenGL。
9-4　构建一个 3D 开发的基本框架大致可以分为哪几个步骤？
9-5　为 3D 模型添加纹理贴图大致可以分为哪几个步骤？
9-6　3D 图形支持哪几种光照类型？

第10章

位置服务与地图应用

本章要点：

- 获得位置源
- 查看位置源属性
- 监听位置变化事件
- 申请百度地图API密钥
- 在Android项目中使用百度地图
- 在地图上标记位置

■ 由于移动设备比计算机更容易随身携带，所以在移动设备上使用位置服务与地图应用，就更加实用了。本章将对 Android 中的位置服务与百度地图应用进行详细的介绍。

10.1 位置服务

获得用户位置能让应用程序更加智能，而且能向用户提供更有用的信息。在开发 Android 位置相关应用时，可以从 GPS 或者网络获得用户位置。通过 GPS 能获得最精确的信息，但是它仅适用于户外，不但耗电，而且不能及时返回用户需要的信息。使用网络能从发射塔和 Wi-Fi 信号获得用户位置，提供一种适用于户内和户外的获得位置信息的方式，不但响应迅速，而且更加省电。为了在应用中获得用户位置，开发人员可以同时使用这两种方式，或者使用其中之一。

由于模拟器暂时不支持从网络获得用户位置，因此本节只讲解 GPS 方式的使用。

在 Android 系统中，开发人员需要使用以下类访问定位服务。
- LocationManager：该类提供系统定位服务访问功能。
- LocationListener：当位置发生变化时，该接口从 LocationManager 中获得通知。
- Location：该类表示特定时间地理位置信息，位置由经度、纬度、UTC 时间戳以及可选的高度、速度、方向等组成。

10.1.1 获得位置源

由于 Android 系统提供了多种方式来获得位置，下面通过一个例子来演示如何获得当前支持的全部位置源。

【例10-1】 在Eclipse中创建Android项目，名称为10-1，获得当前模拟器支持的全部位置源名称。

获得位置源

（1）修改 res/layout 包中的 activity_main.xml 文件，为默认添加的文本框组件添加 ID 属性，并设置文本为"正在获取位置源..."，关键代码如下。

```
<TextView
    android:id="@+id/location"
    android:layout_width="wrap_content"
    android:layout_height="wrap_content"
    android:text="正在获取位置源..." />
```

（2）打开 MainActivity，在重写的 onCreate()方法中，首先在系统服务中获得位置服务，然后获得保存位置源的列表，遍历该列表，最后显示其中保存的数据，程序代码如下。

```
public void onCreate(Bundle savedInstanceState) {
    super.onCreate(savedInstanceState);            // 调用父类方法
    setContentView(R.layout.main);                 // 应用布局文件
    StringBuilder sb = new StringBuilder();        // 使用StringBuilder保存数据
    // 获得位置服务
    LocationManager manager=(LocationManager)getSystemService(LOCATION_SERVICE);
    List<String> providers = manager.getAllProviders();    // 获得全部位置源
    for (Iterator<String> it = providers.iterator(); it.hasNext();) {  // 遍历列表
        sb.append(it.next() + "\n");
    }
    TextView text = (TextView) findViewById(R.id.location);    // 获得文本框控件
```

```
        text.setText(sb.toString());                              // 显示位置源列表
    }
```

运行程序，显示效果如图 10-1 所示。当前模拟器支持两种位置源：passive 和 gps。passive 表示被动接受位置更新。

图 10-1 获得当前模拟器支持的全部位置源

10.1.2 查看位置源属性

对于位置源而言，有两种用户十分关心的属性：精度和耗电量。在 android.location.Criteria 类中，保存了关于精度和耗电量的信息，其说明如表 10-1 所示。

查看位置源属性

表 10-1 Criteria 类定义的精度和耗电信息

常量	说明
ACCURACY_COARSE	近似的精度
ACCURACY_FINE	更精细的精度
ACCURACY_HIGH	高等精度
ACCURACY_MEDIUM	中等精度
ACCURACY_LOW	低等精度
NO_REQUIREMENT	无要求
POWER_HIGH	高耗电量
POWER_MEDIUM	中耗电量
POWER_LOW	低耗电量

【例10-2】 在Eclipse中创建Android项目，名称为10-2，获得GPS位置源的精度和耗电量。

（1）修改 res/layout 包中的 activity_main.xml 文件，为默认添加的文本框组件设置 ID 属性和文字大小，并将显示文本设置为 "正在获取..."，关键代码如下。

```
<TextView
    android:id="@+id/location"
    android:layout_width="wrap_content"
    android:layout_height="wrap_content"
    android:text="正在获取..."
    android:textSize="26sp"/>
```

（2）打开 MainActivity 类，在重写的 onCreate()方法中，首先在系统服务中获得位置服务，然后获得 GPS 位置源，测试其精度和耗电信息，最后在文本框中输出，程序的代码如下。

```
StringBuilder sb = new StringBuilder();                // 使用StringBuilder保存数据
// 获得位置服务
LocationManager manager = (LocationManager)getSystemService(LOCATION_SERVICE);
// 获得GPS位置源
LocationProvider provider = manager.getProvider(LocationManager.GPS_PROVIDER);
sb.append("精度：");
switch (provider.getAccuracy()) {                      // 获得精度信息
case Criteria.ACCURACY_HIGH:
    sb.append("ACCURACY_HIGH");
    break;
case Criteria.ACCURACY_MEDIUM:
    sb.append("ACCURACY_MEDIUM");
    break;
case Criteria.ACCURACY_LOW:
    sb.append("ACCURACY_LOW");
    break;
}
sb.append("\n耗电量：");
switch (provider.getPowerRequirement()) {              // 获得耗电信息
case Criteria.POWER_HIGH:
    sb.append("POWER_HIGH");
    break;
case Criteria.POWER_MEDIUM:
    sb.append("POWER_MEDIUM");
    break;
case Criteria.POWER_LOW:
    sb.append("POWER_LOW");
    break;
}
TextView text = (TextView) findViewById(R.id.location);    // 获得文本框控件
text.setText(sb.toString());                               // 显示位置源精度和耗电量
```

（3）在 AndroidManifest.xml 文件中，增加"android.permission.ACCESS_FINE_LOCATION"权限，关键代码如下。

```
<uses-permission android:name="android.permission.ACCESS_FINE_LOCATION"/>
```

如果不加入这句设置用户许可的代码，程序运行时，将产生如图 10-2 所示的异常信息。

运行程序，显示效果如图 10-3 所示。GPS 位置源的精度是 ACCURACY_LOW，耗电量是 POWER_HIGH。

图 10-2　未设置用户许可时抛出的异常

图 10-3　获得 GPS 位置源的精度和耗电量

10.1.3 监听位置变化事件

对于位置发生变化的用户,可以在变化后接收到相关的通知。在 LocationManager 类中,定义了多个 requestLocationUpdates()方法,用来为当前 Activity 注册位置变化通知事件。该方法的声明如下。

监听位置变化事件

public void requestLocationUpdates (String provider, long minTime, float minDistance, LocationListener listener)

- provider:注册的 provider 的名称,可以是 GPS_PROVIDER 等。
- minTime:通知间隔的最小时间,单位是毫秒。系统可能为了省电而延长该时间。
- minDistance:更新通知的最小变化距离,单位是米。
- listener:用于处理通知的监听器。

在 LocationListener 接口中,定义了 4 个方法,其说明如表 10-2 所示。

表 10-2 LocationListener 接口中方法说明

方法	说明
onLocationChanged	当位置发生变化时调用该方法
onProviderDisabled	当 provider 禁用时调用该方法
onProviderEnabled	当 provider 启用时调用该方法
onStatusChanged	当状态发生变化时调用该方法

【例10-3】 在Eclipse中创建Android项目,名称为10-3,获得更新后的经纬度信息。

(1)修改 res/layout 包中的 activity_main.xml 文件,为默认添加的文本框组件设置 ID 属性和文字大小,并将显示文本设置为"正在获取...",关键代码如下。

```
<TextView
    android:id="@+id/location"
    android:layout_width="wrap_content"
    android:layout_height="wrap_content"
    android:text="正在获取..."
    android:textSize="26sp"/>
```

(2)打开 MainActivity 类,在重写的 onCreate()方法中,首先在系统服务中获得位置服务,然后更新位置信息,接着在文本框中显示经纬度数据,程序的代码如下。

```
StringBuilder sb = new StringBuilder();        // 使用StringBuilder保存数据
// 获得位置服务
LocationManager manager = (LocationManager) getSystemService(LOCATION_SERVICE);
manager.requestLocationUpdates(LocationManager.GPS_PROVIDER,10000,2,new LocationListener(){
    @Override
    public void onStatusChanged(String provider, int status, Bundle extras) {
    }
    @Override
    public void onProviderEnabled(String provider) {
    }
    @Override
    public void onProviderDisabled(String provider) {
    }
    @Override
```

```
        public void onLocationChanged(Location location) {
        }
});
Location location = manager.getLastKnownLocation(LocationManager.GPS_PROVIDER);
if (location != null) {
    sb.append("纬度：" + location.getLatitude() + "\n");
    sb.append("经度：" + location.getLongitude());
} else {
    sb.append("location is null~");
}
TextView text = (TextView) findViewById(R.id.location);    // 获得文本框控件
text.setText(sb.toString());                                // 显示获取结果
```

（3）在 AndroidManifest.xml 文件中，增加"android.permission.ACCESS_FINE_LOCATION"权限，关键代码如下。

```
<uses-permission android:name="android.permission.ACCESS_FINE_LOCATION"/>
```

由于模拟器并不真正支持 GPS，因此直接运行程序会显示如图 10-4 所示的效果。

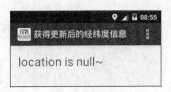

图 10-4　程序运行效果

此时，可以进入模拟器的 DDMS 视图，在 Emulator Control（模拟器控制）中，向模拟器发送假的 GPS 数据，单击图 10-5 中的"Send"按钮即可。再次运行程序，会显示刚刚发送的经纬度信息，如图 10-6 所示。

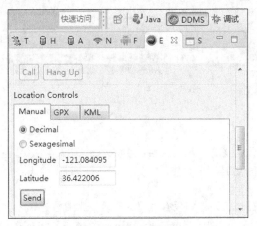

图 10-5　模拟器控制台

图 10-6　获得最新的经纬度信息

10.2　百度地图服务

手机地图应用已经非常广泛了，通过在手机上使用地图应用，我们可以随时随地查看行走路线，十分方便。实际上，在 Google API 中提供了地图附加库，但是由于 Google 地图已经停用了第一版的 API Key，而第二版的 API Key 在中国使用又存在很多限制，所以本书中将不使用 Google 地图，而使用百度地图。为了让 Android 开发者使用百度地图，百度提供了百度地图 Android SDK。它是一套基于 Android 2.1 及以上版本设备的应用程序接口，适用于 Android 系统移动设备的地图应用开发。通过调用地图 SDK 接口，可以轻松访问百度地图服务和数据，构建功能丰富、交互性强的地图类应用程序。

10.2.1 获得地图 API 密钥

在使用百度地图 Android SDK 时，首先需要申请密钥（API Key）。该密钥与百度账户相关联。因此，在申请密钥前，必须先注册百度账户，另外，该密钥还与创建的过程名称有关。获取地图 API 密钥的具体步骤如下。

（1）在浏览器的地址栏中输入密钥的申请地址 http://lbsyun.baidu.com/apiconsole/key，如果未登录百度账号，将会进入百度账号登录页面，如图 10-7 所示。

获得地图 API 密钥

图 10-7　登录百度账号页面

（2）输入账号和密码后，单击"登录"按钮登录。如果您没有注册为百度开发者，还需要注册为百度开发者，这时，页面将自动跳转到如图 10-8 所示的注册为百度开发者页面。在这里填写正确的注册信息，只需填写标有"*"号的项就可以了。

（3）信息填写完毕后，单击"提交"按钮，将会显示如图 10-9 所示的注册成功页面。

（4）单击"去创建应用"按钮，将进入到如图 10-10 所示的 API 控制台服务页面。

（5）单击"创建应用"按钮，将进入到如图 10-11 所示的创建应用页面，在该页面中输入应用名称（例如，百度地图应用）；选择应用类型为 Android SDK，然后需要输入安全码。

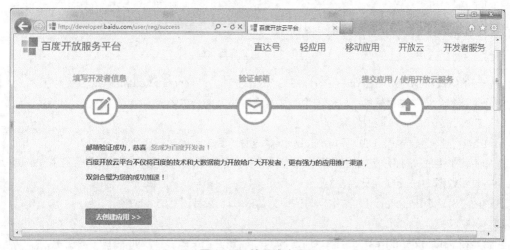

图 10-8　填写注册信息页面

图 10-9　注册成功页面

图 10-10　API 控制台服务页面

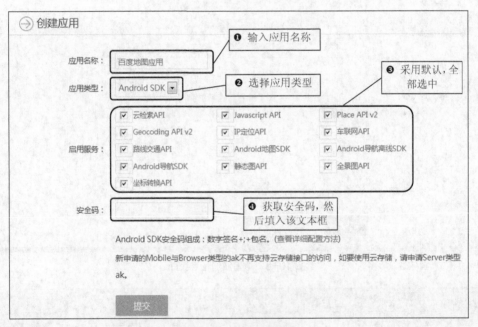

图 10-11　创建应用页面

安全码的组成规则为：Android 签名证书的 sha1 值+";"+packagename（即：数字签名+英文状态下的分号+包名）。在安全码的组成规则中，主要有以下两部分内容需要获取。

□　获取 Android 签名证书的 sha1 值。

Android 签名证书的 sha1 值可以在 Eclipse 中查看，具体步骤为：

选择主菜单中的"窗口"/"首选项"菜单项，在打开的首选项对话框中，选中左侧的 Android/Build 节点，将显示如图 10-12 所示的内容。

其中的"SHA1 fingerprint"文本框的值即为 Android 签名证书的 sha1 值。

□　获取包名。

包名是在 AndroidManifest.xml 中，通过 package 属性定义的名称，如图 10-13 所示。

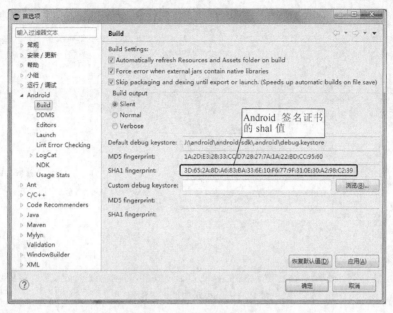

图 10-12 首选项对话框

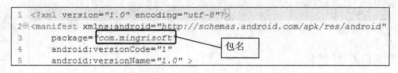

图 10-13 定义的包名

获取到安全码(如 3D:65:2A:8D:A6:83:BA:33:6E:10:F6:77:9F:31:0E:30:A2:98:C2:39;com.mingrisoft)后,将其填写到安全码文本框中,如图 10-14 所示。

图 10-14 填写安全码

（6）单击提交按钮，返回到如图 10-15 所示的应用列表页面，在该页面中，将显示刚刚创建的应用。

图 10-15 显示申请到的密钥

 图 10-15 中的 RILBm78ly3df0qzx8Eq3LfwX 就是申请到的密钥。

10.2.2 下载 SDK 开发包

要开发百度地图应用，需要下载百度地图 SDK 开发包，它可以到百度地图 API 网站下载，具体下载步骤如下。

下载 SDK 开发包

（1）在浏览器的地址栏中输入网址"http://developer.baidu.com/map/index.php?title=首页"，进入到百度地图 API 首页，将鼠标移动到"开发"超链接上，将显示对应子菜单，如图 10-16 所示。

图 10-16 应用列表页面的底部

（2）单击"Android 地图 SDK"超链接，进入到"Android 地图 SDK"页面，单击该页面左侧的"相关下载"超链接，进入到如图 10-17 所示的相关下载页面。

图 10-17　相关下载页面

（3）单击"全部下载"按钮，下载全部 API。也可以单击"自定义下载"按钮，根据自己的项目需要勾选相应的功能，下载对应的 SDK 开发包。这里单击"全部下载"按钮，进入到如图 10-18 所示的页面。

图 10-18　选择要下载的资源

（4）单击"开发包"按钮，下载全部资源。下载完成后，将得到一个名称为 BaiduLBS_AndroidSDK_Lib.zip 的文件，这就是所需要的 SDK 开发包。

10.2.3 新建使用百度地图 API 的 Android 项目

在 Eclipse 中，新建使用百度地图 API 的 Android 项目的具体步骤如下。

新建使用百度地图 API 的 Android 项目

【例10-4】 在Eclipse中创建Android项目，名称为10-4，应用百度地图API实现在项目中显示百度地图。

（1）启动 Eclipse，创建新项目，设置包名为 com.mingrisoft，项目创建完成后，解压缩下载的 BaiduLBS_AndroidSDK_Lib.zip 文件，将其中的 libs 目录下的全部内容复制到新建项目的 libs 目录下，如图 10-19 所示。

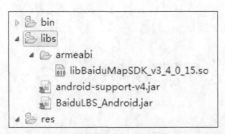

图 10-19 将百度地图 SDK 复制到 libs 目录的结果

（2）在 AndroidManifest.xml 文件的<application>标签中添加子标签<meta-data>用于指定开发密钥，格式如下。

```
<meta-data
    android:name="com.baidu.lbsapi.API_KEY"
    android:value="填写你申请的AK" />
```

例如，我们申请的密钥为 RlLBm78ly3df0qzx8Eq3LfwX，所以就可以使用下面的代码。

```
<meta-data
    android:name="com.baidu.lbsapi.API_KEY"
    android:value="RlLBm78ly3df0qzx8Eq3LfwX" />
```

（3）在 AndroidManifest.xml 文件的<manifest>标签中添加子标签<uses-permission>允许所需权限。通常情况下，使用百度 API 需要允许以下权限。

```
<uses-permission android:name="android.permission.GET_ACCOUNTS" />
<uses-permission android:name="android.permission.USE_CREDENTIALS" />
<uses-permission android:name="android.permission.MANAGE_ACCOUNTS" />
<uses-permission android:name="android.permission.AUTHENTICATE_ACCOUNTS" />
<uses-permission android:name="android.permission.ACCESS_NETWORK_STATE" />
<uses-permission android:name="android.permission.INTERNET" />
<uses-permission android:name="com.android.launcher.permission.READ_SETTINGS" />
<uses-permission android:name="android.permission.CHANGE_WIFI_STATE" />
<uses-permission android:name="android.permission.ACCESS_WIFI_STATE" />
<uses-permission android:name="android.permission.READ_PHONE_STATE" />
<uses-permission android:name="android.permission.WRITE_EXTERNAL_STORAGE" />
<uses-permission android:name="android.perimission.BROADCAST_STICKY" />
<uses-permission android:name="android.permission.WRITE_SETTINGS" />
<uses-permission android:name="android.permission.READ_PHONE_STATE" />
```

（4）在布局文件 activity_main.xml 中添加地图组件，关键代码如下。

```
<com.baidu.mapapi.map.MapView
    android:id="@+id/bmapview"
```

```
            android:layout_width="match_parent"
            android:layout_height="match_parent"
            android:clickable="true" />
```

（5）打开 MainActivity，在该文件中声明两个成员变量，关键代码如下。

```
private MapView mMapView = null;      // 百度地图组件
private BaiduMap mBaiduMap;           // 百度地图对象
```

（6）在 MainActivity 中，编写一个初始化方法 init()，在该文件中，获取布局文件中添加的百度地图组件，以及百度地图对象，再设置地图类型为普通地图，关键代码如下。

```
private void init() {
    mMapView = (MapView) findViewById(R.id.bmapview);         //获取地图组件
    mBaiduMap=mMapView.getMap();                              //获取百度地图对象
    mBaiduMap.setMapType(BaiduMap.MAP_TYPE_NORMAL);           //普通地图
}
```

（7）在 MainActivity 的 onCreate()方法中，首先设置不显示系统标题栏，然后再初始化 SDK 引用的 Context 全局变量，最后再调用 init()方法，修改后的 onCreate()方法代码如下。

```
@Override
protected void onCreate(Bundle savedInstanceState) {
    super.onCreate(savedInstanceState);
    requestWindowFeature(Window.FEATURE_NO_TITLE);           //设置不显示标题栏
    SDKInitializer.initialize(getApplicationContext());      //初始化地图SDK
    setContentView(R.layout.activity_main);
    init();                                                  //调用init()方法
}
```

initialize()方法中必须传入 ApplicationContext，如果传入 this，或者 MainActivity.this 都不行，那样一来会报运行时异常，所以百度建议把该方法放到 Application 的初始化方法中。

（8）重写 activity 的生命周期的几个方法来管理地图的生命周期。在 activity 的 onResume()、onPause()、onDestory()方法中分别执行 mapview 的 onReusme()、onPause()和 onDestroy()方法。关键代码如下。

```
        @Override
        protected void onResume() {
            super.onResume();
            mMapView.onResume();
        }
        @Override
        protected void onPause() {
            super.onPause();
            mMapView.onPause();
        }
        @Override
        protected void onDestroy() {
            mMapView.onDestroy();
            mMapView = null;
            super.onDestroy();
        }
```

运行本实例，在模拟器中将显示如图 10-20 所示的百度地图。在该页面中，可以通过右下角的放大或缩小按钮对地图进行缩放。

图 10-20　在屏幕中显示的百度地图

 在运行使用百度地图 API 的程序时，需要连接互联网。

10.2.4　在地图上使用覆盖层

在地图上使用覆盖层

在很多的地图应用上，都需要有在地图上显示信息或者绘制图形的功能。百度地图也提供了一种叫作覆盖物的功能，所有叠加或覆盖在地图上的内容都被称作地图覆盖物，如标注、矢量图形元素、定位图标等。

要实现在地图上使用覆盖层时，首先需要定义一个 LatLng 对象，该对象用于保存覆盖物的位置坐标，创建 LatLng 对象的基本语法格式如下。

LatLng point=new LatLng(纬度值,经度值);

例如，要将覆盖物标记在长春，可以使用下面的代码创建 LatLng 对象。

LatLng point = new LatLng(43.83,125.33);

然后，创建要显示的覆盖物，例如，创建一个定位图标，可以使用下面的代码。

//构建覆盖物图标
BitmapDescriptor bitmap=BitmapDescriptorFactory.fromResource(R.drawable.ic_launcher);
//构建MarkerOption，用于在地图上添加覆盖物
OverlayOptions option = new MarkerOptions()
    .position(point)
    .icon(bitmap);

最后调用百度地图对象的 addOverlay()方法在地图上添加覆盖物。addOverlay()方法的基本语法格式如下。

Overlay com.baidu.mapapi.map.BaiduMap.addOverlay(OverlayOptions arg0)

其中，arg0 为 OverlayOptions 对象，它用于构建要添加的覆盖物。

下面通过一个具体的实例来演示如何在百度地图上添加覆盖物。

【例10-5】 在Eclipse中，复制例10-4的项目，名称为10-5，实现在百度地图上标记北京北站的位置。

（1）准备一张作为标记的图片（如使用代表火车站的图标 ico.png），并将其复制到 res/drawable-mdpi 目录下。

（2）在 MainActivity 的 init()方法中添加以下代码，用于在地图上指定位置添加覆盖物，这里指定的覆盖物为代表火车站的图标。

```
// 定义Maker坐标点
LatLng point = new LatLng(39.944005, 116.361044);
// 构建Marker图标
BitmapDescriptor bitmap = BitmapDescriptorFactory
        .fromResource(R.drawable.ico);
// 构建MarkerOption，用于在地图上添加Marker
OverlayOptions option = new MarkerOptions().position(point)
        .icon(bitmap);
// 在地图上添加Marker，并显示
mBaiduMap.addOverlay(option);
```

运行本实例，将显示如图 10-21 所示的效果。

图 10-21 在地图上标记北京北站的位置

小 结

在本章中首先介绍了 Android 中提供的位置服务，然后介绍了如何使用百度地图服务。其中，在介绍位置服务时，主要介绍了如何获得位置源、查看位置源属性，以及监听位置变化事件；在介绍百度地图时，主要介绍了如何在 Android 项目中使用百度地图，以及如何在地图上使用覆盖层。这些内容在开发地图应用时非常重要，需要重点掌握。

上机指导

使用百度地图时，可以在指定的位置进行标记，本实例将实现在百度地图上标记明日科技的位置。程序运行效果如图 10-22 所示。

图 10-22　在百度地图上标记明日科技的位置

开发步骤如下。

（1）在 Eclipse 中创建 Android 项目，名称为 markerMR，包名为 com.mingrisoft，项目创建完成后，解压缩下载的 BaiduLBS_AndroidSDK_Lib.zip 文件，将其中的 libs 目录下的全部内容复制到新建项目的 libs 目录下。

（2）在 AndroidManifest.xml 文件的<application>标签中添加指定开发密钥，关键代码如下：

```
<meta-data
    android:name="com.baidu.lbsapi.API_KEY"
    android:value="RlLBm78ly3df0qzx8Eq3LfwX" />
```

（3）在 AndroidManifest.xml 文件的<manifest>标签中添加子标签<uses-permission>允许所需权限。通常情况下，使用百度 API 需要允许以下权限。

```
<uses-permission android:name="android.permission.GET_ACCOUNTS" />
<uses-permission android:name="android.permission.USE_CREDENTIALS" />
<uses-permission android:name="android.permission.MANAGE_ACCOUNTS" />
<uses-permission android:name="android.permission.AUTHENTICATE_ACCOUNTS" />
<uses-permission android:name="android.permission.ACCESS_NETWORK_STATE" />
<uses-permission android:name="android.permission.INTERNET" />
<uses-permission android:name="com.android.launcher.permission.READ_SETTINGS" />
<uses-permission android:name="android.permission.CHANGE_WIFI_STATE" />
<uses-permission android:name="android.permission.ACCESS_WIFI_STATE" />
<uses-permission android:name="android.permission.READ_PHONE_STATE" />
```

```xml
<uses-permission android:name="android.permission.WRITE_EXTERNAL_STORAGE" />
<uses-permission android:name="android.permission.BROADCAST_STICKY" />
<uses-permission android:name="android.permission.WRITE_SETTINGS" />
<uses-permission android:name="android.permission.READ_PHONE_STATE" />
```

（4）在布局文件 activity_main.xml 中添加地图组件，关键代码如下。

```xml
<com.baidu.mapapi.map.MapView
        android:id="@+id/bmapview"
        android:layout_width="match_parent"
        android:layout_height="match_parent"
        android:clickable="true" />
```

（5）打开 MainActivity，在该文件中声明两个成员变量，关键代码如下。

```java
private MapView mMapView = null;    // 百度地图组件
private BaiduMap mBaiduMap;    // 百度地图对象
```

（6）在 MainActivity 中，编写一个初始化方法 init()，在该文件中，首先获取布局文件中添加的百度地图组件，以及百度地图对象，然后设置地图类型为普通地图，接下来再设置定位点为长春市，最后定义覆盖物用于标记明日科技的位置。具体代码如下。

```java
private void init() {
    mMapView = (MapView) findViewById(R.id.bmapview); //获取地图组件
    mBaiduMap=mMapView.getMap();   //获取百度地图对象
    mBaiduMap.setMapType(BaiduMap.MAP_TYPE_NORMAL);           //普通地图
    /**************定位***********************/
//设定中心点坐标
    LatLng cenpt = new LatLng(43.835351,125.337083);
//定义地图状态
    MapStatus mMapStatus = new MapStatus.Builder().target(cenpt).zoom(15).build();
    //定义MapStatusUpdate对象，以便描述地图状态将要发生的变化
    MapStatusUpdate mMapStatusUpdate=MapStatusUpdateFactory.newMapStatus(mMapStatus);
    //改变地图状态
    mBaiduMap.setMapStatus(mMapStatusUpdate);
    /*****************************************/
//定义Maker坐标点
    LatLng point = new LatLng(43.834351,125.337083);
    //构建Marker图标
    BitmapDescriptor bitmap = BitmapDescriptorFactory
            .fromResource(R.drawable.ic_launcher);
    //构建MarkerOption，用于在地图上添加Marker
    OverlayOptions option = new MarkerOptions()
            .position(point)
            .icon(bitmap);
    //在地图上添加Marker，并显示
    mBaiduMap.addOverlay(option);
}
```

（7）在 MainActivity 的 onCreate()方法中，首先设置不显示系统标题栏，然后再初始化 SDK 引用的 Context 全局变量，最后再调用 init()方法。由于此处的代码与例 10-4 是完全一样的，这里就不再给出了。

（8）重写 activity 的生命周期的几个方法来管理地图的生命周期。在 activity 的 onResume()、onPause()、onDestory()方法中分别执行 mapview 的 onReusme()、onPause()和 onDestory()方法。由于此处的代码与例 10-4 是完全一样的，这里就不再给出了。

完成以上操作后，在左侧的"包资源管理器"中的项目名称节点上，单击鼠标右键，在弹出的快捷菜单中，选择"运行方式"/Android Application 菜单项就可以通过模拟器来运行程序了。

习 题

10-1 在 Android 系统中，开发人员需要使用哪几个类访问定位服务？
10-2 在 Android 系统中哪个类保存了关于精度和耗电量信息？
10-3 申请百度地图的密钥时安全码的组成规则是什么？
10-4 如何查看 Android 签名证书的 sha1 值？
10-5 简述在地图上使用覆盖层的基本步骤。

第11章

网络技术

本章要点：

使用HttpURLConnection访问
网络的方法
使用HttpClient访问网络的方法
如何使用WebView组件浏览网页
在WebView组件中加载HTML
代码的方法
让WebView组件支持
JavaScript的方法

■ Google 公司是以网络搜索引擎起家的，它通过大胆的创意和不断的研发努力，目前已经成为网络世界的巨头，而出自于 Google 之手的 Android 平台，在进行网络编程和 Internet 应用上，也是非常优秀的。本章将对 Android 中网络编程相关的知识进行详细介绍。

11.1 通过 HTTP 访问网络

随着智能手机和平板电脑等移动终端设备的迅速发展，现在的 Internet 已经不再只是传统的有线互联网，它还包括了移动互联网。同有线互联网一样，移动互联网也可以使用 HTTP 访问网络。在 Android 中，针对 HTTP 进行网络通信的方法主要有两种，一种是使用 HttpURLConnection 实现，另一种是使用 HttpClient 实现，下面分别进行介绍。

11.1.1 使用 HttpURLConnection 访问网络

HttpURLConnection 类位于 java.net 包中，它用于发送 HTTP 请求和获取 HTTP 响应。由于该类是抽象类，不能直接实例化对象，因而需要使用 URL 的 openConnection()方法来获得。例如，要创建一个 http://www.mingribook.com 网站对应的 HttpURLConnection 对象，可以使用下面的代码。

URL url = new URL("http://www.mingribook.com/");
HttpURLConnection urlConnection = (HttpURLConnection) url.openConnection();

 通过 openConnection()方法创建的 HttpURLConnection 对象，并没有真正的执行连接操作，只是创建了一个新的实例，在进行连接前，还可以设置一些属性。例如，连接超时的时间和请求方式等。

创建了 HttpURLConnection 对象后，就可以使用该对象发送 HTTP 请求了。HTTP 请求通常分为 GET 请求和 POST 请求两种，下面分别进行介绍。

1. 发送 GET 请求

使用 HttpURLConnection 对象发送请求时，默认发送的就是 GET 请求。因此，发送 GET 请求比较简单，只需要在指定连接地址时，先将要传递的参数通过"?参数名=参数值"进行传递（多个参数间使用英文半角的逗号分隔，例如，要传递用户名和 E-mail 地址两个参数可以使用?user=wgh,email=wgh717@sohu.com 实现），然后获取流中的数据，并关闭连接就可以了。

发送 GET 请求

下面通过一个具体的实例来说明如何使用 HttpURLConnection 发送 GET 请求。

【例11-1】 在Eclipse中创建Android项目，名称为11-1，实现向服务器发送GET请求，并获取服务器的响应结果。

（1）修改新建项目的 res/layout 目录下的布局文件 activity_main.xml，将默认添加的 TextView 组件删除，然后将默认添加的相对布局管理器修改为垂直的线性布局管理器，并且在其中添加一个 id 为 content 的编辑框（用于输入微博内容），以及一个"发表"按钮，再添加一个滚动视图，并在该视图中添加一个线性布局管理器，最后还需要在该线性布局管理器中添加一个文本框，用于显示从服务器上读取的微博内容，关键代码如下。

```
<LinearLayout xmlns:android="http://schemas.android.com/apk/res/android"
    android:layout_width="match_parent"
    android:layout_height="match_parent"
    android:gravity="center_horizontal"
    android:orientation="vertical" >
    <EditText
```

```
                android:id="@+id/content"
                android:layout_width="match_parent"
                android:layout_height="wrap_content" />
        <Button
            android:id="@+id/button"
            android:layout_width="wrap_content"
            android:layout_height="wrap_content"
            android:text="@string/button" />
        <ScrollView
            android:id="@+id/scrollView1"
            android:layout_width="match_parent"
            android:layout_height="wrap_content"
            android:layout_weight="1" >
            <LinearLayout
                android:id="@+id/linearLayout1"
                android:layout_width="match_parent"
                android:layout_height="match_parent" >
                <TextView
                    android:id="@+id/result"
                    android:layout_width="match_parent"
                    android:layout_height="wrap_content"
                    android:layout_weight="1" />
            </LinearLayout>
        </ScrollView>
</LinearLayout>
```

（2）在该 MainActivity 中，创建程序中所需的成员变量，具体代码如下。

```
private EditText content;              //声明一个输入文本内容的编辑框对象
private Button button;                 //声明一个发表按钮对象
private Handler handler;               // 声明一个Handler对象
private String result = "";            //声明一个代表显示内容的字符串
private TextView resultTV;             //声明一个显示结果的文本框对象
```

（3）编写一个无返回值的 send() 方法，用于建立一个 HTTP 连接，并将输入的内容发送到 Web 服务器上，再读取服务器的处理结果，具体代码如下。

```
public void send() {
    String target="";
    target = "http://192.168.1.66:8080/blog/index.jsp?content="
            +base64(content.getText().toString().trim());       //要访问的URL地址
    URL url;
    try {
        url = new URL(target);                                  // 创建URL对象
        HttpURLConnection urlConn = (HttpURLConnection) url
                .openConnection();                              //创建一个HTTP连接
        InputStreamReader in = new InputStreamReader(
                urlConn.getInputStream());                      // 获得读取的内容
        BufferedReader buffer = new BufferedReader(in);         // 获取输入流对象
        String inputLine = null;
        //通过循环逐行读取输入流中的内容
```

```
                while ((inputLine = buffer.readLine()) != null) {
                    result += inputLine + "\n";
                }
                in.close();                                         //关闭字符输入流对象
                urlConn.disconnect();                               //断开连接
            } catch (MalformedURLException e) {
                e.printStackTrace();
            } catch (IOException e) {
                e.printStackTrace();
            }
        }
```

（4）在应用 GET 方法传递中文的参数时，会产生乱码，这时我们可以采用对其进行 Base64 编码来解决该乱码问题，为此，需要编写一个 base64()方法，对要进行传递的参数进行 Base64 编码。base64()方法的具体代码如下。

```
public String base64(String content){
    try {
        //对字符串进行Base64编码
        content=Base64.encodeToString(content.getBytes("utf-8"), Base64.DEFAULT);
        content=URLEncoder.encode(content);              //对字符串进行URL编码
    } catch (UnsupportedEncodingException e) {
        e.printStackTrace();                             //输出异常信息
    }
    return content;
}
```

要解决应用 GET 方法传递中文参数乱码的情况，也可以不采用 Base64 编码来解决，而使用 Java 提供的 URLEncoder 类来实现。

（5）在 onCreate()方法中，获取布局管理器中添加用于输入内容的编辑框、用于显示结果的文本框和"发表"按钮，并为"发表"按钮添加单击事件监听器，在重写的 onClick()方法中，首先判断输入的内容是否为空，如果为空则给出消息提示，否则，创建一个新的线程，调用 send()方法发送并读取微博信息，具体代码如下。

```
content = (EditText) findViewById(R.id.content);     //获取输入文本内容的EditText组件
resultTV = (TextView) findViewById(R.id.result);     //获取显示结果的TextView组件
button = (Button) findViewById(R.id.button);         //获取"发表"按钮组件
//为按钮添加单击事件监听器
button.setOnClickListener(new OnClickListener() {
    @Override
    public void onClick(View v) {
        if ("".equals(content.getText().toString())) {
            Toast.makeText(MainActivity.this, "请输入要发表的内容！",
                    Toast.LENGTH_SHORT).show();    //显示消息提示
            return;
        }
        // 创建一个新线程，用于发送并读取微博信息
```

```
            new Thread(new Runnable() {
                public void run() {
                    send();                                    //发送文本内容到Web服务器,并读取
                    Message m = handler.obtainMessage();       // 获取一个Message
                    handler.sendMessage(m);                    // 发送消息
                }
            }).start();                                        // 开启线程
        }
    });
```

（6）创建一个 Handler 对象，在重写的 handleMessage()方法中，当变量 result 不为空时，将其显示到结果文本框中，并清空编辑器，具体代码如下。

```
handler = new Handler() {
    @Override
    public void handleMessage(Message msg) {
        if (result != null) {
            resultTV.setText(result);                          // 显示获得的结果
            content.setText("");                               // 清空编辑框
        }
        super.handleMessage(msg);
    }
};
```

（7）由于在本实例中，需要访问网络资源，所以还需要在 AndroidManifest.xml 文件中指定允许访问网格资源的权限，具体代码如下。

```
<uses-permission android:name="android.permission.INTERNET"/>
```

另外，还需要编写一个 Java Web 实例，用于接收 Android 客户端发送的请求，并做出响应。这里我们编写一个名称为 index.jsp 的文件，在该文件中，首先获取参数 content 指定的微博信息，并保存到变量 content 中，然后替换变量 content 中的加号，这是由于在进行 URL 编码时，将加号转换为%2B 了，最后再对 content 进行 Base64 解码，并输出转码后的 content 变量的值，具体代码如下。

```
<%@ page contentType="text/html; charset=utf-8" language="java" import="sun.misc.BASE64Decoder"%>
<%
 String content="";
 if(request.getParameter("content")!=null){
   content=request.getParameter("content");                   //获取输入的微博信息
//替换content中的加号,这是由于在进行URL编码时,将+号转换为%2B了
   content=content.replaceAll("%2B","+");
   BASE64Decoder decoder=new BASE64Decoder();
   content=new String(decoder.decodeBuffer(content),"utf-8"); //进行base64解码
 }
%>
<%="发表一条微博,内容如下: "%>
<%=content%>
```

将 index.jsp 文件放到 Tomcat 安装路径下的 webapps\blog 目录下，并启动 Tomcat 服务器。然后，运行本实例，在屏幕上方的编辑框中输入一条微博信息，并单击"发表"按钮，在下方将显示 Web 服务器的处理结果。例如，输入"驾驭命运的舵是奋斗！"后，单击"发表"按钮，将显示如图 11-1 所示的运行结果。

图 11-1 使用 GET 方式发表并显示微博信息

2. 发送 POST 请求

由于采用 GET 方式发送请求只适合发送大小在 1024 个字节以内的数据，所以当要发送的数据比较大时，就需要使用 POST 方式来发送该请求。在 Android 中，使用 HttpURLConnection 类在发送请求时，默认采用的是 GET 请求，如果要发送 POST 请求，需要通过其 setRequestMethod()方法进行指定。例如，我们创建一个 HTTP 连接，并为该连接指定请求的发送方式为 POST，可以使用下面的代码。

发送 POST 请求

```
//创建一个HTTP连接
HttpURLConnection urlConn = (HttpURLConnection) url.openConnection();
urlConn.setRequestMethod("POST");                    //指定请求方式为POST
```

在发送 POST 请求时，要比发送 GET 请求复杂一些，它经常需要通过 HttpURLConnection 类及其父类 URLConnection 提供的如表 11-1 所示的方法设置相关内容。

表 11-1 发送 POST 请求时常用的方法

方法	描述
setDoInput(boolean newValue)	用于设置是否向连接中写入数据，如果参数值为 true 时，表示写入数据，否则不写入数据
setDoOutput(boolean newValue)	用于设置是否从连接中读取数据，如果参数值为 true 时，表示读取数据，否则不读取数据
setUseCaches(boolean newValue)	用于设置是否缓存数据，如果参数值为 true，表示缓存数据，否则表示禁用缓存
setInstanceFollowRedirects(boolean followRedirects)	用于设置是否应该自动执行 HTTP 重定向，参数值为 true 时，表示自动执行，否则不自动执行
setRequestProperty(String field, String newValue)	用于设置一般请求属性，例如，要设置内容类型为表单数据，可以进行以下设置 setRequestProperty("Content-Type", "application/x-www-form-urlencoded")

下面将通过一个具体的实例来介绍如何使用 HttpURLConnection 类发送 POST 请求。

【例11-2】 在Eclipse中创建Android项目，名称为11-2，实现向服务器发送POST请求，并获取服务器的响应结果。

（1）修改新建项目的 res/layout 目录下的布局文件 main.xml，将默认添加的 TextView 组件删除，然后将默认添加相对布局管理器修改为垂直线性布局管理器，并在其中添加一个 id 为 content 的编辑框（用于输入微博内容），以及一个"发表"按钮，最后再添加一个滚动视图，并在该视图中添加一个线性布局管理器，同时，还需要在该线性布局管理器中添加一个文本框，用于显示从服务器上读取的微博内容，具体代码请参见本书配套资源。

（2）在该 MainActivity 中，创建程序中所需的成员变量，具体代码如下。

```
private EditText nickname;              //声明一个输入昵称的编辑框对象
private EditText content;               //声明一个输入文本内容的编辑框对象
private Button button;                  //声明一个发表按钮对象
private Handler handler;                //声明一个Handler对象
private String result = "";             //声明一个代表显示内容的字符串
private TextView resultTV;              //声明一个显示结果的文本框对象
```

（3）编写一个无返回值的 send() 方法，用于建立一个 HTTP 连接，并使用 POST 方式将输入的昵称和内容发送到 Web 服务器上，再读取服务器处理的结果，具体代码如下。

```java
public void send() {
    String target = "http://192.168.1.66:8080/blog/dealPost.jsp";//要提交的目标地址
    URL url;
    try {
        url = new URL(target);
        HttpURLConnection urlConn = (HttpURLConnection) url
                .openConnection();                              // 创建一个HTTP连接
        urlConn.setRequestMethod("POST");                       // 指定使用POST请求方式
        urlConn.setDoInput(true);                               // 向连接中写入数据
        urlConn.setDoOutput(true);                              // 从连接中读取数据
        urlConn.setUseCaches(false);                            // 禁止缓存
        urlConn.setInstanceFollowRedirects(true);               // 自动执行HTTP重定向
        urlConn.setRequestProperty("Content-Type",
                "application/x-www-form-urlencoded");           // 设置内容类型
        DataOutputStream out = new DataOutputStream(
                urlConn.getOutputStream());                     // 获取输出流
        //连接要提交的数据
        String param = "nickname="
                + URLEncoder.encode(nickname.getText().toString(), "utf-8")
                + "&content="
                + URLEncoder.encode(content.getText().toString(), "utf-8");
        out.writeBytes(param);                  //将要传递的数据写入数据输出流
        out.flush();                            //输出缓存
        out.close();                            //关闭数据输出流
        // 判断是否响应成功
        if (urlConn.getResponseCode() == HttpURLConnection.HTTP_OK) {
            InputStreamReader in = new InputStreamReader(
                    urlConn.getInputStream());  // 获得读取的内容
            BufferedReader buffer = new BufferedReader(in);     // 获取输入流对象
            String inputLine = null;
            while ((inputLine = buffer.readLine()) != null) {
                result += inputLine + "\n";
```

```
            }
            in.close();                                          //关闭字符输入流
        }
        urlConn.disconnect();                                    //断开连接
    } catch (MalformedURLException e) {
        e.printStackTrace();
    } catch (IOException e) {
        e.printStackTrace();
    }
}
```

 在设置要提交的数据时，如果包括多个参数，各个参数间使用"&"进行连接。

（4）在 onCreate()方法中，获取布局管理器中添加的昵称编辑框、内容编辑框、显示结果的文本框和"发表"按钮，并为"发表"按钮添加单击事件监听器，在重写的 onClick()方法中，首先判断输入的昵称和内容是否为空，只要有一个为空，就给出消息提示，否则，创建一个新的线程，用于调用 send()方法发送并读取服务器处理后的微博信息，具体代码如下：

```
content = (EditText) findViewById(R.id.content);       //获取输入文本内容的EditText组件
resultTV = (TextView) findViewById(R.id.result);       //获取显示结果的TextView组件
nickname=(EditText)findViewById(R.id.nickname);        //获取输入昵称的EditText组件
button = (Button) findViewById(R.id.button);           //获取"发表"按钮组件
//为按钮添加单击事件监听器
button.setOnClickListener(new OnClickListener() {
    @Override
    public void onClick(View v) {
        if ("".equals(content.getText().toString())) {
            Toast.makeText(MainActivity.this, "请输入要发表的内容！ ",Toast.LENGTH_SHORT).show();
            return;
        }
        // 创建一个新线程，用于发送并读取微博信息
        new Thread(new Runnable() {
            public void run() {
                send();
                Message m = handler.obtainMessage();   // 获取一个Message
                handler.sendMessage(m);                // 发送消息
            }
        }).start();                                    // 开启线程
    }
});
```

（5）创建一个 Handler 对象，在重写的 handleMessage()方法中，当变量 result 不为空时，将其显示到结果文本框中，并清空昵称和内容编辑器，具体代码如下：

```
handler = new Handler() {
    @Override
    public void handleMessage(Message msg) {
        if (result != null) {
            resultTV.setText(result);                  // 显示获得的结果
            content.setText("");                       // 清空内容编辑框
            nickname.setText("");                      // 清空昵称编辑框
        }
```

```
            super.handleMessage(msg);
        }
    };
```

（6）由于在本实例中，需要访问网络资源，所以还需要在 AndroidManifest.xml 文件中指定允许访问网格资源的权限，具体代码如下。

```
<uses-permission android:name="android.permission.INTERNET"/>
```

另外，还需要编写一个 Java Web 实例，用于接收 Android 客户端发送的请求，并做出响应。这里我们编写一个名称为 dealPost.jsp 的文件，在该文件中，首先获取参数 nickname 和 content 指定的昵称和微博信息，并保存到相应的变量中，然后当昵称和微博内容均不为空时，对其进行转码，并获取系统时间，同时组合微博信息输出到页面上，具体代码如下。

```
<%@ page contentType="text/html; charset=utf-8" language="java" %>
<%
 String content=request.getParameter("content");          //获取输入的微博信息
 String nickname=request.getParameter("nickname");        //获取输入昵称
 if(content!=null && nickname!=null){
    nickname=new String(nickname.getBytes("iso-8859-1"),"utf-8");   //对昵称进行转码
    content=new String(content.getBytes("iso-8859-1"),"utf-8");     //对内容进行转码
    String date=new java.util.Date().toLocaleString();              //获取系统时间
%>
<%="[ "+nickname+" ]于 "+date+" 发表一条微博，内容如下："%>
<%=content%>
<% }%>
```

 在上面的代码中，首先获取参数 nickname 和 content 指定的昵称和微博信息，并保存到相应的变量中，然后当昵称和微博内容均不为空时，对其进行转码，并获取系统时间，同时组合微博信息输出到页面上。

将 dealPost.jsp 文件放到 Tomcat 安装路径下的 webapps\blog 目录下，并启动 Tomcat 服务器。然后，运行本实例，在屏幕上方的编辑框中输入昵称和微博信息，单击"发表"按钮，在下方将显示 Web 服务器的处理结果。例如，输入昵称为"无语"，微博内容为"生命不止，奋斗不息！"后，单击"发表"按钮，将显示如图 11-2 所示的运行结果。

图 11-2 应用 POST 方式发表一条微博信息

11.1.2 使用 HttpClient 访问网络

在上一节中，我们介绍了使用 java.net 包中的 HttpURLConnection 类来访问网络，在一般的情况下，如果只需要到某个简单页面提交请求并获取服务器的响应，完全可以使用该技术来实现。不过，对于比较复杂的联网操作，使用 HttpURLConnection 类就不一定能满足要求，这时，可以使用 Apache 组织提供的一个 HttpClient 项目来实现。在 Android 中，已经成功地集成了 HttpClient，所以我们可以直接在 Android 中使用 HttpClient 来访问网络。

HttpClient 实际上是对 Java 提供的访问网络的方法进行了封装。在 HttpURLConnection 类中的输入、输出流操作，在这个 HttpClient 中被统一封装成了 HttpGet、HttpPost 和 HttpResponse 类了，这样，就减少了操作的烦琐性。其中，HttpGet 类用于代表发送 GET 请求，HttpPost 类代表发送 POST 请求，HttpResponse 类代表处理响应的对象。

同使用 HttpURLConnection 类一样，使用该对象发送 HTTP 请求也可以分为 GET 请求和 POST 请求两种，下面分别进行介绍。

1. 发送 GET 请求

同 HttpURLConnection 类一样，使用 HttpClient 发送 GET 请求的方法也比较简单，大致可以分为以下几个步骤。

发送 GET 请求

（1）创建 HttpClient 对象。

（2）创建 HttpGet 对象。

（3）如果需要发送请求参数，可以直接将要发送的参数连接到 URL 地址中，也可以调用 HttpGet 的 setParams()方法来添加请求参数。

（4）调用 HttpClient 对象的 execute()方法发送请求。执行该方法将会返回一个 HttpResponse 对象。

（5）调用 HttpResponse 的 getEntity()方法，可获得包含服务器的响应内容的 HttpEntity 对象，通过该对象可以获取服务器的响应内容。

下面将通过一个具体的实例来说明如何使用 HttpClient 来发送 GET 请求。

【例11-3】在Eclipse中创建Android项目，名称为11-3，实现使用HttpClient向服务器发送GET请求，并获取服务器的响应结果。

（1）修改新建项目的 res/layout 目录下的布局文件 activity_main.xml，将默认添加的相对布局管理器修改为垂直线性布局管理，然后在默认添加的 TextView 组件的上方添加一个 Button 按钮，并设置其显示文本为"发送 GET 请求"，最后将 TextView 组件的 id 属性修改为 result。具体代码请参见本书配套资源。

（2）在该 MainActivity 中，创建程序中所需的成员变量，具体代码如下。

```
private Button button;                    // 声明一个发表按钮对象
private Handler handler;                  // 声明一个Handler对象
private String result = "";               // 声明一个代表显示结果的字符串
private TextView resultTV;                // 声明一个显示结果的文本框对象
```

（3）编写一个无返回值的 send()方法，用于建立一个发送 GET 请求的 HTTP 连接，并将指定的参数发送到 Web 服务器上，再读取服务器的响应信息，具体代码如下。

```
public void send() {
    //要提交的目标地址
    String target = "http://192.168.1.66:8080/blog/deal_httpclient.jsp?param=get";
    HttpClient httpclient = new DefaultHttpClient();        //创建HttpClient对象
    HttpGet httpRequest = new HttpGet(target);              //创建HttpGet连接对象
    HttpResponse httpResponse;
```

```
        try {
            httpResponse = httpclient.execute(httpRequest);        //执行HttpClient请求
            if (httpResponse.getStatusLine().getStatusCode() == HttpStatus.SC_OK){
                result=EntityUtils.toString(httpResponse.getEntity());  //获取返回的字符串
            }else{
                result="请求失败！ ";
            }
        } catch (ClientProtocolException e) {
            e.printStackTrace();                                    //输出异常信息
        } catch (IOException e) {
            e.printStackTrace();
        }
    }
```

（4）在 onCreate()方法中，获取布局管理器中添加的用于显示结果的文本框和"发表"按钮，并为"发表"按钮添加单击事件监听器，在重写的 onClick()方法中，创建并开启一个新的线程，并且在重写的 run()方法中，首先调用 send()方法发送并读取微博信息，然后获取一个 Message 对象，并调用其 sendMessage()方法发送消息，具体代码如下。

```
resultTV = (TextView) findViewById(R.id.result);    // 获取显示结果的TextView组件
button = (Button) findViewById(R.id.button);        // 获取"发表"按钮组件
// 为按钮添加单击事件监听器
button.setOnClickListener(new OnClickListener() {
    @Override
    public void onClick(View v) {

        // 创建一个新线程，用于发送并获取GET请求
        new Thread(new Runnable() {
            public void run() {
                send();
                Message m = handler.obtainMessage();    // 获取一个Message
                handler.sendMessage(m);                 // 发送消息
            }
        }).start();                                     // 开启线程
    }
});
```

（5）创建一个 Handler 对象，在重写的 handleMessage()方法中，当变量 result 不为空时，将其显示到结果文本框中，具体代码如下。

```
handler = new Handler() {
    @Override
    public void handleMessage(Message msg) {
        if (result != null) {
            resultTV.setText(result);                   // 显示获得的结果
        }
        super.handleMessage(msg);
    }
};
```

（6）由于在本实例中，需要访问网络资源，所以还需要在 AndroidManifest.xml 文件中指定允许访问网格资源的权限，具体代码如下。

```
<uses-permission android:name="android.permission.INTERNET"/>
```

另外，还需要编写一个 Java Web 实例，用于接收 Android 客户端发送的请求，并做出响应。这里

我们编写一个名称为 deal_httpclient.jsp 的文件，在该文件中，首先获取参数 param 的值，如果该值不为空，则判断其值是否为 get，如果是 get，则输出文字"发送 GET 请求成功！"。具体代码如下。

```jsp
<%@ page contentType="text/html; charset=utf-8" language="java" %>
<%
 String param=request.getParameter("param");         //获取参数值
 if(!"".equals(param) || param!=null){
    if("get".equals(param)){
    out.println("发送GET请求成功！");
    }
  }
%>
```

将 deal_httpclient.jsp 文件放到 Tomcat 安装路径下的 webapps\blog 目录下，并启动 Tomcat 服务器。然后，运行本实例，单击"发送 GET 请求"按钮，在下方将显示 Web 服务器的处理结果。如果请求发送成功，则显示如图 11-3 所示的运行结果，否则显示文字为"请求失败！"。

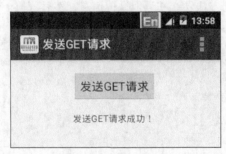

图 11-3　应用 HttpClient 发送 GET 请求

2. 发送 POST 请求

同使用 HttpURLConnection 类发送请求一样，对于复杂的请求数据也需要使用 POST 方式发送。使用 HttpClient 发送 POST 请求大致可以分为以下几个步骤。

（1）创建 HttpClient 对象。

（2）创建 HttpPost 对象。

发送 POST 请求

（3）如果需要发送请求参数，可以调用 HttpPost 的 setParams()方法来添加请求参数，也可以调用 setEntity()方法来设置请求参数。

（4）调用 HttpClient 对象的 execute()方法发送请求。执行该方法将返回一个 HttpResponse 对象。

（5）调用 HttpResponse 的 getEntity()方法，可获得包含了服务器的响应内容的 HttpEntity 对象，通过该对象可以获取服务器的响应内容。

下面将通过一个具体的实例来说明如何使用 HttpClient 来发送 POST 请求。

【例11-4】　在Eclipse中创建Android项目，名称为11-4，实现应用HttpClient向服务器发送POST请求，并获取服务器的响应结果。

（1）修改新建项目的 res/layout 目录下的布局文件 activity_main.xml，将默认添加的 TextView 组件删除，然后将默认添加的相对布局管理器修改为垂直的线性布局管理器，并且在其中添加一个 id 为 content 的编辑框（用于输入微博内容），以及一个"发表"按钮，再添加一个滚动视图，并在该视图中添加一个线性布局管理器，最后还需要在该线性布局管理器中添加一个文本框，用于显示从服务器上读取的微博内容，具体代码请参见本书配套资源。

（2）在该 MainActivity 中，创建程序中所需的成员变量，具体代码如下。

```java
private EditText nickname;                    //声明一个输入昵称的编辑框对象
private EditText content;                     //声明一个输入文本内容的编辑框对象
private Button button;                        //声明一个发表按钮对象
private Handler handler;                      //声明一个Handler对象
private String result = "";                   //声明一个代表显示内容的字符串
private TextView resultTV;                    //声明一个显示结果的文本框对象
```

（3）编写一个无返回值的 send() 方法，用于建立一个使用 POST 请求方式的 HTTP 连接，并将输入的昵称和微博内容发送到 Web 服务器上，再读取服务器处理的结果，具体代码如下。

```java
public void send() {
    //要提交的目标地址
    String target = "http://192.168.1.66:8080/blog/deal_httpclient.jsp";
    HttpClient httpclient = new DefaultHttpClient();           //创建HttpClient对象
    HttpPost httpRequest = new HttpPost(target);               //创建HttpPost对象
    //将要传递的参数保存到List集合中
    List<NameValuePair> params = new ArrayList<NameValuePair>();
    params.add(new BasicNameValuePair("param", "post"));       //标记参数
    //昵称
    params.add(new BasicNameValuePair("nickname", nickname.getText().toString()));
    //内容
    params.add(new BasicNameValuePair("content", content.getText().toString()));
    try {
        //设置编码方式
        httpRequest.setEntity(new UrlEncodedFormEntity(params, "utf-8"));
        //执行HttpClient请求
        HttpResponse httpResponse = httpclient.execute(httpRequest);
        //如果请求成功
        if (httpResponse.getStatusLine().getStatusCode() == HttpStatus.SC_OK){
            result+=EntityUtils.toString(httpResponse.getEntity());//获取返回的字符串
        }else{
            result = "请求失败！";
        }
    } catch (UnsupportedEncodingException e1) {
        e1.printStackTrace();                                  //输出异常信息
    } catch (ClientProtocolException e) {
        e.printStackTrace();                                   //输出异常信息
    } catch (IOException e) {
        e.printStackTrace();                                   //输出异常信息
    }
}
```

（4）在 onCreate() 方法中，获取布局管理器中添加的昵称编辑框、内容编辑框、显示结果的文本框和"发表"按钮，并为"发表"按钮添加单击事件监听器，在重写的 onClick() 方法中，首先判断输入的昵称和内容是否为空，只要有一个为空，就给出消息提示，否则，创建一个新的线程，调用 send() 方法发送并读取服务器处理后的微博信息，具体代码如下。

```java
content = (EditText) findViewById(R.id.content);              //获取输入文本内容的EditText组件
resultTV = (TextView) findViewById(R.id.result);              //获取显示结果的TextView组件
nickname=(EditText)findViewById(R.id.nickname);               //获取输入昵称的EditText组件
button = (Button) findViewById(R.id.button);                  //获取"发表"按钮组件
//为按钮添加单击事件监听器
```

```java
button.setOnClickListener(new OnClickListener() {
    @Override
    public void onClick(View v) {
        if ("".equals(content.getText().toString())) {
            Toast.makeText(MainActivity.this, "请输入要发表的内容！ ",Toast.LENGTH_SHORT).show();
            return;
        }
        // 创建一个新线程，用于发送并读取微博信息
        new Thread(new Runnable() {
            public void run() {
                send();
                Message m = handler.obtainMessage();      // 获取一个Message
                handler.sendMessage(m);                    // 发送消息
            }
        }).start();                                        // 开启线程
    }
});
```

（5）创建一个 Handler 对象，在重写的 handleMessage()方法中，当变量 result 不为空时，将其显示到结果文本框中，并清空昵称和内容编辑器，具体代码如下。

```java
handler = new Handler() {
    @Override
    public void handleMessage(Message msg) {
        if (result != null) {
            resultTV.setText(result);              // 显示获得的结果
            content.setText("");                    // 清空内容编辑框
            nickname.setText("");                   // 清空昵称编辑框
        }
        super.handleMessage(msg);
    }
};
```

（6）由于在本实例中，需要访问网络资源，所以还需要在 AndroidManifest.xml 文件中指定允许访问网格资源的权限，具体代码如下。

```xml
<uses-permission android:name="android.permission.INTERNET"/>
```

另外，还需要编写一个 Java Web 实例，用于接收 Android 客户端发送的请求，并做出响应。这里我们仍然使用例 11-3 中创建的 deal_httpclient.jsp 文件，在该文件的 if 语句的结尾处再添加一个 else if 语句，用于处理当请求参数 param 的值为 post 的情况。关键代码如下。

```java
else if("post".equals(param)){
    String content=request.getParameter("content");                //获取输入的微博信息
    String nickname=request.getParameter("nickname");              //获取输入昵称
    if(content!=null && nickname!=null){
        nickname=new String(nickname.getBytes("iso-8859-1"),"utf-8");//对昵称进行转码
        content=new String(content.getBytes("iso-8859-1"),"utf-8"); //对内容进行转码
        String date=new java.util.Date().toLocaleString();          //获取系统时间
        out.println("[ "+nickname+" ]于 "+date+" 发表一条微博，内容如下：");
        out.println(content);
    }
}
```

将 deal_httpclient.jsp 文件放到 Tomcat 安装路径下的 webapps\blog 目录下，并启动 Tomcat 服务

器。然后，运行本实例，在屏幕上方的编辑框中输入昵称和微博信息，单击"发表"按钮，在下方将显示 Web 服务器的处理结果。实例运行结果如图 11-4 所示。

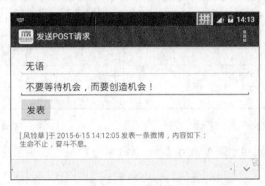

图 11-4　应用 HttpClient 发送 POST 请求

11.2　使用 WebView 显示网页

Android 提供了内置的浏览器，该浏览器使用了开源的 WebKit 引擎。WebKit 不仅能够搜索网址、查看电子邮件，而且能够播放视频节目。在 Android 中要使用这个内置的浏览器需要通过 WebView 组件来实现。通过 WebView 组件可以轻松实现显示网页功能。下面将对如何使用 WebView 组件来显示网页进行详细介绍。

11.2.1　使用 WebView 组件浏览网页

WebView 组件是专门用来浏览网页的，它的使用方法与其他组件一样，即可以在 XML 布局文件中使用<WebView>标记添加，又可以在 Java 文件中，通过 new 关键字创建出来。推荐采用第一种方法，也就是通过<WebView>标记在 XML 布局文件中添加。在 XML 布局文件中添加一个 WebView 组件可以使用下面的代码。

使用 WebView 组件浏览网页

```
<WebView
    android:id="@+id/webView1"
    android:layout_width="match_parent"
    android:layout_height="match_parent" />
```

添加 WebView 组件后，就可以应用该组件提供的方法来执行浏览器操作。Web 组件提供的常用方法如表 11-2 所示。

表 11-2　WebView 组件提供的常用方法

方法	描述
loadUrl(String url)	用于加载指定 URL 对应的网页
loadData(String data, String mimeType, String encoding)	用于将指定的字符串数据加载到浏览器中
loadDataWithBaseURL(String baseUrl, String data, String mimeType, String encoding, String historyUrl)	用于基于 URL 加载指定的数据

续表

方法	描述
capturePicture()	用于创建当前屏幕的快照
goBack()	执行后退操作，相当于浏览器上的后退按钮的功能
goForward()	执行前进操作，相当于浏览器上的前进按钮的功能
stopLoading()	用于停止加载当前页面
reload()	用于刷新当前页面

下面我们将通过一个具体的例子来说明如何使用 WebView 组件浏览网页。

【例11-5】 在Eclipse中创建Android项目，名称为11-5，实现应用WebView组件浏览指定网页。

（1）修改新建项目的 res/layout 目录下的布局文件 activity_main.xml，将默认添加的 TextView 组件删除，然后添加一个 WebView 组件，关键代码如下。

```
<WebView
    android:id="@+id/webView1"
    android:layout_width="match_parent"
    android:layout_height="match_parent" />
```

（2）在 MainActivity 的 onCreate()方法中，获取布局管理器中添加的 WebView 组件，并为其指定要加载网页的 URL 地址，具体代码如下。

```
WebView webview=(WebView)findViewById(R.id.webView1);//获取布局管理器中添加的WebView组件
webview.loadUrl("http://192.168.1.66:8080/bbs/");                    //指定要加载的网页
```

（3）由于在本实例中，需要访问网络资源，所以还需要在 AndroidManifest.xml 文件中指定允许访问网络资源的权限，具体代码如下。

```
<uses-permission android:name="android.permission.INTERNET"/>
```

运行本实例，在屏幕上将显示通过 URL 地址指定的网页，如图 11-5 所示。

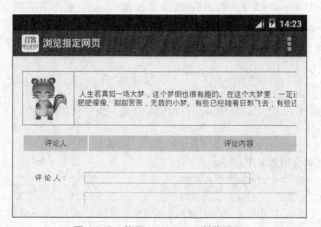

图 11-5　使用 WebView 浏览网页

如果想让 WebView 组件具有放大和缩小网页的功能，需要进行以下设置。
```
webview.getSettings().setSupportZoom(true);
webview.getSettings().setBuiltInZoomControls(true);
```

11.2.2 使用 WebView 加载 HTML 代码

在进行 Android 开发时，对于一些游戏的帮助信息，使用 HTML 代码进行显示比较实用，这样不仅可以让界面更加美观，而且可以让开发更加简单、快捷。WebView 组件提供了 loadData()方法和 loadDataWithBaseURL()方法来加载 HTML 代码。但是，使用 loadData()方法加载带中文的 HTML 内容时，会产生乱码，不过使用 loadDataWithBaseURL()方法就不会出现中文乱码的情况。loadDataWithBaseURL()方法的基本语法格式如下：

使用 WebView 加载 HTML 代码

loadDataWithBaseURL(String baseUrl, String data, String mimeType, String encoding, String historyUrl)

loadDataWithBaseURL()方法的各参数说明如表 11-3 所示。

表 11-3 loadDataWithBaseURL()方法的参数说明

参数	描述
baseUrl	用于指定当前页使用的基本 URL。如果为 null，则使用默认的 about:blank，也就是空白页
data	用于指定要显示的字符串数据
mimeType	用于指定要显示内容的 MIME 类型。如果 null，默认使用 text/html
encoding	用于指定数据的编码方式
historyUrl	用于指定当前页的历史 URL，也就是进入该页前显示页的 URL。如果为 null，则使用默认的 about:blank

下面我们将通过一个具体的例子来说明如何使用 WebView 组件加载 HTML 代码。

【例11-6】 在Eclipse中创建Android项目，名称为11-6，应用WebView组件加载使用HTML代码实现个人理财通的帮助功能。

（1）修改新建项目的 res/layout 目录下的布局文件 activity_main.xml，将默认添加的 TextView 组件删除，然后添加一个 WebView 组件，关键代码如下。

```
<WebView
    android:id="@+id/webView1"
    android:layout_width="match_parent"
    android:layout_height="match_parent" />
```

（2）在 MainActivity 的 onCreate()方法中，首先获取布局管理器中添加的 WebView 组件，然后创建一个字符串构建器，将要显示的 HTML 代码放置在该构建器中，最后再应用 loadDataWithBaseURL()方法加载构建器中的 HTML 代码，具体代码如下：

```
WebView webview=(WebView)findViewById(R.id.webView1);//获取布局管理器中添加的WebView组件
//创建一个字符串构建器，将要显示的HTML内容放置在该构建器中
StringBuilder sb=new StringBuilder();
sb.append("<div>《个人理财通》使用帮助：</div>");
sb.append("<ul>");
sb.append("<li>修改密码：选择"系统设置"模块可以修改登录密码，项目运行时，默认没有密码。</li>");
sb.append("<li>支出管理：选择"新增支出"模块可以添加支出信息；选择"我的支出"模块可以查看、修改或删除支出信息。</li>");
sb.append("<li>收入管理：选择"新增收入"模块可以添加收入信息；选择"我的收入"模块可以查看、修改或删除收入信息。</li>");
sb.append("<li>便签管理：选择"收支便签"模块可以添加便签信息；选择"数据管理"模块中的"便签信息"
```

按钮可以查看、修改或删除便签信息。</li>");
        sb.append("<li>退出系统：选择"退出"模块可以退出《个人理财通》项目。</li>");
        sb.append("</ul>");
        webview.loadDataWithBaseURL(null, sb.toString(),"text/html","utf-8",null);//加载数据
运行本实例，在屏幕上将显示如图 11-6 所示的由 HTML 代码指定的个人理财通的帮助信息。

图 11-6 显示个人理财通的帮助信息

11.2.3 让 WebView 支持 JavaScript

在默认的情况下，WebView 组件是不支持 JavaScript 的，但是在运行某些不得不使用 JavaScript 代码的网站时，我们还需要让它支持 JavaScript。实际上，让 WebView 组件支持 JavaScript 也比较简单，只需以下两个步骤就可以实现。

（1）使用 WebView 组件的 WebSettings 对象提供的 setJavaScriptEnabled()方法让 JavaScript 可用。例如，存在一个名称为 webview 的 WebView 组件，要设置在该组件中允许使用 JavaScript，可以使用下面的代码。

让 WebView 支持 JavaScript

        webview.getSettings().setJavaScriptEnabled(true);   // 设置JavaScript可用

（2）经过以上设置后，网页中的大部分 JavaScript 代码均可用，但是，对于通过 window.alert()方法弹出的对话框并不可用。要想显示弹出的对话框，需要使用 WebView 组件的 setWebChromeClient()方法来处理 JavaScript 的对话框，具体的代码如下。

        webview.setWebChromeClient(new WebChromeClient());

这样设置后，在使用 WebView 显示带弹出 JavaScript 对话框的网页时，网页中弹出的对话框将不会被屏蔽掉。下面我们将通过一个具体的例子来说明如何让 WebView 支持 JavaScript。

【例11-7】 在Eclipse中创建Android项目，名称为11-7，实现控制WebView组件是否允许JavaScript。

（1）修改新建项目的 res/layout 目录下的布局文件 activity_main.xml，将默认添加相对布局管理器修改垂直线性布局管理器，然后再将默认添加的 TextView 组件删除，接下来再添加一个 CheckBox 组件和一个 WebView 组件，关键代码如下。

```
<CheckBox
    android:id="@+id/checkBox1"
    android:layout_width="wrap_content"
    android:layout_height="wrap_content"
    android:text="允许执行JavaScript代码" />
<WebView
    android:id="@+id/webView1"
    android:layout_width="match_parent"
    android:layout_height="match_parent" />
```

（2）在 MainActivity 中，声明一个 WebView 组件的对象 webview，具体代码如下。

```
private WebView webview;                              //声明WebView组件的对象
```

（3）在 onCreate()方法中，首先获取布局管理器中添加的 WebView 组件和复选框组件，然后为复选框组件添加选中状态被改变的事件监听器，在重写的 onCheckedChanged()方法中，根据复选框的选中状态决定是否允许使用 JavaScript，最后再为 WebView 组件指定要加载的网页，具体代码如下。

```
webview = (WebView) findViewById(R.id.webView1);  // 获取布局管理器中添加的WebView组件
CheckBox check = (CheckBox) findViewById(R.id.checkBox1);//获取布局管理器中添加的复选框组件
check.setOnCheckedChangeListener(new OnCheckedChangeListener() {
    @Override
    public void onCheckedChanged(CompoundButton buttonView,
            boolean isChecked) {
        if (isChecked) {
            webview.getSettings().setJavaScriptEnabled(true);// 设置JavaScript可用
            webview.setWebChromeClient(new WebChromeClient());
            //指定要加载的网页
            webview.loadUrl("http://192.168.1.66:8080/bbs/allowJS.jsp");
        }else{
            //指定要加载的网页
            webview.loadUrl("http://192.168.1.66:8080/bbs/allowJS.jsp");
        }
    }
});
webview.loadUrl("http://192.168.1.66:8080/bbs/allowJS.jsp");           // 指定要加载的网页
```

（4）由于在本实例中，需要访问网络资源，所以还需要在 AndroidManifest.xml 文件中指定允许访问网格资源的权限，具体代码如下。

```
<uses-permission android:name="android.permission.INTERNET"/>
```

运行本实例，在屏幕上将显示不支持 JavaScript 的网页，选中上面的"允许执行 JavaScript 代码"复选框后，该网页将支持 JavaScript。例如，选中"允许执行 JavaScript 代码"复选框后，再单击网页中的"发表"按钮，将弹出一个提示对话框，如图 11-7 所示。

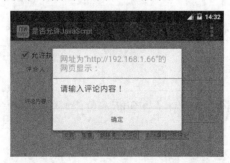

图 11-7 让 WebView 允许 JavaScript

小 结

本章首先介绍了通过 HTTP 访问网络，主要有两种方法，一种是使用 java.net 包中的 HttpURLConnection 实现，另一种是通过 android 提供的 HttpClient 实现。对于一些简单的访问网络的操作可以使用 HttpURLConnection 实现，但是如果是比较复杂的操作，就需要使用 HttpClient 来实现了。在介绍了通过 HTTP 访问网络以后，又介绍了使用 Android 提供的 WebView 组件来显示网页，使用该组件可以很方便地实现基本的网页浏览器功能。

上机指导

本实例将使用 HttpClient 实现访问需要登录后才能访问的页面。程序运行效果如图 11-8、图 11-9 和图 11-10 所示。单击"访问页面"按钮，在下方将显示"您没有访问该页面的权限！"，如图 11-8 所示；单击"用户登录"按钮，将显示登录对话框，输入用户名（mr）和密码（mrsoft）后，如图 11-9 所示，单击"登录"按钮，将成功访问指定网页，并显示如图 11-10 所示的运行结果。

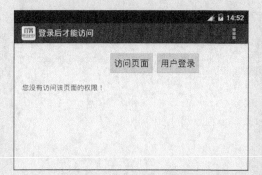

图 11-8　单击"访问页面"按钮的运行结果

图 11-9　单击"用户登录"按钮显示登录对话框

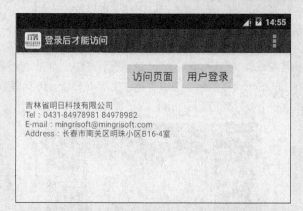

图 11-10　输入正确的用户名和密码后显示公司信息

开发步骤如下。

（1）在 Eclipse 中创建 Android 项目，名称为 loginAccess。

（2）修改新建项目的 res/layout 目录下的布局文件 activity_main.xml，将默认添加的 TextView 组件删除，然后添加两个按钮，分别是"访问页面"按钮和"用户登录"按钮，一个位于屏幕顶端居中的位置，另一个位于其右侧，然后再添加一个滚动视图，位于按钮的下方，在该滚动视图中添加一个线性布局管理器，并在该布局管理器中添加一个 TextView 组件，用于显示访问结果。具体代码请参见本书配套资源。

（3）在 MainActivity 中，创建程序中所需的成员变量，具体代码如下。

```
        private Button button1;                                // 声明一个"访问页面"按钮对象
        private Button button2;                                // 声明一个"用户登录"按钮对象
        private Handler handler;                               // 声明一个Handler对象
        private String result = "";                            // 声明一个代表显示内容的字符串
        private TextView resultTV;                             // 声明一个显示结果的文本框对象
        public static HttpClient httpclient;                   // 声明一个静态的全局的HttpClient对象
```

（4）编写一个无返回值的 access()方法，用于建立一个发送 GET 请求的 HTTP 连接，并从服务器获得响应信息，具体代码如下。

```
    public void access() {
        String target = "http://192.168.1.66:8080/login/index.jsp";   // 要提交的目标地址
        HttpGet httpRequest = new HttpGet(target);                    // 创建HttpGet对象
        HttpResponse httpResponse;
        try {
            httpResponse = httpclient.execute(httpRequest);           // 执行HttpClient请求
            if (httpResponse.getStatusLine().getStatusCode() == HttpStatus.SC_OK) {
                result=EntityUtils.toString(httpResponse.getEntity()); //获取返回的字符串
            } else {
                result = "请求失败！";
            }
        } catch (ClientProtocolException e) {
            e.printStackTrace();                                      // 输出异常信息
        } catch (IOException e) {
            e.printStackTrace();
        }
    }
```

（5）在 onCreate()方法中，创建一个 HttpClient 对象，并获取显示结果的 TextView 组件和"访问页面"按钮，同时为"访问页面"按钮添加单击事件监听器，在重写的 onClick()方法中，创建并开启一个新的线程，在重写的 run()方法中，首先调用 access()方法向服务器发送一个 GET 请求，并获取响应结果，然后获取一个 Message 对象，并调用其 sendMessage()方法发送消息，具体代码如下。

```
        httpclient = new DefaultHttpClient();                         // 创建HttpClient对象
        resultTV = (TextView) findViewById(R.id.result);              // 获取显示结果的TextView组件
        button1 = (Button) findViewById(R.id.button1);                // 获取"访问页面"按钮组件
        // 为按钮添加单击事件监听器
        button1.setOnClickListener(new OnClickListener() {
            @Override
            public void onClick(View v) {
                // 创建一个新线程，用于向服务器发送一个GET请求
                new Thread(new Runnable() {
                    public void run() {
                        access();
                        Message m = handler.obtainMessage();          // 获取一个Message
```

```
                handler.sendMessage(m);                          // 发送消息
            }
        }).start();                                              // 开启线程
    }
});
```

（6）创建一个 Handler 对象，在重写的 handleMessage()方法中，当变量 result 不为空时，将其显示到结果文本框中，具体代码如下。

```
handler = new Handler() {
    @Override
    public void handleMessage(Message msg) {
        if (result != null) {
            resultTV.setText(result);                            // 显示获得的结果
        }
        super.handleMessage(msg);
    }
};
```

（7）获取布局管理器中添加的"用户登录"按钮，并为其添加单击事件监听器，在重写的 onClick()方法中，创建一个 Intent 对象，并启动一个新的，带返回结果的 Activity，具体代码如下。

```
button2 = (Button) findViewById(R.id.button2);                   //获取"用户登录"按钮
button2.setOnClickListener(new OnClickListener() {
    @Override
    public void onClick(View v) {
        Intent intent = new Intent(MainActivity.this,
                LoginActivity.class);                            // 创建Intent对象
        startActivityForResult(intent, 0x11);                    // 启动新的Activity
    }
});
```

（8）编写 LoginActivity，用于实现用户登录。在 LoginActivity 中，定义程序中所需的成员变量，具体代码如下。

```
private String username;                                         //保存用户名的变量
private String pwd;                                              //保存密码的变量
private String result = "";                                      //保存显示结果的变量
private Handler handler;                                         //声明一个Handler对象
```

（9）编写一个无返回值的 login()方法，用于建立一个使用 POST 请求方式的 HTTP 连接，并将输入的用户名和密码发送到 Web 服务器上完成用户登录，再读取服务器的处理结果，具体代码如下。

```
public void login() {
    String target = "http://192.168.1.66:8080/login/login.jsp";  // 要提交的目标地址
    HttpPost httpRequest = new HttpPost(target);                 // 创建HttpPost对象
    // 将要传递的参数保存到List集合中
    List<NameValuePair> params = new ArrayList<NameValuePair>();
    params.add(new BasicNameValuePair("username", username));    // 用户名
    params.add(new BasicNameValuePair("pwd", pwd));              // 密码
    try {
        // 设置编码方式
        httpRequest.setEntity(new UrlEncodedFormEntity(params, "utf-8"));
        HttpResponse httpResponse = MainActivity.httpclient
```

```
                .execute(httpRequest);                          // 执行HttpClient请求
            // 如果请求成功
            if (httpResponse.getStatusLine().getStatusCode() == HttpStatus.SC_OK) {
                result += EntityUtils.toString(httpResponse.getEntity());   //获取返回的字符串
            } else {
                result = "请求失败！";
            }
        } catch (UnsupportedEncodingException e1) {
            e1.printStackTrace();                               // 输出异常信息
        } catch (ClientProtocolException e) {
            e.printStackTrace();                                // 输出异常信息
        } catch (IOException e) {
            e.printStackTrace();                                // 输出异常信息
        }
    }
```

（10）在 LoginActivity 的 onCreate()方法中，首先设置布局文件，然后获取"登录"按钮，并为其添加单击事件监听器，在重写的 onClick()方法中，创建并开启一个新线程，用于实现用户登录，最后创建一个 Handler 对象，并且在重写的 handleMessage()方法中，获取 Intent 对象，并将 result 的值作为数据包保存到该 Intent 对象中，同时返回调用该 Activity 的 MainActivity 中。具体代码如下。

```
setContentView(R.layout.login);                             //设置布局文件
Button login = (Button) findViewById(R.id.button1);         //获取登录按钮
login.setOnClickListener(new OnClickListener() {
    @Override
    public void onClick(View v) {
        //获取输入的用户名
        username = ((EditText) findViewById(R.id.editText1)).getText().toString();
        //获取输入的密码
        pwd = ((EditText) findViewById(R.id.editText2)).getText().toString();
        // 创建一个新线程，实现用户登录
        new Thread(new Runnable() {
            public void run() {
                login();                                    //用户登录
                Message m = handler.obtainMessage();        // 获取一个Message
                handler.sendMessage(m);                     // 发送消息
            }
        }).start();                                         // 开启线程
    }
});
handler = new Handler() {
    @Override
    public void handleMessage(Message msg) {
        if (result != null) {
            Intent intent = getIntent();                    // 获取Intent对象
            Bundle bundle = new Bundle();                   // 实例化传递的数据包
            bundle.putString("result", result);
            intent.putExtras(bundle);                       // 将数据包保存到intent中
            setResult(0x11, intent);//设置返回的结果码，并返回调用该Activity的Activity
            finish();                                       // 关闭当前Activity
        }
```

```
            super.handleMessage(msg);
        }
    };
```

 LoginActivity 中使用的布局文件的代码与第 5 章中的例 5-4 基本相同,这里就不再介绍了。

(11)获取布局管理器中添加的"退出"按钮,并为其添加单击事件监听器,在重写的 onClick()方法中使用 finish()方法关闭当前的 Activity。具体代码如下。

```
Button exit = (Button) findViewById(R.id.button2);        //获取退出按钮
exit.setOnClickListener(new OnClickListener() {
    @Override
    public void onClick(View v) {
        finish();                                          // 关闭当前Activity
    }
});
```

(12)由于在本实例中,需要访问网络资源,所以还需要在 AndroidManifest.xml 文件中指定允许访问网格资源的权限,具体代码如下。

```
<uses-permission android:name="android.permission.INTERNET"/>
```

(13)在 AndroidManifest.xml 文件中配置 LoginActivity,配置的主要属性有 Activity 使用的实现类、标签和主题样式(这里为对话框),具体代码如下。

```
<activity android:name=".LoginActivity"
    android:label="@string/app_name"
    android:theme="@android:style/Theme.Dialog"
    >
</activity>
```

另外,还需要编写一个服务器端的 Java Web 实例。这里我们需要编写两个页面,一个是 index.jsp 页面,用于根据 Session 变量的值来确认当前用户是否有访问页面的权限,另一个是 login.jsp 页面,用于实现用户登录。

在 index.jsp 页面中,首先判断 Session 变量 username 的值是否为空,如果不为空,则获取 Session 中保存的用户名,然后判断该用户是否为合法用户,如果是合法用户,则显示公司信息,否则显示提示信息"您没有访问该页面的权限!"。index.jsp 文件的具体代码如下。

```
<%@ page contentType="text/html; charset=utf-8" language="java"%>
<%
String username="";
if(session.getAttribute("username")!=null){
    username=session.getAttribute("username").toString();    //获取保存在Session中的用户名
}
if("mr".equals(username)){                                   //判断是否为合法用户
    out.println("吉林省明日科技有限公司");
    out.println("Tel: 0431-84978981 84978982");
    out.println("E-mail: mingrisoft@mingrisoft.com");
    out.println("Address: 长春市南关区明珠小区B16-4室");
}else{                                                       //没有成功登录时
    out.println("您没有访问该页面的权限!");
```

        }
%>

在 login.jsp 页面中，首先获取参数 username（用户名）和 pwd（密码）的值，然后判断输入的用户名和密码是否合法，如果合法，则将当前用户名保存到 Session 中，最后重定向页面到 index.jsp 页面。login.jsp 文件的具体代码如下。

```jsp
<%@ page contentType="text/html; charset=utf-8" language="java"%>
<%
String username=request.getParameter("username");     //获取用户名
 String pwd=request.getParameter("pwd");              //获取密码
 if("mr".equals(username)){                           //判断用户名是否正确
  if("mrsoft".equals(pwd)){                           //判断密码是否正确
      session.setAttribute("username" , username);    //保存用户名到session中
   }
 }
response.sendRedirect("index.jsp");                   //重定向页面到index.jsp页面
%>
```

完成以上操作后，将 indexjsp 文件和 login.jsp 文件放到 Tomcat 安装路径下的 webapps\login 目录下，并启动 Tomcat 服务器。然后，在左侧的"包资源管理器"中的项目名称节点上，单击鼠标右键，在弹出的快捷菜单中，选择"运行方式"/Android Application 菜单项就可以通过模拟器来运行程序了。

习 题

11-1 通过 HTTP 访问网络有哪几种方法？
11-2 如何解决应用 GET 方法传递中文参数乱码的问题？
11-3 使用 HttpClient 发送 GET 请求大致可以分为哪几个步骤？
11-4 使用 HttpClient 发送 POST 请求大致可以分为哪几个步骤？
11-5 如何实现让 WebView 组件支持 JavaScript？

第12章
Widget组件开发

本章要点：

Widget简介
Widget的设计原则及开发步骤
将Widget添加到主屏幕上
使用Activity配置Widget
通过Service更新Widget

■ Widget 是一种可以被嵌入到其他程序的视图，并可周期性进行更新，通常情况下，它用于开发主屏幕上的信息显示程序。本章将对 Widget 的概念、设计原理、开发步骤、应用 Activity 配置 Widget，以及通过 Service 定时更新 Widget 进行详细介绍。

12.1 Widget 简介

Widget 可以直接译作小部件，它是一个具有特定功能的视图，通常是指放在智能手机/平板电脑等屏幕上的桌面小组件应用，例如，模拟器的主屏上放置的时钟，如图 12-1 所示。再例如我们手机屏幕上经常看到的音乐、搜索、日历、天气预报、信息提醒等组件都是 Widget。它与一般的应用程序有所不同，一般应用虽然也可以以图标的形式（快捷方式）放置在桌面上，但是它们必须点击运行和查看，而 Widget 一般不需要点击运行，就可以直观地呈现其主要内容。当然，Widget 也可以被设置为单击打开其他页面或应用。

Widget 简介

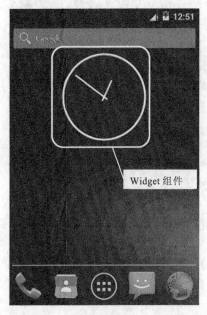

图 12-1 模拟器主屏幕中的 Widget

在 Android 中，把所有的组件（包括 TextView、Button、ImageView 和 ListView 等）都称为 Widget，这里介绍的 Widget 实际上是指 App Widget。

在 Android 5.0 系统中，自带了多个 Widget 程序，可以在系统的 Widget（小部件）选项卡中看到，如图 12-2 所示，主要包括日历、电子邮件、时钟、书签、音乐播放器、相框和搜索栏等。这些组件可以被定时更新，例如，日历组件每天更新，时钟组件每分钟更新等。另外，也可以在 Widget 组件界面加入类似刷新的小按钮，进行实时手动更新。

在 Android 系统中，默认的情况下，并不是所有的 Widget 组件都会被添加到主屏幕上。用户可以根据自己的需要来有选择的添加，具体的添加方法如下。

在程序程序列表中，选择"小部件"选项卡，进入到"小部件"列表，在这里选择要添加的 Widget，长按并选择要放置的位置，便可以将其添加到主屏幕上。

图 12-2 Android 5.0 提供的 Widget

 要删除已经添加到主屏幕上的 Widget 组件，只需要长按并拖动到"删除"按钮上即可。

12.2 Widget 基础

在进行 Widget 开发时，首先需要了解其设计原则，然后再进行具体的开发，最后将其安装到主屏幕上。安装到主屏幕上的 Widget，在不需要时，也可以将其从主屏幕上删除。在本节将对这些 Widget 开发基础进行介绍。

12.2.1 设计原则

在设计 Widget 时，需要了解以下两点原则，一个是 Widget 的重要组成部分，另一个是 Widget 尺寸的确定公式，下面分别进行介绍。

1. 标准 Widget 剖析

典型的 Widget 有 3 个重要的部分组成，分别是一个限位框（单元格边界）、一个框架和 Widget Controls（Widget 的界面元素）。设计周全的 Widget 会在限位框的边缘和框架之间，以及框架的内边缘和 Widget Controls 之间都保留一些间隙，如图 12-3 所示。其中，在限位框的边缘和框架之间的间隙称为 Widget Margins（外边距），在框架的内边缘和 Widget Controls 之间的间隙称为 Widget Padding（内边距）。

设计原则

为了保证多个 Widget 显示时不会离得太近，一般都会设置 Widget Margins，即限位框边界与框架边界的距离。如果 Widget Margins 的值为 0，则两个 Widget 就会连在一起，所以在 Android 4.0 系统后，会自动添加 Widget Margins，用来保证两个 Widget 之间留有一定的距离。不过要应用这一功能，需要设置项目的 minSdkVersion（最小 SDK 版本）为 14，否则不会自动留有一定的距离。

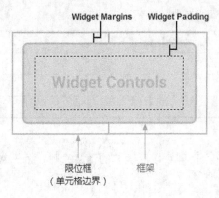

图 12-3　Widget 的组成

为了让开发的 Widget 兼容 Android 4.0 以及较早版本，可以按下面的步骤操作。
（1）在 AndroidManifest.xml 文件中，设置 targetSdkVersion（目标 SDK 版本）为 14 或者更高。
（2）创建布局文件时，使用尺寸资源，代码如下。

```xml
<FrameLayout
    android:layout_width="match_parent"
    android:layout_height="match_parent"
    android: layout_margin="@dimen/widget_margin">
    <LinearLayout
        android:layout_width="match_parent"
        android:layout_height="match_parent"
        android:orientation="horizontal"
        android:background="@drawable/my_widget_background">
        ...
    </LinearLayout>
</FrameLayout>
```

（3）创建两个尺寸资源文件，一个放置在 res/values/ 目录下，用于为 Android 4.0 以前的系统提供 margins，另一个放置在 res/values-v14/ 目录下，用于为 Android 4.0 系统提供 margins。

在 res/values/dimens.xml 文件中，设置外边距为 8dp，代码如下。

```xml
<dimen name="widget_margin">8dp</dimen>
```

在 res/values-v14/dimens.xml 文件中，设置外边距为 0dp，代码如下。

```xml
<dimen name="widget_margin">0dp</dimen>
```

2．确定 Widget 的尺寸

在 Android 系统中，将主屏幕划分为多个单元格，其数量和大小会根据设置的不同而不同，一般将智能手机的屏幕划分为 4×4 个单元格，而平板电脑的屏幕划分为 8×7 个单元格。每个 Widget 必须定义一个 minWidth 和一个 minHeight，用于确定在默认的情况下占用的最低单元格的数量，具体的计算方法如表 12-1 所示。

表 12-1　Widget 最小尺寸与单元格数量对应关系

Widget 尺寸（minWidth 和 minHeight）	单元格数量
40dp	1
110dp	2
180dp	3

续表

Widget 尺寸（minWidth 和 minHeight）	单元格数量
250dp	4
…	…
70×n-30	n

说明 表 12-1 列出的是 Android 4.0 以后版本的计算原则，而在 Android 4.0 以前，采用的是 74×n-2 的原则。

在设定 minWidth 和 minHeight 时，最基本的原则是使 Widget 处于最佳的显示状态。

当 Widget 的尺寸不够填满所应占用的单元格时，Widget 会在横向和纵向拉伸，以填充所有应占据的单元格。所以为了增加 Widget 对不同屏幕尺寸和单元格尺寸的适应性，建议尽量使用有自适应能力的布局，推荐使用 FrameLayout、LinearLayout、RelativeLayout 和 GridLayout。而在设计界面的背景图片时，最好使用 9-Patch 文件。

说明 9-Patch 图片是使用 Android SDK 中提供的工具 Draw 9-patch 生成的，它的扩展名为.9.png。它是一个可以伸缩的标准 PNG 图像，Android 会自动调整大小来容纳显示的内容，如图 12-4 所示为一个 9-Patch 图片的可拉伸区域和内容填充框。9-Patch 图片通常用于作为背景。与普通图片不同的是，使用 9-Patch 图片作为屏幕或按钮的背景时，当屏幕尺寸或者按钮大小改变时，图片可自动缩放，达到不失真效果。例如，图 12-5 所示的效果就是在模拟器中，使用 9-Patch 图片和背景图片作为按钮的背景时的效果。

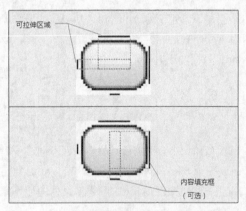

图 12-4 9-Patch 图片的可拉伸区域和内容填充框

图 12-5 普通 PNG 图片与 9-Patch 图片的对比

12.2.2 开发步骤

开发一个简单的 Widget 组件通常需要经过以下几个步骤。

（1）设计 Widget 的布局。

（2）定义 Widget 的元数据。

（3）实现 Widget 的添加、删除和更新等。

开发步骤

(4)在 AndroidManifest.xml 文件中声明 Widget。

下面通过一个具体的实例来演示开发 Widget 组件的具体步骤。

【例12-1】 在Eclipse中创建Android项目，名称为12-1，实现开发第一个Widget组件。

(1)制作一个名称为 bg.9.png 的 9-Patch 图片，如图 12-6 所示，将其复制到 res/drawable-xhdpi 目录中。

图 12-6　bg.9.png 图片

(2)在新建项目的 res/layout 目录下创建 Widget 布局文件 widget_layout.xml，在该文件中添加一个相对布局管理器，并且设置其背景为 bg.9.png，然后在该布局管理器中添加一个文本框组件和一个图像视图组件，作为 Widget 上显示的内容，关键代码如下。

```xml
<RelativeLayout xmlns:android="http://schemas.android.com/apk/res/android"
    android:layout_width="match_parent"
    android:layout_height="match_parent"
    android:background="@drawable/bg"
    android:paddingBottom="@dimen/activity_vertical_margin"
    android:paddingLeft="@dimen/activity_horizontal_margin"
    android:paddingRight="@dimen/activity_horizontal_margin"
    android:paddingTop="@dimen/activity_vertical_margin"
    >
    <TextView
        android:id="@+id/msg"
        android:layout_width="wrap_content"
        android:layout_height="wrap_content"
        android:layout_alignParentLeft="true"
        android:text="明日科技" />
    <ImageView
        android:id="@+id/imageView1"
        android:layout_width="wrap_content"
        android:layout_height="wrap_content"
        android:layout_alignParentRight="true"
        android:layout_alignParentTop="true"
        android:src="@drawable/ic_launcher" />
</RelativeLayout>
```

(3)在 res 目录下创建一个名称为 xml 的子目录，并且在该目录中再创建一个名称为 widget_template.xml 的 Widget 元数据文件，在该文件中，指定 minWidth 和 minHeight 属性为 110dp 和 40dp，它表示这个 Widget 占 2×1 个单元格，具体代码如下。

```xml
<appwidget-provider
    xmlns:android="http://schemas.android.com/apk/res/android"
    android:minWidth="110dp"
    android:minHeight="40dp"
    android:updatePeriodMillis="86400000"
    android:initialLayout="@layout/widget_layout"
    >
</appwidget-provider>
```

在上面的代码中，设置 updatePeriodMillis 属性用于指定更新周期，这里设置为 86400000 毫秒，表示 1 天；设置 initialLayout 属性用于指定 Widget 使用的布局文件。

(4)在 com.mingrisoft 包中，创建一个名称为 FirstWidget 的类，让其继承 android.appwidget.

AppWidgetProvider，用来接收与 Widget 相关的删除、失效、生效和更新等消息，然后重写它的 onDeleted()、onDisabled()、onEnabled()和 onUpdate()方法，关键代码如下。

```java
public class FirstWidget extends AppWidgetProvider {
    @Override
    public void onDeleted(Context context, int[] appWidgetIds) {
        super.onDeleted(context, appWidgetIds);
    }
    @Override
    public void onDisabled(Context context) {
        super.onDisabled(context);
    }
    @Override
    public void onEnabled(Context context) {
        super.onEnabled(context);
    }
    @Override
    public void onUpdate(Context context, AppWidgetManager appWidgetManager,
            int[] appWidgetIds) {
        super.onUpdate(context, appWidgetManager, appWidgetIds);
    }
}
```

（5）在 AndroidManifest.xml 文件中声明 Widget，主要包括指定创建的 AppWidgetProvider 的子类、Widget 的元数据，以及元数据的资源路径，关键代码如下。

```xml
<receiver android:name=".FirstWidget">
    <intent-filter>
        <action android:name="android.appwidget.action.APPWIDGET_UPDATE"/>
    </intent-filter>
    <meta-data android:name="android.appwidget.provider"
        android:resource="@xml/widget_template"/>
</receiver>
```

运行本实例，在屏幕上不会启动任何应用，但是它已经在 Widget 列表中添加了一个 Widget 组件，如图 12-7 所示。

图 12-7　在 Widget 列表中添加了新创建的 Widget

12.2.3 安装及删除

在完成了创建 Widget 示例的所有代码并运行后,将在 Widget 列表中添加一个新的 Widget,但是,此时的 Widget 还没有显示在主屏幕上。如果想将其添加到主屏幕上,需要在 Widget 列表中找到该 Widget,如图 12-7 所示,然后在该 Widget 上长按(超过 2 秒),将显示如图 12-8 所示的界面,选择合适的位置,松开手指,即可将该 Widget 添加到主屏幕上,如图 12-9 所示。

安装及删除

图 12-8 选择添加位置的效果

图 12-9 添加到桌面的效果

将 Widget 安装到主屏幕上后,如果想要将其删除,可以通过在主屏幕上的该 Widget 上长按,当桌面上方出现"删除"按钮时,如图 12-10 所示,拖动该 Widget 到"删除"按钮上,当 Widget 变红时,松开手指,就可以将其从主屏幕上删除。

图 12-10 从主屏幕上删除 Widget

12.3 Widget 配置

Widget 配置

在上一节中已经学习了如何开发一个 Widget，并将其安装到主屏幕上。但是在使用 Widget 时，有时需要根据个人喜欢设置 Widget 的不同特征，例如，Widget 的外观风格、字体颜色、字体大小、显示文字或背景图案等。这时就可以通过以下步骤实现在将 Widget 添加到主屏幕时，启动一个用于配置 Widget 的 Activity，通过这个 Activity 设置 Widget 的特征。

> 【例12-2】 复制12-1项目，名称为12-2，实现一个配置Widget的示例，在该实例中，当用户将Widget添加到主屏幕前，会启一个选择要显示文字的Activity，选择好要显示的文字后，单击"确定"按钮，即可将该Widget添加到主屏幕上。

12.3.1 在 Widget 元数据文件中声明 Activity

要实现通过 Activity 来配置 Widget 特征，首先需要在 Widget 元数据文件中声明该 Activity，具体方法是为<appwidget-provider>标记添加 android:configure 属性，其属性值设置为 Activity 所在类。

打开例 12-2 项目的 widget_template.xml 文件，为<appwidget-provider>标记添加 android:configure 属性，具体代码如下。

```xml
<appwidget-provider
    xmlns:android="http://schemas.android.com/apk/res/android"
    android:minWidth="110dp"
    android:minHeight="40dp"
    android:updatePeriodMillis="86400000"
    android:initialLayout="@layout/widget_layout"
    android:configure="com.mingrisoft.MainActivity"
    >
</appwidget-provider>
```

 在上面的代码中，声明的 Activity 为 com.mingrisoft 包中的 MainActivity。

另外，由于需要在项目中使用 Activity，所以，也需要将该 Activity 在 AndroidManifest.xml 文件中声明，不同于普通的 Activity，这里的 Activity 需设置为被 Widget 宿主通过发送 android.appwidget.action.APPWIDGET_CONFIGURE 动作启动。

打开例 12-2 项目的 AndroidManifest.xml 文件，在<application>标记中，添加以下代码声明用于设置 Widget 特征的 Activity。

```xml
<activity
    android:name=".MainActivity"
    android:label="@string/app_name" >
    <intent-filter>
        <action android:name="android.appwidget.action.APPWIDGET_CONFIGURE"/>
    </intent-filter>
</activity>
```

12.3.2 创建配置 Widget 的 Activity

创建用于配置 Widget 特征的 Activity，并设置其布局文件。在布局文件中，需要通过添加单选按钮组来实现让用户选择自己所需的特征信息。

例如，在例 12-2 中，创建配置 Widget 的 Activity 的步骤如下。

（1）创建 Activity 的布局文件为 activity_main.xml，在该文件中添加一个文本框组件、一个包含 3 个单选按钮的单选按钮组和一个按钮，关键代码如下。

```xml
<TextView
    android:id="@+id/textView1"
    android:layout_width="wrap_content"
    android:layout_height="wrap_content"
    android:text="选择要显示的文字：" />
<RadioGroup
    android:id="@+id/textGroup"
    android:layout_width="wrap_content"
    android:layout_height="wrap_content"
    android:layout_alignParentLeft="true"
    android:layout_below="@+id/textView1" >
    <RadioButton
        android:id="@+id/text0"
        android:layout_width="wrap_content"
        android:layout_height="wrap_content"
        android:checked="true"
        android:text="明日科技" />
    <RadioButton
        android:id="@+id/text1"
        android:layout_width="wrap_content"
        android:layout_height="wrap_content"
        android:text="明日图书" />
    <RadioButton
        android:id="@+id/text2"
        android:layout_width="wrap_content"
        android:layout_height="wrap_content"
        android:text="www.mingrisoft.com" />
</RadioGroup>
<Button
    android:id="@+id/ok"
    android:layout_width="wrap_content"
    android:layout_height="wrap_content"
    android:layout_alignLeft="@+id/textGroup"
    android:layout_below="@+id/textGroup"
    android:text="确定" />
```

（2）创建名称为 MainActivity 的 Activity，并重写其 onCreate() 方法，在该方法中指定使用的布局文件为 activity_main.xml，关键代码如下。

```java
public class MainActivity extends Activity {
    @Override
    protected void onCreate(Bundle savedInstanceState) {
```

```
        super.onCreate(savedInstanceState);
        setContentView(R.layout.activity_main);        //设置使用的布局文件
    }
}
```

（3）在重写的 onCreate()中获取布局文件中添加的按钮，并为其指定单击事件监听器，在重写的 onClick()方法中，获取单选按钮组的值。关键代码如下。

```
Button btn_ok=(Button)findViewById(R.id.ok);        //获取Activity上添加的"确定"按钮
final RadioGroup textGroup=(RadioGroup)findViewById(R.id.textGroup);
btn_ok.setOnClickListener(new OnClickListener() {
    @Override
    public void onClick(View v) {
        String text="";
        /******************获取单选按钮组的值*******************/
        for(int i=0;i<textGroup.getChildCount();i++){
            RadioButton r=(RadioButton)textGroup.getChildAt(i);
            if(r.isChecked()){
                text=(String)r.getText();
                break;
            }
        }
        /**********************************************************/
    }
});
```

12.3.3 获取 Widget 的 ID

Widget 的宿主在启动 Activity 时，将 Widget 的 ID 保存在 Intent 中，通过调用 Bundle 对象的 getInt()方法，可以获取 Widget 的 ID。

例如，要获取例 12-2 项目中的 Widge 的 ID，可以通过下面的代码实现。

```
Intent intent=getIntent();                          //获取Intent对象
Bundle extras=intent.getExtras();                   //获取Bundle对象
int mAppWidgetId=0;                                 //定义保存Widget ID的变量
if(extras!=null){
    mAppWidgetId=extras.getInt(AppWidgetManager.EXTRA_APPWIDGET_ID,
                    AppWidgetManager.INVALID_APPWIDGET_ID);
}
if(mAppWidgetId==AppWidgetManager.INVALID_APPWIDGET_ID){
    finish();
}
```

如果 AppWidgetManager.INVALID_APPWIDGET_ID 的值为 0，表示没有获取 Widget 的 ID。

12.3.4 更新 Widget

在实现更新 Widget 时，首先需要通过调用 getInstance()方法获取 AppWidgetManager 实例，然后创建一个RemoteViews对象，通过其更改Widget的界面元素，最后调用updateAppWidget()方法完成Widget的更新。

例如，在例12-2项目中，添加更新Widget上显示文字为单选按钮组的值，可以使用下面的代码。

```
AppWidgetManager appWidgetManager=AppWidgetManager.getInstance(MainActivity.this);
RemoteViews views=new RemoteViews(MainActivity.this.getPackageName(),
                                   R.layout.widget_layout);
views.setTextViewText(R.id.msg, text);
appWidgetManager.updateAppWidget(mAppWidgetId, views);
```

12.3.5 设置返回信息并关闭Activity

要实现设置返回信息，并关闭Activity，可以通过调用setResult()方法实现。如果返回码为RESULT_OK表示设置成功，宿主会将Widget实例加载到主屏幕上；如果返回码为RESULT_CANCELED表示取消，这时宿主会取消Widget实例的加载过程，Widget将不会显示到主屏幕上。例如，在例12-2项目中设置返回信息为获取的Widget ID，并且使用AppWidgetManager.EXTRA_APPWIDGET_ID作为关键字，可以使用下面的代码实现。

```
Intent resultValue=new Intent();
resultValue.putExtra(AppWidgetManager.EXTRA_APPWIDGET_ID, mAppWidgetId);
setResult(RESULT_OK,resultValue);
finish();
```

在修改Widget的Activity中，需要处理用户在未完成Widget的配置前，通过回退键离开Activity的情况，具体方法就是在onCreate()方法的开始处添加以下代码：
setResult(RESULT_CANCELED);

例12-2完成后，在模拟器中运行完成，将创建的Widget向主屏幕上添加时，将显示如图12-11所示的选择显示文字的Activity，选择想要显示的文字（如明日图书），单击"确定"按钮，即可在主屏幕上显示如图12-12所示的Widget。

图12-11　选择显示文字的Activity

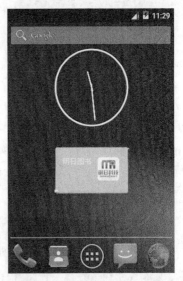

图12-12　在主屏幕上显示的Widget

12.4 Widget 与 Service

在开发 Widget 时，在 Widget 元数据文件中，通过 updatePeriodMillis 属性可以指定更新时间，但是该属性值必须大于 30 分钟，如果低于这个时间，该属性将不生效。另外，如果在 onUpdate()方法中进行更新时，必须保证要运行的代码可以在 5 秒钟内执行完毕，否则将会产生无响应（Application Not Responding, ANR）错误。所以如果需要在 Widget 中进行频繁更新，一般需要采用 Service 周期性地更新 Widget 的方法。下面将通过一个具体的实例来介绍如何实现通过 Service 更新 Widget。

Widget 与 Service

【例12-3】 在Eclipse中创建Android项目，名称为12-3，实现一个定时更新的Widget，在该Widget中，将每隔一分钟更新一次显示时间。

（1）制作一个名称为 green.9.png 的 9-Patch 图片，将其复制到 res/drawable-xhdpi 目录中，用于作为 Widget 的背景。

（2）在新建项目的 res/layout 目录下创建 Widget 布局文件 widget_layout.xml，在该文件中添加一个相对布局管理器，并且设置其背景为 green.9.png，然后在该布局管理器中添加一个居中显示的文本框组件，作为 Widget 上显示的内容，关键代码如下。

```xml
<RelativeLayout xmlns:android="http://schemas.android.com/apk/res/android"
    android:layout_width="match_parent"
    android:layout_height="match_parent"
    android:background="@drawable/green"
    android:paddingBottom="@dimen/activity_vertical_margin"
    android:paddingLeft="@dimen/activity_horizontal_margin"
    android:paddingRight="@dimen/activity_horizontal_margin"
    android:paddingTop="@dimen/activity_vertical_margin"
    >
    <TextView
        android:id="@+id/msg"
        android:layout_width="wrap_content"
        android:layout_height="wrap_content"
        android:layout_centerInParent="true"
        android:textSize="14sp"
        android:text="正在获取时间..." />
</RelativeLayout>
```

（3）在 res 目录下创建一个名称为 xml 的子目录，并且在该目录中再创建一个名称为 widget_template.xml 的 Widget 元数据文件，在该文件中，指定 minWidth 和 minHeight 属性为 110dp 和 40dp，它表示这个 Widget 占 2×1 个单元格，具体代码如下。

```xml
<appwidget-provider
    xmlns:android="http://schemas.android.com/apk/res/android"
    android:minWidth="110dp"
    android:minHeight="40dp"
    android:updatePeriodMillis="86400000"
    android:initialLayout="@layout/widget_layout"
    >
</appwidget-provider>
```

(4) 在 com.mingrisoft 包中，创建一个名称为 TimerWidget 的类，让其继承 android.appwidget.AppWidgetProvider，用来接收与 Widget 相关的删除、失效、生效和更新等消息，然后声明一个保存所有 Widget 实例的 ID 值的队列，并且重写它的 onDeleted()、onDisabled()、onEnabled()和 onUpdate()方法，最后再创建 updateAppWidget()方法，用于更新 Widget，关键代码如下。

```java
public class TimerWidget extends AppWidgetProvider {
    //声明一个保存所有Widget实例的ID值的队列
    private static Queue<Integer> widgetIds=new LinkedList<Integer>();
    @Override
    public void onDeleted(Context context, int[] appWidgetIds) {
        super.onDeleted(context, appWidgetIds);
    }
    @Override
    public void onDisabled(Context context) {
        super.onDisabled(context);
    }
    @Override
    public void onEnabled(Context context) {
        super.onEnabled(context);
    }
    @Override
    public void onUpdate(Context context, AppWidgetManager appWidgetManager,
            int[] appWidgetIds) {
        super.onUpdate(context, appWidgetManager, appWidgetIds);
    }
    public static void updateAppWidget(Context context, String time) {
        //获取AppWidgetManager对象
        AppWidgetManager appWidgetManager=AppWidgetManager.getInstance(context);
        //获取Widget视图对象
        RemoteViews views=new RemoteViews(context.getPackageName(),R.layout.widget_layout);
        //更改Widget的msg文本框的显示文本为获取的系统时间
        views.setTextViewText(R.id.msg,time);
        final int N=widgetIds.size();              //获取队列中元素的个数
        for(int i=0;i<N;i++){
            int appWidgetId=widgetIds.poll();      //移除并返回队列头部的元素
            appWidgetManager.updateAppWidget(appWidgetId, views);//更新Widget
            widgetIds.add(appWidgetId);            //将Widget ID添加到队列中
        }
    }
}
```

(5) 创建名称为 TimerService 的 Service，让其实现 Runnable 接口，然后重写 run()方法，在该方法中每隔一分钟获取一次系统时间，并且更新 Widget 界面，最后再重写 onStart()方法，在该方法中，如果没有开启线程，则创建并开启线程，关键代码如下。

```java
public class TimerService extends Service implements Runnable {
    boolean threadRunning=false;                   //标记线程是否开启
    @Override
    public IBinder onBind(Intent arg0) {
        return null;
    }
    @Override
```

```java
        public void run() {
            while(!Thread.interrupted()){                    //当线程没有中断
                SimpleDateFormat df=new SimpleDateFormat("yyyy-MM-dd HH:mm"); //设置日期格式
                String time=df.format(new Date());           //获取当前系统时间
                TimerWidget.updateAppWidget(this,time);      //更新Widget界面
                try {
                    Thread.sleep(60000);                     //让线程休眠1分钟
                } catch (InterruptedException e) {
                    e.printStackTrace();
                }
            }
        }

    }
    @Override
    public void onStart(Intent intent, int startId) {
        super.onStart(intent, startId);
        if(!threadRunning){
            threadRunning=true;
            new Thread(this).start();                        //创建并开启线程
        }
    }

}
```

（6）在TimerWidget类的onUpdate()方法中将Widgest ID添加到队列中，并且开启TimerService服务，具体代码如下：

```java
for(int i=0;i<appWidgetIds.length;i++){
    widgetIds.add(appWidgetIds[i]);          //将Widget ID添加到队列中
}
context.startService(new Intent(context,TimerService.class));    //开启服务
```

（7）在TimerWidget类的onDeleted()方法中将Widget的ID从WidgetIds队列中移除，具体代码如下：

```java
for(int i=0;i<appWidgetIds.length;i++){
    if(widgetIds.contains(appWidgetIds[i])){     //如果在队列中
        widgetIds.remove(appWidgetIds[i]);       //从队列中移除
    }
}
```

（8）在TimerWidget类的onDisabled()方法中停止TimerService服务，具体代码如下。

```java
context.stopService(new Intent(context,TimerService.class));    //停止服务
```

（9）在AndroidManifest.xml文件的<application>标记中声明Widget和Service，关键代码如下。

```xml
<receiver android:name=".TimerWidget">
    <intent-filter>
        <action android:name="android.appwidget.action.APPWIDGET_UPDATE"/>
    </intent-filter>
    <meta-data android:name="android.appwidget.provider"
        android:resource="@xml/widget_template"/>
</receiver>
<service android:name=".TimerService" />
```

运行本实例，将创建的 Widget 添加到主屏幕上，然后每隔一分钟，会自动更新一次显示的时间，如图 12-13 所示。

图 12-13　定时更新的 Widget

小　结

本章首先对 Widget 进行了简要介绍，然后介绍了 Widget 和设计原则、开发步骤，以及安装和删除，接下来又介绍了如何通过 Activity 配置 Widget，最后介绍了如何通过 Service 定时更新 Widget。其中，最后一节介绍的通过 Service 定时更新 Widget 比较常用，所以需要重点掌握。

上机指导

本实例将创建一个监控电池电量的 Widget，从而实现在主屏幕上显示随电池电量变化的小工具。运行本实例，将在 Widget 列表中增加一个如图 12-14 所示的自定义 Widget，长按该图标将其添加到主屏幕上，将显示如图 12-15 所示的电量信息。

开发步骤如下。

（1）在 Eclipse 中创建 Android 项目，名称为 powerWidget。

（2）在新建项目的 res/layout 目录下创建 Widget 布局文件 widget_layout.xml，在该文件中添加一个相对布局管理器，并且设置其背景为 battery.png，然后在该布局管理器中添加一个图像视图用于显示电量进度，再添加一个文本框组件，用于显示电量百分比，具体代码如下。

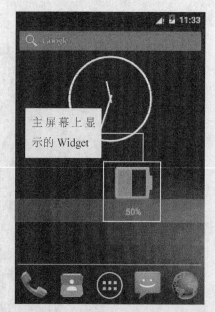

图 12-14　Widget 列表中显示的 Widget　　图 12-15　在主屏幕上显示的 Widget

```
<RelativeLayout xmlns:android="http://schemas.android.com/apk/res/android"
    android:layout_width="match_parent"
    android:layout_height="match_parent"
    android:background="@drawable/battery">
    <ImageView
        android:id="@+id/ico"
        android:layout_width="wrap_content"
        android:layout_height="wrap_content"
        android:layout_alignParentLeft="true"
        android:layout_marginLeft="5dp"
        android:layout_marginTop="7dp"/>
    <TextView
        android:id="@+id/value"
        android:layout_width="wrap_content"
        android:layout_height="wrap_content"
        android:layout_below="@+id/ico"
        android:layout_marginTop="15dp"
        android:layout_centerHorizontal="true"
        />
</RelativeLayout>
```

（3）在 res 目录下创建一个名称为 xml 的子目录，并且在该目录中再创建一个名称为 widget_template.xml 的 Widget 元数据文件，在该文件中，指定 minWidth 和 minHeight 属性为 40dp 和 40dp，它表示这个 Widget 占 1×1 个单元格，具体代码如下。

```
<appwidget-provider
    xmlns:android="http://schemas.android.com/apk/res/android"
    android:minWidth="40dp"
    android:minHeight="40dp"
    android:updatePeriodMillis="3600000"
```

```
        android:initialLayout="@layout/widget_layout"   >
</appwidget-provider>
```

（4）编写自定义的广播接收器对象，名称为 MyBoradcastReceiver，在重写的 onReceive()方法中，当电池电量改变时，取得目前电量，并保存到 SharedPreferences 对象中，关键代码如下。

```
public class MyBoradcastReceiver extends BroadcastReceiver {
    @Override
    public void onReceive(Context context, Intent intent) {
        int level=intent.getIntExtra("level", 0);
        int scale=intent.getIntExtra("scale", 100);
        SharedPreferences pres=context.getSharedPreferences("mySharedPreferences",
                    context.MODE_PRIVATE);          //获取SharedPreferences对象
        if(pres!=null){
            SharedPreferences.Editor ed=pres.edit();
            ed.putInt("power",(level*100/scale));   //保存新的电池电量
            ed.commit();
        }
    }
}
```

（5）创建名称为 PowerService 的 Service，重写它的 onBind()、onDestroy()和 onStart() 方法，然后声明一个自定义的广播接收器对象，并且在重写的 onDestroy()方法中，注销广播接收器，接下来再在重写 onStart()方法中，注册广播接收器获取电量信息，并更新 Widget，关键代码如下。

```
public class PowerService extends Service{
    private MyBoradcastReceiver myBoradcastReceiver;    //声明自定义的广播接收器对象
    @Override
    public IBinder onBind(Intent arg0) {
        return null;
    }
    @Override
    public void onDestroy() {
        unregisterReceiver(myBoradcastReceiver);        //注销广播接收器
        super.onDestroy();
    }
    @Override
    public void onStart(Intent intent, int startId) {
        super.onStart(intent, startId);
        IntentFilter intentFilter=new IntentFilter(Intent.ACTION_BATTERY_CHANGED);
        myBoradcastReceiver=new MyBoradcastReceiver();  //实例化用于获取电量的广播
        registerReceiver(myBoradcastReceiver, intentFilter);    //注册广播接收器
        RemoteViews updateViews=keepUpdate(this);   //调用自定义方法获取更新的视图
        ComponentName thisWidget=new ComponentName(this, PowerWidget.class);
        //获取AppWidgetManager对象
        AppWidgetManager appWidgetManager=AppWidgetManager.getInstance(this);
        appWidgetManager.updateAppWidget(thisWidget, updateViews);  //更新Widget
    }
    private RemoteViews keepUpdate(Context context) {
        RemoteViews views=new RemoteViews(context.getPackageName(),R.layout.widget_layout);
        int power=0;
```

```
            SharedPreferences pres=context.getSharedPreferences("mySharedPreferences",
                    Context.MODE_PRIVATE);         //获取SharedPreferences对象
        if(pres!=null){
            power=pres.getInt("power", 0);   //获取共享文件中保存的电量
        }
        views.setTextViewText(R.id.value, power+"%");        //更新电量百分比
        /************************更新电量的显示进度************************/
        if(power!=0){
            //获取位图对象
            Bitmap bmp=BitmapFactory.decodeResource(getResources(),R.drawable.power);
            float x=47.5f/100*power;   //计算x轴的缩放比例
            Matrix matrix=new Matrix();
            matrix.postScale(x, 1.0f);   //进行模式缩放
            //创建Bitmap对象
            Bitmap resizeBmp=Bitmap.createBitmap(bmp,0,0,1,45,matrix,true);
            //更新电池的进度
            views.setBitmap(R.id.ico, "setImageBitmap", resizeBmp);
        }
        /******************************************************************/
        return views;
    }
}
```

（6）在com.mingrisoft包中，创建一个名称为PowerWidget的类，让其继承android.appwidget.AppWidgetProvider，用来接收与Widget相关的删除、失效、生效和更新等消息，然后重写它的 onDeleted()、onDisabled()、onEnabled()和 onUpdate()方法，并且在onUpdate()方法中开启PowerService服务，关键代码如下。

```
public class PowerWidget extends AppWidgetProvider {
    @Override
    public void onDeleted(Context context, int[] appWidgetIds) {
        super.onDeleted(context, appWidgetIds);
    }
    @Override
    public void onDisabled(Context context) {
        super.onDisabled(context);
    }
    @Override
    public void onEnabled(Context context) {
        super.onEnabled(context);
    }
    @Override
    public void onUpdate(Context context, AppWidgetManager appWidgetManager,
            int[] appWidgetIds) {
        super.onUpdate(context, appWidgetManager, appWidgetIds);
        context.startService(new Intent(context,PowerService.class));//开启服务
    }
}
```

（7）在AndroidManifest.xml文件的<application>标记中声明Widget和Service，关键代码如下。

```
<service android:name=".PowerService" />
```

```xml
<receiver android:name=".PowerWidget">
    <intent-filter>
        <action android:name="android.appwidget.action.APPWIDGET_UPDATE"/>
    </intent-filter>
    <meta-data android:name="android.appwidget.provider"
        android:resource="@xml/widget_template"/>
</receiver>
```

（8）在 AndroidManifest.xml 文件的<manifest>标记中赋予访问电池状态的权限，关键代码如下。

```xml
<uses-permission android:name="android.permission.BATTERY_STATS"/>
```

完成以上操作后，在左侧的"包资源管理器"中的项目名称节点上，单击鼠标右键，在弹出的快捷菜单中，选择"运行方式"/Android Application 菜单项就可以通过模拟器来运行程序了。

习 题

12-1 什么是 Widget？

12-2 如何将 Widget 添加到主屏幕上？

12-3 Widget 有哪几个重要组成部分？

12-4 如何确定 Widget 的尺寸？

12-5 什么是 9-Patch 图片？

12-6 开发一个简单的 Widget 组件通常需要经过哪几个步骤？

第13章
综合开发实例——个人理财通

本章要点：

介绍软件的开发流程
Android布局文件的设计
SQLite数据库的使用
公共类的设计及使用
在Android程序中操作
SQLite数据库

■ 使用 Android 5.0 技术开发一个个人理财通系统，通过该系统。可以随时随地的记录用户的收入及支出等信息。

第13章 综合开发实例——个人理财通

13.1 系统分析

13.1.1 需求分析

你是"月光族"吗？你能说出每月的钱都用到什么地方了吗？为了更好地记录每月的收入及支出，这里开发了一款基于 Android 系统的个人理财通软件。通过该软件，用户可以随时随地地记录自己的收入、支出等信息；另外，为了保护自己的隐私，还可以为个人理财通设置密码。

配置使用说明

13.1.2 可行性分析

根据《计算机软件文档编制规范》（GB/T 8567-2006）中可行性分析的要求，制定可行性研究报告如下。

1．引言

（1）编写目的

为了给软件开发企业的决策层提供是否进行项目实施的参考依据，现以文件的形式分析项目的风险、项目需要的投资与效益。

（2）背景

为了更好的记录用户每月的收入及支出详细情况，现委托其他公司开发一个个人记账相关的软件，项目名称为"个人理财通"。

2．可行性研究的前提

（1）要求

- ❑ 系统的功能符合本人的实际情况。
- ❑ 方便地对收入及支出进行增、删、改、查等操作。
- ❑ 系统的功能操作要方便、易懂，不要有多余或复杂的操作。
- ❑ 保证软件的安全性。

在开发项目时，项目的需求是十分重要的，需求就是项目要实现的目的，比如，我要去医院买药，去医院只是一个过程，好比是编写程序代码，目的就是去买药（需求）。

（2）目标

方便对个人的收入及支出等信息进行管理。

（3）评价尺度

项目需要在一个月内交付用户使用，系统分析人员需要 3 天内到位，用户需要 2 天时间确认需求分析文档，去除其中可能出现的问题，例如用户可能临时有事，占用 5 天时间确认需求分析。那么程序开发人员需要在 25 天的时间内进行系统设计、程序编码、系统测试、程序调试和安装部署工作，其间，还包括了员工每周的休息时间。

3．投资及效益分析

（1）支出

根据预算，公司计划投入 3 个人，为此需要支付 1.5 万元的工资及各种福利待遇；项目的安装、调试以及用户培训等费用支出需要 5 千元；在项目后期维护阶段预计需要投入 5 千元的资金，累计项目投入需要 2.5 万元资金。

（2）收益

客户提供项目开发资金 5 万元，对于项目后期进行的改动，采取协商的原则，根据改动规模额外提供资金。因此，从投资与收益的效益比上，公司大致可以获得 2.5 万元的利润。

项目完成后，会给公司提供资源储备，包括技术、经验的积累。

4．结论

根据上面的分析，在技术上不会存在问题，因此项目延期的可能性很小；在效益上，公司投入 3 个人，一个月的时间获利 2.5 万元，比较可观；另外，公司还可以储备项目开发的经验和资源。因此，认为该项目可以开发。

13.1.3　编写项目计划书

根据《计算机软件文档编制规范》(GB/T 8567-2006) 中的项目开发计划要求，结合单位实际情况，设计项目计划书如下。

1．引言

（1）编写目的

为了能使项目按照合理的顺序开展，并保证按时、高质量地完成，现拟订项目计划书，将项目开发生命周期中的任务范围、团队组织结构、团队成员的工作任务、团队内外沟通协作方式、开发进度、检查项目工作等内容描述出来，作为项目相关人员之间的共识、约定以及项目生命周期内的所有项目活动的行动基础。

（2）背景

个人理财通是本公司与王××签定的待开发项目，项目性质为个人记账类型，它可以方便地记录用户的收入、支出等信息，项目周期为一个月。项目背景规划如表 13-1 所示。

表 13-1　项目背景规划

项目名称	签定项目单位	项目负责人	参与开发部门
个人理财通	甲方：×××科技有限公司	甲方：王经理	设计部门
	乙方：王××	乙方：王××	开发部门
			测试部门

2．概述

（1）项目目标

项目应当符合 SMART 原则，把项目要完成的工作用清晰的语言描述出来。个人理财通的主要目标是为用户提供一套能够方便地管理个人收入及支出信息的软件。

（2）应交付成果

项目开发完成后，交付的内容如下。

❑ 以光盘的形式提供个人理财通的源程序、APK 安装文件和系统使用说明书。

❑ 系统发布后，进行无偿维护和服务 6 个月，超过 6 个月进行系统有偿维护与服务。

（3）项目开发环境

开发本项目所用的操作系统可以是 Windows 或者 Linux 操作系统，开发工具为 Eclipse+Android 5.0，数据库采用 Android 自带的 SQLite3。

（4）项目验收方式与依据

项目验收分为内部验收和外部验收两种方式。项目开发完成后，首先进行内部验收，由测试人员根据用户需求和项目目标进行验收。项目在通过内部验收后，然后交给客户进行外部验收，验收的主要依据为需求规格说明书。

3．项目团队组织

本公司针对该项目组建了一个由软件工程师、界面设计师和测试人员构成的开发团队，为了明确项目团队中每个人的任务分工，现制定人员分工表，如表13-2所示。

表13-2 人员分工表

姓名	技术水平	所属部门	角色	工作描述
王某	中级软件工程师	项目开发部	软件工程师	负责需求分析、软件设计与编码
刘某	中级美工设计师	设计部	界面设计师	负责软件的界面设计
李某	中级系统测试工程师	软件测试部	测试人员	对软件进行测试、编写软件测试文档

13.2 系统设计

13.2.1 系统目标

根据个人对个人理财通软件的要求，制定目标如下：
- 操作简单方便、界面简洁美观。
- 方便地对收入及支出进行增、删、改、查等操作。
- 通过便签，方便地记录用户的计划。
- 能够通过设置密码保证程序的安全性。
- 系统运行稳定、安全可靠。

13.2.2 系统功能结构

个人理财通的功能结构如图13-1所示。

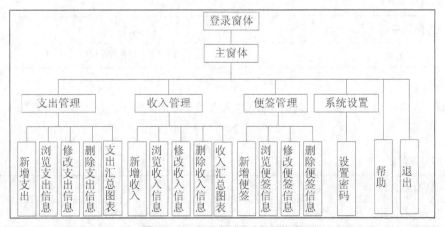

图13-1 个人理财通功能结构图

13.2.3 系统业务流程图

个人理财通的业务流程如图 13-2 所示。

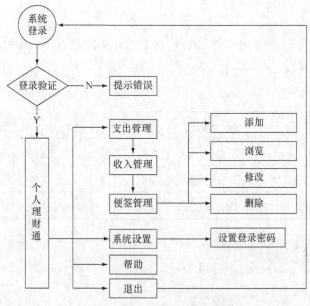

图 13-2 个人理财通业务流程图

13.2.4 系统编码规范

开发应用程序常常需要以团队合作来完成,每个人负责不同的业务模块。为了使程序的结构与代码风格统一标准化,增加代码的可读性,需要在编码之前制定一套统一的编码规范。下面介绍个人理财通系统开发中的编码规范。

1. 数据库命名规范

(1) 数据库

数据库以数据库相关英文单词或缩写进行命名,如表 13-3 所示。

表 13-3 数据库命名

数据库名称	描述
account.db	个人理财通数据库

(2) 数据表

数据表以字母 tb 开头(小写),后面加数据表相关英文单词或缩写。下面举例进行说明,如表 13-4 所示。

表 13-4 数据表命名

数据表名称	描述
tb_outaccount	支出信息表

（3）字段

字段一率采用英文单词或词组（可利用翻译软件）命名，如找不到专业的英文单词或词组，可以用相同意义的英文单词或词组代替。下面举例进行说明，如表 13-5 所示。

表 13-5 字段命名

字段名称	描述
_id	编号
money	金额

在数据库中使用命名规范，有助于其他用户更好地理解数据表，及其表中各字段的内容。

2．程序代码命名规范

（1）数据类型简写规则

程序中定义常量、变量或方法等内容时，常常需要指定类型。下面介绍一种常见的数据类型简写规则，如表 13-6 所示。

表 13-6 数据类型简写规则

数据类型	简写
整型	int
字符串	str
布尔型	bl
单精度浮点型	flt
双精度浮点型	dbl

（2）组件命名规则

所有的组件对象名称都为组件名称的拼音简写，出现冲突可采用不同的简写规则。组件命名规则如表 13-7 所示。

表 13-7 组件命名规则

控件	缩写形式
EditText	txt
Button	btn
Spinner	sp
ListView	lv
……	……

在项目中使用良好的命名规则，有助于开发者快速了解变量、方法、类、Activity，以及各组件的用处。

13.3 系统开发及运行环境

本系统的软件开发环境及运行环境具体如下。
- 操作系统：Windows 7。
- JDK 环境：Java SE Development KET(JDK) version 7。
- 开发工具：Eclipse 4.4.2+Android 5.0。
- 开发语言：Java、XML。
- 数据库管理软件：SQLite 3。
- 运行平台：Windows、Linux 各版本。
- 分辨率：最佳效果 1440 像素 * 900 像素。

13.4 数据库与数据表设计

开发应用程序时，对数据库的操作是必不可少的，数据库设计是根据程序的需求及其实现功能所制定的，数据库设计的合理性将直接影响到程序的开发过程。

13.4.1 数据库分析

个人理财通是一款运行在 Android 系统上的程序，在 Android 系统中，集成了一种轻量型的数据库，即 SQLite，该数据库是使用 C 语言编写的开源嵌入式数据库，支持的数据库大小为 2TB，使用该数据库，用户可以像使用 SQL Server 数据库或者 Oracle 数据库那样来存储、管理和维护数据，本系统采用了 SQLite 数据库，并且命名为 account.db，该数据库中用到了 4 个数据表，分别是 tb_flag、tb_inaccount、tb_outaccount 和 tb_pwd，如图 13-3 所示。

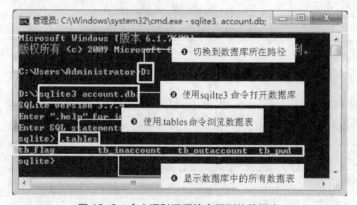

图 13-3　个人理财通系统中用到的数据表

13.4.2 创建数据库

个人理财通系统在创建数据库时，是通过使用 SQLiteOpenHelper 类的构造函数来实现的，实现代码如下。

```
private static final int VERSION = 1;                    //定义数据库版本号
private static final String DBNAME = "account.db";       //定义数据库名
public DBOpenHelper(Context context){                    //定义构造函数
```

```
        super(context, DBNAME, null, VERSION);        //重写基类的构造函数，以创建数据库
    }
```

创建数据库时，也可以在 cmd 命令窗口中使用 sqlite3 命令打开 SQLite 数据库，然后使用 create database 语句创建，但这里需要注意的是，在 cmd 命令窗口中操作 SQLite 数据库时，SQL 语句最后需要加分号";"。

13.4.3 创建数据表

在创建数据表前，首先要根据项目实际要求规划相关的数据表结构，然后在数据库中创建相应的数据表。

1．tb_pwd（密码信息表）

tb_pwd 表用于保存个人理财通的密码信息，该表的结构如表 13-8 所示。

表 13-8　密码信息表

字段名	数据类型	主键否	描述
password	varchar(20)	否	用户密码

2．tb_outaccount（支出信息表）

tb_outaccount 表用于保存用户的支出信息，该表的结构如表 13-9 所示。

表 13-9　支出信息表

字段名	数据类型	主键否	描述
_id	integer	是	编号
money	decimal	否	支出金额
time	varchar(10)	否	支出时间
type	varchar(10)	否	支出类别
address	varchar(100)	否	支出地点
mark	varchar(200)	否	备注

3．tb_inaccount（收入信息表）

tb_inaccount 表用于保存用户的收入信息，该表的结构如表 13-10 所示。

表 13-10　收入信息表

字段名	数据类型	主键否	描述
_id	integer	是	编号
money	decimal	否	收入金额
time	varchar(10)	否	收入时间
type	varchar(10)	否	收入类别
handler	varchar(100)	否	付款方
mark	varchar(200)	否	备注

4. tb_flag（便签信息表）

tb_flag 表用于保存个人理财通的便签信息，该表的结构如表 13-11 所示。

表 13-11 便签信息表

字段名	数据类型	主键否	描述
_id	integer	是	编号
flag	varchar(200)	否	便签内容

13.5 创建项目

个人理财通系统的项目名称为 AccountMS，该系统是使用 Eclipse+Android 5.0 开发的一个项目，即本书第 3 章的例 3-1 所创建的项目。

13.6 系统文件夹组织结构

在编写项目代码之前，需要制定好项目的系统文件夹组织结构，如不同的 Java 包存放不同的窗体、公共类、数据模型、工具类或者图片资源等，这样不但可以保证团队开发的一致性，也可以规范系统的整体架构。创建完系统中可能用到的文件夹或者 Java 包之后，在开发时，只需将创建的类文件或者资源文件保存到相应的文件夹中即可。个人理财通系统的文件夹组织结构如图 13-4 所示。

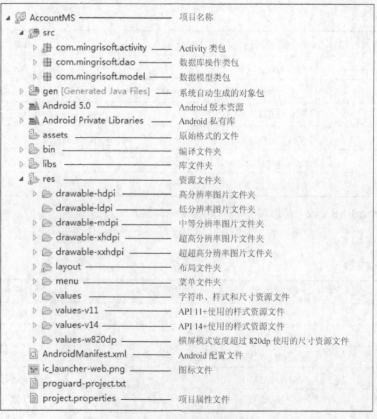

图 13-4 文件夹组织结构

13.7 公共类设计

公共类是代码重用的一种形式,它将各个功能模块经常调用的方法提取到公用的 Java 类中,例如,访问数据库的 Dao 类容纳了所有访问数据库的方法,并同时管理着数据库的连接、关闭等内容。使用公共类,不但实现了项目代码的重用,还提供了程序的性能和代码的可读性。本节将介绍个人理财通中的公共类设计。

13.7.1 数据模型公共类

在 com.mingrisoft.model 包中存放的是数据模型公共类,它们对应着数据库中不同的数据表,这些模型将被访问数据库的 Dao 类和程序中各个模块,甚至各个组件所使用。数据模型是对数据表中所有字段的封装,它主要用于存储数据,并通过相应的 get×××()方法和 set×××()方法实现不同属性的访问原则。现在以收入信息表为例,介绍它所对应的数据模型类的实现代码,主要代码如下。

```java
package com.mingrisoft.model;
public class Tb_inaccount{                                          //收入信息实体类
    private int _id;                                                //存储收入编号
    private double money;                                           //存储收入金额
    private String time;                                            //存储收入时间
    private String type;                                            //存储收入类别
    private String handler;                                         //存储收入付款方
    private String mark;                                            //存储收入备注
    public Tb_inaccount(){                                          //默认构造函数
        super();
    }
    //定义有参构造函数,用来初始化收入信息实体类中的各个字段
    public Tb_inaccount(int id, double money, String time,String type,String handler,String mark){
        super();
        this._id = id;                                              //为收入编号赋值
        this.money = money;                                         //为收入金额赋值
        this.time = time;                                           //为收入时间赋值
        this.type = type;                                           //为收入类别赋值
        this.handler = handler;                                     //为收入付款方赋值
        this.mark = mark;                                           //为收入备注赋值
    }
    public int getid(){                                             //设置收入编号的可读属性
        return _id;
    }
    public void setid(int id){                                      //设置收入编号的可写属性
        this._id = id;
    }
    public double getMoney(){                                       //设置收入金额的可读属性
        return money;
    }
    public void setMoney(double money){                             //设置收入金额的可写属性
        this.money = money;
    }
    public String getTime(){                                        //设置收入时间的可读属性
        return time;
```

```
    public void setTime(String time){              //设置收入时间的可写属性
        this.time = time;
    }
    public String getType(){                       //设置收入类别的可读属性
        return type;
    }
    p ublic void setType(String type){             //设置收入类别的可写属性
        this.type = type;
    }
    public String getHandler(){                    //设置收入付款方的可读属性
        return handler;
    }
    public void setHandler(String handler){        //设置收入付款方的可写属性
        this.handler = handler;
    }
    public String getMark(){                       //设置收入备注的可读属性
        return mark;
    }
    public void setMark(String mark){              //设置收入备注的可写属性
        this.mark = mark;
    }
}
```

其他数据模型类的定义与收入数据模型类的定义方法类似，其属性内容就是数据表中相应的字段。com.mingrisoft.model 包中包含的数据模型类如表 13-12 所示。

表 13-12　com.mingrisoft.model 包中的数据模型类

类名	说明
Tb_flag	便签信息数据表模型类
Tb_inaccount	收入信息数据表模型类
Tb_outaccount	支出信息数据表模型类
Tb_pwd	密码信息数据表模型类

表 13-12 中的所有模型类都定义了对应数据表字段的属性,并提供了访问相应属性的 getXXX()方法和 setXXX()方法。

13.7.2　Dao 公共类

Dao 的全称是 Data Access Object，即数据访问对象，本系统中创建了 com.mingrisoft.dao 包，该包中包含了 DBOpenHelper、FlagDAO、InaccountDAO、OutaccountDAO 和 PwdDAO 5 个数据访问类，其中，DBOpenHelper 类用来实现创建数据库、数据表等功能；FlagDAO 类用来对便签信息进行管理；InaccountDAO 类用来对收入信息进行管理；OutaccountDAO 类用来对支出信息进行管理；PwdDAO 类用来对密码信息进行管理。下面主要对 DBOpenHelper 类和 InaccountDAO 类进行详细讲解。

FlagDAO 类、OutaccountDAO 类和 PwdDAO 类的实现过程，与 InaccountDAO 类类似，这里不进行详细介绍，详请参见本书配套资源中的源代码。

1. DBOpenHelper.java 类

DBOpenHelper 类主要用来实现创建数据库和数据表的功能，该类继承自 SQLiteOpenHelper 类。在该类中，首先需要在构造函数中创建数据库，然后在重写的 onCreate()方法中使用 SQLiteDatabase 对象的 execSQL()方法分别创建 tb_outaccount、tb_inaccount、tb_pwd 和 tb_flag 等 4 个数据表。DBOpenHelper 类实现代码如下：

```java
package com.mingrisoft.dao;
import android.content.Context;
import android.database.sqlite.SQLiteDatabase;
import android.database.sqlite.SQLiteOpenHelper;
public class DBOpenHelper extends SQLiteOpenHelper{
    private static final int VERSION = 1;                          //定义数据库版本号
    private static final String DBNAME = "account.db";             //定义数据库名

    public DBOpenHelper(Context context){                          //定义构造函数
        super(context, DBNAME, null, VERSION);                     //重写基类的构造函数
    }
    @Override
    public void onCreate(SQLiteDatabase db){                       // 创建数据库
        // 创建支出信息表
        db.execSQL("create table tb_outaccount (_id integer primary key,"+
                "money decimal,time varchar(10),"
                + "type varchar(10),address varchar(100),mark varchar(200))");
        // 创建收入信息表
        db.execSQL("create table tb_inaccount (_id integer primary key,"+
                "money decimal,time varchar(10),"
                + "type varchar(10),handler varchar(100),mark varchar(200))");
        db.execSQL("create table tb_pwd (password varchar(20))");  // 创建密码表
        db.execSQL("create table tb_flag (_id integer primary key,"+
                "flag varchar(200))");                             // 创建便签信息表
    }
    //重写基类的onUpgrade()方法，以便数据库版本更新
    @Override
    public void onUpgrade(SQLiteDatabase db, int oldVersion, int newVersion){
    }
}
```

2. InaccountDAO.java 类

InaccountDAO 类主要用来对收入信息进行管理，包括收入信息的添加、修改、删除、查询及获取最大编号、总记录数等功能。下面对该类中的方法进行详细讲解。

（1）InaccountDAO 类的构造函数

在 InaccountDAO 类中定义两个对象，分别是 DBOpenHelper 对象和 SQLiteDatabase 对象，然后创建该类的构造函数，在构造函数中初始化 DBOpenHelper 对象。主要代码如下：

```
private DBOpenHelper helper;                                //创建DBOpenHelper对象
```

```
private SQLiteDatabase db;                              //创建SQLiteDatabase对象
public InaccountDAO(Context context){                   //定义构造函数
    helper = new DBOpenHelper(context);                 //初始化DBOpenHelper对象
    db = helper.getWritableDatabase();                  //初始化SQLiteDatabase对象
}
```

（2）add(Tb_inaccount tb_inaccount)方法

该方法的主要功能是添加收入信息，其中，tb_inaccount 参数表示收入数据表对象。主要代码如下。

```
/**
 * 添加收入信息
 *
 * @param tb_inaccount
 */
public void add(Tb_inaccount tb_inaccount){
    //执行添加收入信息操作
    db.execSQL("insert into tb_inaccount (_id,money,time,type,handler,mark) values "
    +"(?,?,?,?,?,?)",new Object[]{tb_inaccount.getid(),tb_inaccount.getMoney(),
    tb_inaccount.getTime(),tb_inaccount.getType(),tb_inaccount.getHandler(),
    tb_inaccount.getMark() });
}
```

（3）update(Tb_inaccount tb_inaccount)方法

该方法的主要功能是根据指定的编号修改收入信息，其中，tb_inaccount 参数表示收入数据表对象。主要代码如下。

```
/**
 * 更新收入信息
 *
 * @param tb_inaccount
 */
public void update(Tb_inaccount tb_inaccount){
        //执行修改收入信息操作
    db.execSQL("update tb_inaccount set money = ?,time = ?,type = ?,handler = ?, "
    + "mark = ? where _id = ?", new Object[]{tb_inaccount.getMoney(),
    tb_inaccount.getTime(),tb_inaccount.getType(),tb_inaccount.getHandler(),
    tb_inaccount.getMark(),tb_inaccount.getid() });
}
```

（4）find(int id)方法

该方法的主要功能是根据指定的编号查找收入信息，其中，id 参数表示要查找的收入编号，返回值为 Tb_inaccount 对象。主要代码如下。

```
/**
 * 查找收入信息
 *
 * @param id
 * @return
 */
public Tb_inaccount find(int id){
    //根据编号查找收入信息，并存储到Cursor类中
    Cursor cursor = db.rawQuery("select _id,money,time,type,handler,mark from "
```

```
            + "tb_inaccount where _id = ?", new String[]{ String.valueOf(id) });
        if (cursor.moveToNext()){                        //遍历查找到的收入信息
            //将遍历到的收入信息存储到Tb_inaccount类中
            return new Tb_inaccount(cursor.getInt(cursor.getColumnIndex("_id")),
                    cursor.getDouble(cursor.getColumnIndex("money")),
                    cursor.getString(cursor.getColumnIndex("time")),
                    cursor.getString(cursor.getColumnIndex("type")),
                    cursor.getString(cursor.getColumnIndex("handler")),
                    cursor.getString(cursor.getColumnIndex("mark")));
        }
        cursor.close();                                  // 关闭游标
        return null;                                     //如果没有信息，则返回null
}
```

（5）detele(Integer… ids)方法

该方法的主要功能是根据指定的一系列编号删除收入信息，其中，ids 参数表示要删除的收入编号的集合。主要代码如下。

```
/**
 * 删除收入信息
 *
 * @param ids
 */
public void detele(Integer... ids){
    if (ids.length > 0){                                 //判断是否存在要删除的id
        StringBuffer sb = new StringBuffer();            //创建StringBuffer对象
        for (int i = 0; i < ids.length; i++){            //遍历要删除的id集合
            sb.append('?').append(',');                  //将删除条件添加到StringBuffer对象中
        }
        sb.deleteCharAt(sb.length() - 1);                //去掉最后一个"，"字符
        //执行删除收入信息操作
        db.execSQL("delete from tb_inaccount where _id in (" + sb + ")",(Object[]) ids);
    }
}
```

（6）getScrollData(int start, int count)方法

该方法的主要功能是从收入数据表的指定索引处，获取指定数量的收入数据，其中，start 参数表示要从此处开始获取数据的索引，count 参数表示要获取的数量，返回值为 List<Tb_inaccount>对象。主要代码如下。

```
/**
 * 获取收入信息
 * @param start 起始位置
 * @param count 每页显示数量
 * @return
 */
public List<Tb_inaccount> getScrollData(int start, int count){
    List<Tb_inaccount> tb_inaccount = new ArrayList<Tb_inaccount>();    //创建集合对象
    //获取所有收入信息
    Cursor cursor = db.rawQuery("select * from tb_inaccount limit ?,?",
            new String[]{ String.valueOf(start), String.valueOf(count) });
```

```
        while (cursor.moveToNext()){                                          //遍历所有的收入信息
            //将遍历到的收入信息添加到集合中
            tb_inaccount.add(new
                    Tb_inaccount(cursor.getInt(cursor.getColumnIndex("_id")),
                    cursor.getDouble(cursor.getColumnIndex("money")),
                    cursor.getString(cursor.getColumnIndex("time")),
                    cursor.getString(cursor.getColumnIndex("type")),
                    cursor.getString(cursor.getColumnIndex("handler")),
                    cursor.getString(cursor.getColumnIndex("mark"))));
        }
        cursor.close();// 关闭游标
        return tb_inaccount;                                                  //返回集合
}
```

(7) getCount()方法

该方法的主要功能是获取收入数据表中的总记录数，返回值为获取到的总记录数。主要代码如下。

```
/**
 * 获取总记录数
 * @return
 */
public long getCount(){
    //获取收入信息的记录数
    Cursor cursor = db.rawQuery("select count(_id) from tb_inaccount", null);
    if (cursor.moveToNext()){                         //判断Cursor中是否有数据
        return cursor.getLong(0);                     //返回总记录数
    }
    cursor.close();// 关闭游标     return 0;          //如果没有数据，则返回0
}
```

(8) getMaxId()方法

该方法的主要功能是获取收入数据表中的最大编号，返回值为获取到的最大编号。主要代码如下。

```
/**
 * 获取收入最大编号
 * @return
 */
public int getMaxId(){
    //获取收入信息表中的最大编号
    Cursor cursor = db.rawQuery("select max(_id) from tb_inaccount", null);
    while (cursor.moveToLast()) {                     //访问Cursor中的最后一条数据
        return cursor.getInt(0);                      //获取访问到的数据，即最大编号
    }
    cursor.close();// 关闭游标     return 0;          //如果没有数据，则返回0
}
```

13.8 登录模块设计

登录模块主要是通过输入正确的密码进入个人理财通的主窗体，它可以提高程序的安全性，保护数据资料不外泄。登录模块运行结果如图13-5所示。

图 13-5 系统登录

13.8.1 设计登录布局文件

在 res/layout 目录下新建一个 login.xml，用来作为登录窗体的布局文件，该布局文件中，添加一个 TextView 组件、一个 EditText 组件和两个 Button 组件，实现代码如下。

```
<RelativeLayout xmlns:android="http://schemas.android.com/apk/res/android"
    android:layout_width="match_parent"
    android:layout_height="match_parent"
    android:paddingBottom="@dimen/activity_vertical_margin"
    android:paddingLeft="@dimen/activity_horizontal_margin"
    android:paddingRight="@dimen/activity_horizontal_margin"
    android:paddingTop="@dimen/activity_vertical_margin"
    >
    <TextView android:id="@+id/tvLogin"
        android:layout_width="wrap_content"
        android:layout_height="wrap_content"
        android:text="请输入密码："
        android:textSize="25sp"
        android:textColor="#8C6931"
    />
    <EditText android:id="@+id/txtLogin"
        android:layout_width="match_parent"
        android:layout_height="wrap_content"
        android:layout_below="@id/tvLogin"
        android:inputType="textPassword"
        android:hint="请输入密码"
    />
    <Button android:id="@+id/btnClose"
        android:layout_width="wrap_content"
        android:layout_height="wrap_content"
        android:layout_below="@id/txtLogin"
        android:layout_alignParentRight="true"
        android:layout_marginLeft="10dp"
        android:text="取消"
```

```xml
        />
        <Button android:id="@+id/btnLogin"
            android:layout_width="wrap_content"
            android:layout_height="wrap_content"
            android:layout_below="@id/txtLogin"
            android:layout_toLeftOf="@id/btnClose"
            android:text="登录"
        />
</RelativeLayout>
```

13.8.2 登录功能的实现

在 com.mingrisoft.activity 包中创建一个 Login.java 文件，该文件的布局文件设置为 login.xml。当用户在"请输入密码"文本框中输入密码时，单击"登录"按钮，为"登录"按钮设置监听事件，在监听事件中，判断数据库中是否设置了密码，并且输入的密码为空，或者输入的密码是否与数据库中的密码一致，如果条件满足，则登录主 Activity；否则，弹出信息提示框。代码如下。

```java
txtlogin=(EditText) findViewById(R.id.txtLogin);                //获取密码文本框
btnlogin=(Button) findViewById(R.id.btnLogin);                  //获取登录按钮
btnlogin.setOnClickListener(new OnClickListener() {             //为登录按钮设置监听事件
    @Override
    public void onClick(View arg0) {
        Intent intent=new Intent(Login.this, MainActivity.class);   //创建Intent对象
        PwdDAO pwdDAO=new PwdDAO(Login.this);                       //创建PwdDAO对象
        if (pwdDAO.getCount() == 0 || pwdDAO.find().getPassword().isEmpty()) {
            if(txtlogin.getText().toString().isEmpty()){
                startActivity(intent);              // 启动主Activity
            }else{
                Toast.makeText(Login.this, "请不要输入任何密码登录系统！ ",
                    Toast.LENGTH_SHORT).show();
            }
        } else {
            //判断输入的密码是否与数据库中的密码一致
            if(pwdDAO.find().getPassword().equals(txtlogin.getText().toString())){
                startActivity(intent);                      //启动主Activity
            }else {
                //弹出信息提示
                Toast.makeText(Login.this,"请输入正确的密码！ ",Toast.LENGTH_SHORT).show();
            }
        }
        txtlogin.setText("");                               //清空密码文本框
    }
});
```

本系统中，在 com.mingrisoft.activity 包中创建的.java 类文件，都是基于 Activity 类的，下面遇到时，将不再说明。

13.8.3 退出登录窗口

单击"取消"按钮，为"取消"按钮设置监听事件，在监听事件中调用 finish()方法实现退出当前程

序的功能。代码如下。

```
btnclose=(Button) findViewById(R.id.btnClose);                //获取取消按钮
btnclose.setOnClickListener(new OnClickListener() {           //为取消按钮设置监听事件
    @Override
    public void onClick(View arg0) {
        finish();                                             //退出当前程序
    }
});
```

13.9 系统主窗体设计

主窗体是程序操作过程中必不可少的，它是与用户交互中的重要环节。通过主窗体，用户可以调用系统相关的各子模块，快速掌握本系统中所实现的各个功能。个人理财通系统中，当登录窗体，验证成功后，用户将进入主窗体，主窗体中以图标和文本相结合的方式显示各功能按钮，单击这些功能按钮的时候，打开相应功能的 Activity。主窗体运行结果如图 13-6 所示。

图 13-6　个人理财通主窗体

13.9.1 设计系统主窗体布局文件

在 res/layout 目录下新建一个 main.xml，用来作为主窗体的布局文件，该布局文件中，添加一个 GridView 组件，用来显示功能图标及文本，实现代码如下。

```
<GridView xmlns:android="http://schemas.android.com/apk/res/android"
    android:id="@+id/gvInfo"
    android:layout_width="fill_parent"
    android:layout_height="fill_parent"
    android:columnWidth="90dp"
    android:numColumns="auto_fit"
    android:verticalSpacing="10dp"
    android:horizontalSpacing="10dp"
```

```
        android:stretchMode="spacingWidthUniform"
        android:gravity="center"
/>
```

在 res/layout 目录下再新建一个 gvitem.xml,用来为 main.xml 布局文件中的 GridView 组件提供资源,该文件中,添加一个 ImageView 组件和一个 TextView 组件,实现代码如下。

```
<LinearLayout xmlns:android="http://schemas.android.com/apk/res/android"
    android:id="@+id/item"
    android:orientation="vertical"
    android:layout_width="wrap_content"
    android:layout_height="wrap_content"
    android:layout_marginTop="5dp"
    >
    <ImageView android:id="@+id/ItemImage"
        android:layout_width="75dp"
        android:layout_height="75dp"
        android:layout_gravity="center"
        android:scaleType="fitXY"
        android:padding="4dp"
    />
    <TextView android:id="@+id/ItemTitle"
        android:layout_width="wrap_content"
        android:layout_height="wrap_content"
        android:layout_gravity="center"
        android:gravity="center_horizontal"
    />
</LinearLayout>
```

13.9.2 显示各功能窗口

在 com.mingrisoft.activity 包中创建一个 MainActivity.java 文件,该文件的布局文件设置为 main.xml。在 MainActivity.java 文件中,首先创建一个 GridView 组件对象,然后分别定义一个 String 类型的数组和一个 int 类型的数组,它们分别用来存储系统功能的文本及对应的图标,代码如下。

```
GridView gvInfo;                                        //创建GridView对象
String[] titles=new String[]{"新增支出","新增收入","我的支出","我的收入","数据管理",
    "系统设置","收支便签","帮助","退出"};                 //定义字符串数组,存储系统功能
int[] images=new int[]{R.drawable.addoutaccount,R.drawable.addinaccount,
    R.drawable.outaccountinfo,R.drawable.inaccountinfo,R.drawable.showinfo,
    R.drawable.sysset,R.drawable.accountflag, R.drawable.help,
    R.drawable.exit};                                   //定义int数组,存储功能对应的图标
```

当用户在主窗体中单击各功能按钮时,使用相应功能所对应的 Activity 初始化 Intent 对象,然后使用 startActivity()方法启动相应的 Activity,如果用户单击的是"退出"功能按钮,则调用 finish()方法关闭当前 Activity。代码如下。

```
@Override
public void onCreate(Bundle savedInstanceState) {
    super.onCreate(savedInstanceState);
    setContentView(R.layout.main);
    gvInfo=(GridView) findViewById(R.id.gvInfo);        //获取布局文件中的gvInfo组件
    //创建pictureAdapter对象
    pictureAdapter adapter=new pictureAdapter(titles,images,this);
```

```java
        gvInfo.setAdapter(adapter);                                              //为GridView设置数据源
        gvInfo.setOnItemClickListener(new OnItemClickListener(){//为GridView设置项单击事件
            @Override
            public void onItemClick(AdapterView<?> arg0, View arg1, int arg2,
                    long arg3) {
                Intent intent = null;                                            //创建Intent对象
                switch (arg2) {
                case 0:
                    //使用AddOutaccount窗口初始化Intent
                    intent=new Intent(MainActivity.this, AddOutaccount.class);
                    startActivity(intent);            //打开AddOutaccount
                    break;
                case 1:
                    //使用AddInaccount窗口初始化Intent
                    intent=new Intent(MainActivity.this, AddInaccount.class);
                    startActivity(intent);            //打开AddInaccount
                    break;
                case 2:
                    //使用Outaccountinfo窗口初始化Intent
                    intent=new Intent(MainActivity.this, Outaccountinfo.class);
                    startActivity(intent);            //打开Outaccountinfo
                    break;
                case 3:
                    //使用Inaccountinfo窗口初始化Intent
                    intent=new Intent(MainActivity.this, Inaccountinfo.class);
                    startActivity(intent);            //打开Inaccountinfo
                    break;
                case 4:
                    //使用Showinfo窗口初始化Intent
                    intent=new Intent(MainActivity.this, Showinfo.class);
                    startActivity(intent);            //打开Showinfo
                    break;
                case 5:
                    //使用Sysset窗口初始化Intent
                    intent=new Intent(MainActivity.this, Sysset.class);
                    startActivity(intent);            //打开Sysset
                    break;
                case 6:
                    //使用Accountflag窗口初始化Intent
                    intent=new Intent(MainActivity.this, Accountflag.class);
                    startActivity(intent);            //打开Accountflag
                    break;
                case 7:
                    // 使用Help窗口初始化Intent
                    intent = new Intent(MainActivity.this, Help.class);
                    startActivity(intent);            // 打开Help
                    break;
                case 8:
                    finish();                         //关闭当前Activity
                }
            }
```

```
        });
    }
```

13.9.3　定义文本及图片组件

在 MainActivity 中定义一个内部类 ViewHolder，用来定义文本组件及图片组件对象，代码如下。

```
class ViewHolder{                                    //创建ViewHolder类
    public TextView title;                           //创建TextView对象
    public ImageView image;                          //创建ImageView对象
}
```

13.9.4　定义功能图标及说明文字

在 MainActivity 中定义一个内部类 Picture，用来定义功能图标及说明文字的实体，代码如下。

```
class Picture{                                       //创建Picture类
    private String title;                            //定义字符串，表示图像标题
    private int imageId;                             //定义int变量，表示图像的二进制值
    public Picture(){                                //默认构造函数
        super();
    }
    public Picture(String title,int imageId){        //定义有参构造函数
        super();
        this.title=title;                            //为图像标题赋值
        this.imageId=imageId;                        //为图像的二进制值赋值
    }
    public String getTitle() {                       //定义图像标题的可读属性
        return title;
    }
    public void setTitle(String title) {             //定义图像标题的可写属性
        this.title=title;
    }
    public int getImageId() {                        //定义图像二进制值的可读属性
        return imageId;
    }
    public void setimageId(int imageId) {            //定义图像二进制值的可写属性
        this.imageId=imageId;
    }
}
```

13.9.5　设置功能图标及说明文字

在 MainActivity 中定义一个内部类 pictureAdapter，该类继承自 BaseAdapter 类，该类用来分别为 ViewHolder 类中的 TextView 组件和 ImageView 组件设置功能的说明性文字及图标，代码如下。

```
class pictureAdapter extends BaseAdapter{            //创建基于BaseAdapter的子类
    private LayoutInflater inflater;                 //创建LayoutInflater对象
    private List<Picture> pictures;                  //创建List泛型集合
    //为类创建构造函数
    public pictureAdapter(String[] titles,int[] images,Context context) {
        super();
        pictures=new ArrayList<Picture>();           //初始化泛型集合对象
        inflater=LayoutInflater.from(context);       //初始化LayoutInflater对象
```

```java
        for(int i=0;i<images.length;i++){              //遍历图像数组
            //使用标题和图像生成Picture对象
            Picture picture=new Picture(titles[i], images[i]);
            pictures.add(picture);                      //将Picture对象添加到泛型集合中
        }
    }
    @Override
    public int getCount() {                             //获取泛型集合的长度
        if (null != pictures) {                         //如果泛型集合不为空
            return pictures.size();                     //返回泛型长度
        }
        else {
            return 0;//返回0
        }
    }
    @Override
    public Object getItem(int arg0) {
        return pictures.get(arg0);                      //获取泛型集合指定索引处的项
    }
    @Override
    public long getItemId(int arg0) {
        return arg0;                                    //返回泛型集合的索引
    }
    @Override
    public View getView(int arg0, View arg1, ViewGroup arg2) {
        ViewHolder viewHolder;                          //创建ViewHolder对象
        if(arg1==null){                                 //判断图像标识是否为空
            arg1=inflater.inflate(R.layout.gvitem, null); //设置图像标识
            viewHolder=new ViewHolder();//初始化ViewHolder对象
            //设置图像标题
            viewHolder.title=(TextView) arg1.findViewById(R.id.ItemTitle);
            //设置图像的二进制值
            viewHolder.image=(ImageView) arg1.findViewById(R.id.ItemImage);
            arg1.setTag(viewHolder);                    //设置提示
        }else {
            viewHolder=(ViewHolder) arg1.getTag();      //设置提示
        }
        viewHolder.title.setText(pictures.get(arg0).getTitle()); //设置图像标题
        //设置图像的二进制值
        viewHolder.image.setImageResource(pictures.get(arg0).getImageId());
        return  arg1;                                   //返回图像标识
    }
}
```

13.10 收入管理模块设计

收入管理模块主要包括4部分，分别是"新增收入""收入信息浏览""修改/删除收入信息"和"收入信息汇总图表"，其中，"新增收入"用来添加收入信息，"收入信息浏览"用来显示所有的收入信息，"修改/删除收入信息"用来根据编号修改或者删除收入信息，"收入信息汇总图表"用来统计收入信息并

以图表形式显示，本节将从这 4 个方面对收入管理模块进行详细介绍。

首先来看"新增收入"模块，"新增收入"窗口运行结果如图 13-7 所示。

图 13-7　新增收入

13.10.1　设计新增收入布局文件

在 res/layout 目录下新建一个 addinaccount.xml，用来作为新增收入窗体的布局文件，该布局文件使用 LinearLayout 结合 RelativeLayout 进行布局，在该布局文件中添加 5 个 TextView 组件、4 个 EditText 组件、一个 Spinner 组件和两个 Button 组件，实现代码如下。

```xml
<LinearLayout xmlns:android="http://schemas.android.com/apk/res/android"
    android:id="@+id/initem"
    android:orientation="vertical"
    android:layout_width="fill_parent"
    android:layout_height="fill_parent">
    <LinearLayout
        android:orientation="vertical"
        android:layout_width="fill_parent"
        android:layout_height="fill_parent"
        android:layout_weight="3">
        <TextView
            android:layout_width="wrap_content"
            android:layout_gravity="center"
            android:gravity="center_horizontal"
            android:text="新增收入"
            android:textSize="40sp"
            android:textStyle="bold"
            android:layout_height="wrap_content"/>
    </LinearLayout>
    <LinearLayout
        android:orientation="vertical"
        android:layout_width="fill_parent"
        android:layout_height="fill_parent"
        android:layout_weight="1">
        <RelativeLayout android:layout_width="fill_parent"
```

```xml
android:layout_height="fill_parent"
android:padding="10dp">
<TextView android:layout_width="90dp"
android:id="@+id/tvInMoney"
android:textSize="20sp"
android:text="金    额："
android:layout_height="wrap_content"
android:layout_alignBaseline="@+id/txtInMoney"
android:layout_alignBottom="@+id/txtInMoney"
android:layout_alignParentLeft="true"
android:layout_marginLeft="16dp">
</TextView>
<EditText
android:id="@+id/txtInMoney"
android:layout_width="210dp"
android:layout_height="wrap_content"
android:layout_toRightOf="@id/tvInMoney"
android:inputType="number"
android:numeric="integer"
android:maxLength="9"
android:hint="0.00"/>
<TextView android:layout_width="90dp"
android:id="@+id/tvInTime"
android:textSize="20sp"
android:text="时    间："
android:layout_height="wrap_content"
android:layout_alignBaseline="@+id/txtInTime"
android:layout_alignBottom="@+id/txtInTime"
android:layout_toLeftOf="@+id/txtInMoney">
</TextView>
<EditText
android:id="@+id/txtInTime"
android:layout_width="210dp"
android:layout_height="wrap_content"
android:layout_toRightOf="@id/tvInTime"
android:layout_below="@id/txtInMoney"
android:inputType="datetime"
android:hint="2015-01-01"/>
<TextView android:layout_width="90dp"
android:id="@+id/tvInType"
android:textSize="20sp"
android:text="类    别："
android:layout_height="wrap_content"
android:layout_alignBaseline="@+id/spInType"
android:layout_alignBottom="@+id/spInType"
android:layout_alignLeft="@+id/tvInTime">
</TextView>
<Spinner android:id="@+id/spInType"
android:layout_width="210dp"
android:layout_height="wrap_content"
android:layout_toRightOf="@id/tvInType"
```

```xml
            android:layout_below="@id/txtInTime"
            android:entries="@array/intype"/>
        <TextView android:layout_width="90dp"
            android:id="@+id/tvInHandler"
            android:textSize="20sp"
            android:text="付款方："
            android:layout_height="wrap_content"
            android:layout_alignBaseline="@+id/txtInHandler"
            android:layout_alignBottom="@+id/txtInHandler"
            android:layout_toLeftOf="@+id/spInType">
        </TextView>
        <EditText
            android:id="@+id/txtInHandler"
            android:layout_width="210dp"
            android:layout_height="wrap_content"
            android:layout_toRightOf="@id/tvInHandler"
            android:layout_below="@id/spInType"
            android:singleLine="false"
            />
        <TextView android:layout_width="90dp"
            android:id="@+id/tvInMark"
            android:textSize="20sp"
            android:text="备  注："
            android:layout_height="wrap_content"
            android:layout_alignTop="@+id/txtInMark"
            android:layout_toLeftOf="@+id/txtInHandler">
        </TextView>
        <EditText
            android:id="@+id/txtInMark"
            android:layout_width="210dp"
            android:layout_height="150dp"
            android:layout_toRightOf="@id/tvInMark"
            android:layout_below="@id/txtInHandler"
            android:gravity="top"
            android:singleLine="false"/>
    </RelativeLayout>
</LinearLayout>
<LinearLayout
    android:orientation="vertical"
    android:layout_width="fill_parent"
    android:layout_height="fill_parent"
    android:layout_weight="3">
    <RelativeLayout android:layout_width="fill_parent"
        android:layout_height="fill_parent"
        android:padding="10dp">
    <Button
      android:id="@+id/btnInCancel"
      android:layout_width="80dp"
      android:layout_height="wrap_content"
      android:layout_alignParentRight="true"
      android:layout_marginLeft="10dp"
```

```xml
                android:text="取消"/>
            <Button
                android:id="@+id/btnInSave"
                android:layout_width="80dp"
                android:layout_height="wrap_content"
                android:layout_toLeftOf="@id/btnInCancel"
                android:text="保存"/>
        </RelativeLayout>
    </LinearLayout>
</LinearLayout>
    <LinearLayout
        android:orientation="vertical"
        android:layout_width="fill_parent"
        android:layout_height="fill_parent"
        android:layout_weight="3">
        <RelativeLayout android:layout_width="fill_parent"
            android:layout_height="fill_parent"
            android:padding="10dp">
        <Button
            android:id="@+id/btnInCancel"
            android:layout_width="80dp"
            android:layout_height="wrap_content"
            android:layout_alignParentRight="true"
            android:layout_marginLeft="10dp"
            android:text="取消"/>
        <Button
            android:id="@+id/btnInSave"
            android:layout_width="80dp"
            android:layout_height="wrap_content"
            android:layout_toLeftOf="@id/btnInCancel"
            android:text="保存"/>
        </RelativeLayout>
    </LinearLayout>
</LinearLayout>
```

13.10.2 设置收入时间

在 com.mingrisoft.activity 包中创建一个 AddInaccount.java 文件，该文件的布局文件设置为 addinaccount.xml。在 AddInaccount.java 文件中，首先创建类中需要用到的全局对象及变量，代码如下：

```java
protected static final int DATE_DIALOG_ID = 0;                  //创建日期对话框常量
EditText txtInMoney,txtInTime,txtInHandler,txtInMark;           //创建4个EditText对象
Spinner spInType;                                               //创建Spinner对象
Button btnInSaveButton;                                         //创建Button对象"保存"
Button btnInCancelButton;                                       //创建Button对象"取消"
private int mYear;                                              //年
private int mMonth;                                             //月
private int mDay;                                               //日
```

在重写的 onCreate() 方法中，初始化创建的 EidtText 对象、Spinner 对象和 Button 对象，代码如下：

```java
txtInMoney=(EditText) findViewById(R.id.txtInMoney);            //获取金额文本框
txtInTime=(EditText) findViewById(R.id.txtInTime);              //获取时间文本框
txtInHandler=(EditText) findViewById(R.id.txtInHandler);        //获取付款方文本框
```

```
txtInMark=(EditText) findViewById(R.id.txtInMark);              //获取备注文本框
spInType=(Spinner) findViewById(R.id.spInType);                 //获取类别下拉列表
btnInSaveButton=(Button) findViewById(R.id.btnInSave);          //获取保存按钮
btnInCancelButton=(Button) findViewById(R.id.btnInCancel);      //获取取消按钮
```

单击"时间"文本框，为该文本框设置监听事件，在监听事件中使用 showDialog()方法弹出时间选择对话框；并且在 Activity 创建时，默认显示当前的系统时间，代码如下。

```
txtInTime.setOnClickListener(new OnClickListener() {            //为时间文本框设置单击监听事件
    @Override
    public void onClick(View arg0) {
        showDialog(DATE_DIALOG_ID);                             //显示日期选择对话框
    }
});
final Calendar c = Calendar.getInstance();                      //获取当前系统日期
mYear = c.get(Calendar.YEAR);                                   //获取年份
mMonth = c.get(Calendar.MONTH);                                 //获取月份
mDay = c.get(Calendar.DAY_OF_MONTH);                            //获取天数
updateDisplay();                                                //显示当前系统时间
```

上面的代码中用到了 updateDisplay()方法，该方法用来显示设置的时间，其代码如下。

```
private void updateDisplay(){
    txtInTime.setText(new StringBuilder().append(mYear).append("-").append(mMonth +
                    1).append("-").append(mDay));              //显示设置的时间
}
```

在为"时间"文本框设置监听事件时，弹出了时间选择对话框，该对话框的弹出需要重写 onCreateDialog()方法，该方法用来根据指定的标识弹出时间选择对话框，代码如下。

```
@Override
protected Dialog onCreateDialog(int id){                        //重写onCreateDialog()方法
    switch (id){
    case DATE_DIALOG_ID:                                        //弹出时间选择对话框
        return new DatePickerDialog(this, mDateSetListener, mYear, mMonth, mDay);
    }
    return null;
}
```

上面的代码中用到了 mDateSetListener 对象，该对象是 OnDateSetListener 类的一个对象，用来显示用户设置的时间。代码如下。

```
private DatePickerDialog.OnDateSetListener mDateSetListener =
                        new DatePickerDialog.OnDateSetListener(){
    public void onDateSet(DatePicker view, int year, int monthOfYear, int dayOfMonth){
        mYear = year;                                           //为年份赋值
        mMonth = monthOfYear;                                   //为月份赋值
        mDay = dayOfMonth;                                      //为天赋值
        updateDisplay();                                        //显示设置的日期
    }
};
```

13.10.3 添加收入信息

填写完信息后，单击"保存"按钮，为该按钮设置监听事件，在监听事件中，使用 InaccountDAO 对象的 add()方法将用户的输入保存到收入信息表中，代码如下。

```
btnInSaveButton.setOnClickListener(new OnClickListener() {      //为保存按钮设置监听事件
```

```
@Override
public void onClick(View arg0) {
    String strInMoney= txtInMoney.getText().toString();        //获取金额文本框的值
    if(!strInMoney.isEmpty()){                                  //判断金额不为空
        //创建InaccountDAO对象
        InaccountDAO inaccountDAO=new InaccountDAO(AddInaccount.this);
        Tb_inaccount tb_inaccount=new Tb_inaccount(inaccountDAO.getMaxId()+1,
        Double.parseDouble(strInMoney), txtInTime.getText().toString(),
        spInType.getSelectedItem().toString(),txtInHandler.getText().toString(),
        txtInMark.getText().toString());                       //创建Tb_inaccount对象
        inaccountDAO.add(tb_inaccount);                         //添加收入信息
        //弹出信息提示
        Toast.makeText(AddInaccount.this,"【新增收入】数据添加成功！",Toast.LENGTH_SHORT).show();
    }else {
        Toast.makeText(AddInaccount.this,"请输入收入金额！",Toast.LENGTH_SHORT).show();
    }
}
});
```

13.10.4 重置新增收入窗口中的各个控件

单击"取消"按钮，重置新增收入窗口中的各个控件，代码如下。

```
btnInCancelButton.setOnClickListener(new OnClickListener() {    //为取消按钮设置监听事件
    @Override
    public void onClick(View arg0) {
        txtInMoney.setText("");                         //设置金额文本框为空
        txtInMoney.setHint("0.00");                     //为金额文本框设置提示
        txtInTime.setText("");                          //设置时间文本框为空
        txtInTime.setHint("2015-01-01");                //为时间文本框设置提示
        txtInHandler.setText("");                       //设置付款方文本框为空
        txtInMark.setText("");                          //设置备注文本框为空
        spInType.setSelection(0);                       //设置类别下拉列表默认选择第一项
    }
});
```

13.10.5 设计收入信息浏览布局文件

收入信息浏览窗体运行效果如图 13-8 所示。

图 13-8 收入信息浏览

在 res/layout 目录下新建一个 inaccountinfo.xml，用来作为收入信息浏览窗体的布局文件，该布局文件使用 LinearLayout 结合 RelativeLayout 进行布局，在该布局文件中添加一个 TextView 组件和一个 ListView 组件，代码如下。

```xml
<LinearLayout xmlns:android="http://schemas.android.com/apk/res/android"
    android:id="@+id/iteminfo" android:orientation="vertical"
    android:layout_width="wrap_content" android:layout_height="wrap_content"
    android:layout_marginTop="5dp"
    android:weightSum="1">
    <LinearLayout android:id="@+id/linearLayout1"
        android:layout_height="wrap_content"
        android:layout_width="match_parent"
        android:orientation="vertical"
        android:layout_weight="0.06">
        <RelativeLayout android:layout_height="wrap_content"
            android:layout_width="match_parent">
            <TextView android:text="我的收入"
                android:layout_width="fill_parent"
                android:layout_height="wrap_content"
                android:gravity="center"
                android:textSize="20sp"
                android:textColor="#8C6931"
            />
        </RelativeLayout>
    </LinearLayout>
    <LinearLayout android:id="@+id/linearLayout2"
        android:layout_height="wrap_content"
        android:layout_width="match_parent"
        android:orientation="vertical"
        android:layout_weight="0.94">
        <ListView android:id="@+id/lvinaccountinfo"
            android:layout_width="match_parent"
            android:layout_height="match_parent"
            android:scrollbarAlwaysDrawVerticalTrack="true"
        />
    </LinearLayout>
</LinearLayout>
```

13.10.6 显示所有的收入信息

在 com.mingrisoft.activity 包中创建一个 Inaccountinfo.java 文件，该文件的布局文件设置为 inaccountinfo.xml。在 Inaccountinfo.java 文件中，首先创建类中需要用到的全局对象及变量，代码如下。

```
public static final String FLAG = "id";              //定义一个常量，用来作为请求码
ListView lvinfo;                                     //创建ListView对象
String strType = "";                                 //创建字符串，记录管理类型
```

在重写的 onCreate()方法中，初始化创建的 ListView 对象，并显示所有的收入信息，代码如下。

```
lvinfo=(ListView) findViewById(R.id.lvinaccountinfo);//获取布局文件中的ListView组件
ShowInfo(R.id.btnininfo);                            //调用自定义方法显示收入信息
```

上面的代码中用到了 ShowInfo()方法，该方法用来根据参数中传入的管理类型 id，显示相应的信息，代码如下。

```java
private void ShowInfo(int intType) {              //用来根据管理类型，显示相应的信息
    String[] strInfos = null;                     //定义字符串数组，用来存储收入信息
    ArrayAdapter<String> arrayAdapter = null;     //创建ArrayAdapter对象
    strType="btnininfo";                          //为strType变量赋值
    //创建InaccountDAO对象
    InaccountDAO inaccountinfo=new InaccountDAO(Inaccountinfo.this);
    //获取所有收入信息，并存储到List泛型集合中
    List<Tb_inaccount> listinfos=inaccountinfo.getScrollData(0, (int) inaccountinfo.getCount());
    strInfos=new String[listinfos.size()];        //设置字符串数组的长度
    int m=0;                                      //定义一个开始标识
    for (Tb_inaccount tb_inaccount:listinfos) {   //遍历List泛型集合
        //将收入相关信息组合成一个字符串，存储到字符串数组的相应位置
        strInfos[m]=tb_inaccount.getid()+"|"+tb_inaccount.getType()+"  "
        +String.valueOf(tb_inaccount.getMoney())+"元    "+tb_inaccount.getTime();
        m++;                                      //标识加1
    }
    //使用字符串数组初始化ArrayAdapter对象
    arrayAdapter=new ArrayAdapter<String>(this, android.R.layout.simple_list_item_1, strInfos);
    lvinfo.setAdapter(arrayAdapter);              //为ListView列表设置数据源
}
```

13.10.7 单击指定项时打开详细信息

当用户单击 ListView 列表中的某条收入记录时，为其设置监听事件，在监听事件中，根据用户单击的收入信息的编号，打开相应的 Activity，代码如下。

```java
lvinfo.setOnItemClickListener(new OnItemClickListener(){  //为ListView添加项单击事件
    //重写onItemClick()方法
    @Override
    public void onItemClick(AdapterView<?> parent, View view, int position, long id){
        String strInfo=String.valueOf(((TextView) view).getText());  //记录收入信息
        //从收入信息中截取收入编号
        String strid=strInfo.substring(0, strInfo.indexOf('|'));
        //创建Intent对象
        Intent intent = new Intent(Inaccountinfo.this, InfoManage.class);
        intent.putExtra(FLAG, new String[]{strid,strType});  //设置传递数据
        startActivity(intent);                    //执行Intent操作
    }
});
```

13.10.8 设计修改/删除收入布局文件

修改/删除收入信息窗体运行效果如图 13-9 所示。

在 res/layout 目录下新建一个 infomanage.xml，用来作为修改、删除收入信息和支出信息窗体的布局文件，该布局文件使用 LinearLayout 结合 RelativeLayout 进行布局，在该布局文件中添加 5 个 TextView 组件、4 个 EditText 组件、1 个 Spinner 组件和 2 个 Button 组件，实现代码如下。

```xml
<LinearLayout xmlns:android="http://schemas.android.com/apk/res/android"
    android:id="@+id/inoutitem"
    android:orientation="vertical"
    android:layout_width="fill_parent"
    android:layout_height="fill_parent"
```

图 13-9　修改/删除收入信息

```
>
<LinearLayout
    android:orientation="vertical"
    android:layout_width="fill_parent"
    android:layout_height="fill_parent"
    android:layout_weight="3"
    >
    <TextView android:id="@+id/inouttitle"
        android:layout_width="wrap_content"
        android:layout_gravity="center"
        android:gravity="center_horizontal"
        android:text="支出管理"
        android:textSize="40sp"
        android:textStyle="bold"
        android:layout_height="wrap_content"/>
</LinearLayout>
<LinearLayout
    android:orientation="vertical"
    android:layout_width="fill_parent"
    android:layout_height="fill_parent"
    android:layout_weight="1"
    >
    <RelativeLayout android:layout_width="fill_parent"
        android:layout_height="fill_parent"
        android:padding="10dp"
        >
        <TextView android:layout_width="90dp"
        android:id="@+id/tvInOutMoney"
        android:textSize="20sp"
        android:text="金　额："
        android:layout_height="wrap_content"
        android:layout_alignBaseline="@+id/txtInOutMoney"
        android:layout_alignBottom="@+id/txtInOutMoney"
        android:layout_alignParentLeft="true"
        android:layout_marginLeft="16dp">
```

```xml
</TextView>
<EditText
android:id="@+id/txtInOutMoney"
android:layout_width="210dp"
android:layout_height="wrap_content"
android:layout_toRightOf="@id/tvInOutMoney"
android:inputType="number"
android:numeric="integer"
android:maxLength="9"
/>
<TextView android:layout_width="90dp"
android:id="@+id/tvInOutTime"
android:textSize="20sp"
android:text="时　间："
android:layout_height="wrap_content"
android:layout_alignBaseline="@+id/txtInOutTime"
android:layout_alignBottom="@+id/txtInOutTime"
android:layout_toLeftOf="@+id/txtInOutMoney">
</TextView>
<EditText
android:id="@+id/txtInOutTime"
android:layout_width="210dp"
android:layout_height="wrap_content"
android:layout_toRightOf="@id/tvInOutTime"
android:layout_below="@id/txtInOutMoney"
android:inputType="datetime"
/>
<TextView android:layout_width="90dp"
android:id="@+id/tvInOutType"
android:textSize="20sp"
android:text="类　别："
android:layout_height="wrap_content"
android:layout_alignBaseline="@+id/spInOutType"
android:layout_alignBottom="@+id/spInOutType"
android:layout_alignLeft="@+id/tvInOutTime">
</TextView>
<Spinner android:id="@+id/spInOutType"
android:layout_width="210dp"
android:layout_height="wrap_content"
android:layout_toRightOf="@id/tvInOutType"
android:layout_below="@id/txtInOutTime"
android:entries="@array/intype"
/>
<TextView android:layout_width="90dp"
android:id="@+id/tvInOut"
android:textSize="20sp"
android:text="付款方："
android:layout_height="wrap_content"
android:layout_alignBaseline="@+id/txtInOut"
android:layout_alignBottom="@+id/txtInOut"
android:layout_toLeftOf="@+id/spInOutType">
```

```xml
            </TextView>
            <EditText
                android:id="@+id/txtInOut"
                android:layout_width="210dp"
                android:layout_height="wrap_content"
                android:layout_toRightOf="@id/tvInOut"
                android:layout_below="@id/spInOutType"
                android:singleLine="false"
                />
            <TextView android:layout_width="90dp"
                android:id="@+id/tvInOutMark"
                android:textSize="20sp"
                android:text="备  注："
                android:layout_height="wrap_content"
                android:layout_alignTop="@+id/txtInOutMark"
                android:layout_toLeftOf="@+id/txtInOut">
            </TextView>
            <EditText
                android:id="@+id/txtInOutMark"
                android:layout_width="210dp"
                android:layout_height="150dp"
                android:layout_toRightOf="@id/tvInOutMark"
                android:layout_below="@id/txtInOut"
                android:gravity="top"
                android:singleLine="false"
                />
        </RelativeLayout>
    </LinearLayout>
    <LinearLayout
        android:orientation="vertical"
        android:layout_width="fill_parent"
        android:layout_height="fill_parent"
        android:layout_weight="3"
        >
        <RelativeLayout android:layout_width="fill_parent"
            android:layout_height="fill_parent"
            android:padding="10dp"
            >
        <Button
            android:id="@+id/btnInOutDelete"
            android:layout_width="80dp"
            android:layout_height="wrap_content"
            android:layout_alignParentRight="true"
            android:layout_marginLeft="10dp"
            android:text="删除"
            />
        <Button
            android:id="@+id/btnInOutEdit"
            android:layout_width="80dp"
            android:layout_height="wrap_content"
            android:layout_toLeftOf="@id/btnInOutDelete"
```

```
                android:text="修改"
            />
        </RelativeLayout>
    </LinearLayout>
</LinearLayout>
```

说明　修改、删除收入信息和支出信息的布局文件都是使用 infomanage.xml 实现的。

13.10.9　显示指定编号的收入信息

在 com.mingrisoft.activity 包中创建一个 InfoManage.java 文件，该文件的布局文件设置为 infomanage.xml。在 InfoManage.java 文件中，首先创建类中需要用到的全局对象及变量，代码如下。

```
protected static final int DATE_DIALOG_ID = 0;          //创建日期对话框常量
TextView tvtitle,textView;                              //创建两个TextView对象
EditText txtMoney,txtTime,txtHA,txtMark;                //创建4个EditText对象
Spinner spType;                                         //创建Spinner对象
Button btnEdit,btnDel;                                  //创建两个Button对象
String[] strInfos;                                      //定义字符串数组
String strid,strType;                                   //定义两个字符串变量，分别用来记录信息编号和管理类型
private int mYear;                                      //年
private int mMonth;                                     //月
private int mDay;                                       //日
//创建OutaccountDAO对象
OutaccountDAO outaccountDAO=new OutaccountDAO(InfoManage.this);
InaccountDAO inaccountDAO=new InaccountDAO(InfoManage.this);    //创建InaccountDAO对象
```

说明　修改、删除收入信息和支出信息的功能都是在 InfoManage.java 文件中实现的，所以在 13.10.10 节和 13.10.11 节中讲解修改、删除收入信息时，可能会涉及支出信息的修改与删除。

在重写的 onCreate()方法中，初始化创建的 EidtText 对象、Spinner 对象和 Button 对象，代码如下。

```
tvtitle=(TextView) findViewById(R.id.inouttitle);              //获取标题标签对象
textView=(TextView) findViewById(R.id.tvInOut);                //获取地点/付款方标签对象
txtMoney=(EditText) findViewById(R.id.txtInOutMoney);          //获取金额文本框
txtTime=(EditText) findViewById(R.id.txtInOutTime);            //获取时间文本框
spType=(Spinner) findViewById(R.id.spInOutType);               //获取类别下拉列表
txtHA=(EditText) findViewById(R.id.txtInOut);                  //获取地点/付款方文本框
txtMark=(EditText) findViewById(R.id.txtInOutMark);            //获取备注文本框
btnEdit=(Button) findViewById(R.id.btnInOutEdit);              //获取修改按钮
btnDel=(Button) findViewById(R.id.btnInOutDelete);             //获取删除按钮
```

在重写的 onCreate()方法中，初始化各组件对象后，使用字符串记录传入的 id 和类型，并根据类型判断显示收入信息还是支出信息，代码如下。

```
Intent intent=getIntent();                                     //创建Intent对象
Bundle bundle=intent.getExtras();                              //获取传入的数据，并使用Bundle记录
strInfos=bundle.getStringArray(Showinfo.FLAG);                 //获取Bundle中记录的信息
strid=strInfos[0];                                             //记录id
```

```
        strType=strInfos[1];                                    //记录类型
        if(strType.equals("btnoutinfo")){                       //如果类型是btnoutinfo
            tvtitle.setText("支出管理");                         //设置标题为"支出管理"
            textView.setText("地  点：");                        //设置"地点/付款方"标签文本为"地  点："
            //根据编号查找支出信息，并存储到Tb_outaccount对象中
            Tb_outaccount tb_outaccount=outaccountDAO.find(Integer.parseInt(strid));
            txtMoney.setText(String.valueOf(tb_outaccount.getMoney()));  //显示金额
            txtTime.setText(tb_outaccount.getTime());           //显示时间
            /****************修改下拉列表项********************/
            //创建一个适配器
            ArrayAdapter<CharSequence> adapter = ArrayAdapter.createFromResource(
                    this, R.array.outtype,android.R.layout.simple_dropdown_item_1line);
            spType.setAdapter(adapter);                         // 将适配器与选择列表框关联
            /***********************************************/
            spType.setPrompt(tb_outaccount.getType());          //显示类别
            txtHA.setText(tb_outaccount.getAddress());          //显示地点
            txtMark.setText(tb_outaccount.getMark());           //显示备注
        }else if(strType.equals("btnininfo")){                  //如果类型是btnininfo
            tvtitle.setText("收入管理");                         //设置标题为"收入管理"
            textView.setText("付款方：");                        //设置"地点/付款方"标签文本为"付款方："
            //根据编号查找收入信息，并存储到Tb_outaccount对象中
            Tb_inaccount tb_inaccount= inaccountDAO.find(Integer.parseInt(strid));
            txtMoney.setText(String.valueOf(tb_inaccount.getMoney()));   //显示金额
            txtTime.setText(tb_inaccount.getTime());            //显示时间
            spType.setPrompt(tb_inaccount.getType());           //显示类别
            txtHA.setText(tb_inaccount.getHandler());           //显示付款方
            txtMark.setText(tb_inaccount.getMark());            //显示备注
        }
```

13.10.10 修改收入信息

当用户修改完显示的收入或者支出信息后，单击"修改"按钮，如果显示的是支出信息，则调用 OutaccountDAO 对象的 update()方法修改支出信息；如果显示的是收入信息，则调用 InaccountDAO 对象的 update()方法修改收入信息。代码如下。

```
        btnEdit.setOnClickListener(new OnClickListener() {      //为修改按钮设置监听事件
            @Override
            public void onClick(View arg0) {
                if(strType.equals("btnoutinfo")){               //判断类型如果是btnoutinfo
                    Tb_outaccount tb_outaccount=new Tb_outaccount();  //创建Tb_outaccount对象
                    tb_outaccount.setid(Integer.parseInt(strid));     //设置编号
                    //设置金额
                    b_outaccount.setMoney(Double.parseDouble(txtMoney.getText().toString()));
                    tb_outaccount.setTime(txtTime.getText().toString());    //设置时间
                    tb_outaccount.setType(spType.getSelectedItem().toString());//设置类别
                    tb_outaccount.setAddress(txtHA.getText().toString());   //设置地点
                    tb_outaccount.setMark(txtMark.getText().toString());    //设置备注
                    outaccountDAO.update(tb_outaccount);                    //更新支出信息
                }else if(strType.equals("btnininfo")){          //判断类型如果是btnininfo
                    Tb_inaccount tb_inaccount=new Tb_inaccount();    //创建Tb_inaccount对象
                    tb_inaccount.setid(Integer.parseInt(strid));     //设置编号
                    //设置金额
```

```
            tb_inaccount.setMoney(Double.parseDouble(txtMoney.getText().toString()));
            tb_inaccount.setTime(txtTime.getText().toString());            //设置时间
            tb_inaccount.setType(spType.getSelectedItem().toString());     //设置类别
            tb_inaccount.setHandler(txtHA.getText().toString());           //设置付款方
            tb_inaccount.setMark(txtMark.getText().toString());            //设置备注
                inaccountDAO.update(tb_inaccount);                         //更新收入信息
        }
        //弹出信息提示
        Toast.makeText(InfoManage.this,"〖数据〗修改成功！",Toast.LENGTH_SHORT).show();
    }
});
```

13.10.11　删除收入信息

单击"删除"按钮，如果显示的是支出信息，则调用 OutaccountDAO 对象的 detele()方法删除支出信息；如果显示的是收入信息，则调用 InaccountDAO 对象的 detele()方法删除收入信息。代码如下。

```
btnDel.setOnClickListener(new OnClickListener() {           //为删除按钮设置监听事件
    @Override
    public void onClick(View arg0) {
        if(strType.equals("btnoutinfo")){                   //判断类型如果是btnoutinfo
            outaccountDAO.detele(Integer.parseInt(strid));  //根据编号删除支出信息
        }else if(strType.equals("btnininfo")){              //判断类型如果是btnininfo
            inaccountDAO.detele(Integer.parseInt(strid));   //根据编号删除收入信息
        }
        Toast.makeText(InfoManage.this,"〖数据〗删除成功！",Toast.LENGTH_SHORT).show();
    }
});
```

13.10.12　收入信息汇总图表

在系统主窗体中，选择"数据管理"，进入到数据管理页面，在该页面中，单击"收入汇总"按钮，将显示收入统计图表，如图 13-10 所示。

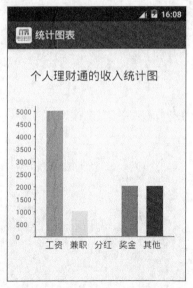

图 13-10　收入信息汇总图表

在InaccountDAO类中，创建getTotal()方法，用于统计收入汇总信息，并保存到Map对象中返回，关键代码如下：

```java
public Map<String,Float> getTotal() {
    db = helper.getWritableDatabase();                  // 初始化SQLiteDatabase对象
    // 获取所有收入汇总信息
    Cursor cursor = db.rawQuery("select type,sum(money) "
            + "from tb_inaccount group by type",null);
    int count=0;
    count=cursor.getCount();
    Map<String,Float> map=new HashMap<String,Float>();  //创建一个Map对象
    cursor.moveToFirst();                               //移动第一条记录
    for(int i=0;i<count;i++){                           // 遍历所有的收入汇总信息
        map.put(cursor.getString(0),cursor.getFloat(1));
        cursor.moveToNext();                            //移到下条记录
    }
    return map;                                         // 返回Map对象
}
```

在res/layout目录下创建布局文件chart.xml，在该布局文件中添加一个帧布局管理器，用于显示自定义的绘图类。具体代码如下：

```xml
<FrameLayout xmlns:android="http://schemas.android.com/apk/res/android"
    android:layout_width="match_parent"
    android:layout_height="match_parent"
    android:id="@+id/canvas"
    >
</FrameLayout>
```

在com.mingrisoft.activity包中创建一个名称为TotalChart的Activity，在该文件中，定义所需的成员变量和常量，具体代码如下：

```java
private float[] money=new float[]{600,1000,600,300,1500};       //各项金额的默认值
private int[] color=new int[]{Color.GREEN,Color.YELLOW,Color.RED,
        Color.MAGENTA,Color.BLUE};                              //各项颜色
private final int WIDTH = 30;                                   //柱型的宽度
private final int OFFSET = 15;                                  //间距
private int x =70;                                              //起点x
private int y=329;                                              //终点y
private int height=220;                                         //高度
String[] type=null;                                             //金额的类型
private String passType="";                                     //记录是收入信息还是支出信息
```

在TotalChart中，编写自定义方法maxMoney()，用于计算支出金额数组中的最大值，具体代码如下：

```java
float maxMoney(float[] money){
    float max=money[0];                 //将第一个数组元素赋值给变量max
    for(int i=0;i<money.length-1;i++){
        if(max<money[i+1]){
            max=money[i+1];             //更新max
        }
    }
    return max;
}
```

在TotalChart中，编写自定义方法getMoney()获取收入或者支出汇总信息，并保存到float型数组

中，具体代码如下。

```java
//获取收支数据
float[] getMoney(String flagType){
    Map mapMoney=null;
    System.out.println(flagType);
    if("ininfo".equals(flagType)){
        // 创建TotalChart对象
        InaccountDAO inaccountinfo = new InaccountDAO(TotalChart.this);
        mapMoney=inaccountinfo.getTotal();    //获取收入汇总信息
        }else if("outinfo".equals(flagType)){
        // 创建TotalChart对象
        OutaccountDAO outaccountinfo = new OutaccountDAO(TotalChart.this);
        mapMoney=outaccountinfo.getTotal();      //获取支出汇总信息
    }
    int size=type.length;
    float[] money1=new float[size];
    for(int i=0;i<size;i++){
        money1[i]=( mapMoney.get(type[i])!=null?((Float) mapMoney.get(type[i])):0);
    }
    return money1;
}
```

在 TotalChart 中，创建一个名称为 MyView 的内部类，该类继承自 android.view.View 类，并添加构造方法和重写 onDraw(Canvas canvas)方法，然后在 onDraw()方法中绘制统计图表，关键代码如下。

```java
public class MyView extends View{
    public MyView(Context context) {
        super(context);
    }
    @Override
    protected void onDraw(Canvas canvas) {
        super.onDraw(canvas);
        canvas.drawColor(Color.WHITE);                    //指定画布的背景色为白色
        Paint paint=new Paint();                           //创建采用默认设置的画笔
        paint.setAntiAlias(true);                          //使用抗锯齿功能
        /***********绘制坐标轴********************/
        paint.setStrokeWidth(1);                           //设置笔触的宽度
        paint.setColor(Color.BLACK);                       //设置笔触的颜色
        canvas.drawLine(50, 330, 300, 330, paint);         //横
        canvas.drawLine(50, 100, 50, 330, paint);          //竖
        /*****************************************/
        /**********绘制柱型********************/
        paint.setStyle(Style.FILL);                        //设置填充样式为填充
        int left=0;      //每个柱型的起点X坐标
        money=getMoney(passType);                          //获取金额
        float max=maxMoney(money);
        for(int i=0;i<money.length;i++){
            paint.setColor(color[i]);                      //设置笔触的颜色
            left=x+i*(OFFSET+WIDTH);                       //计算每个柱型起点X坐标
            canvas.drawRect(left, y-height/max*money[i], left+WIDTH, y, paint);
        }
        /*****************************************/
```

```java
/**********绘制纵轴的刻度********************/
paint.setColor(Color.BLACK);                        //设置笔触的颜色
int tempY=0;
for(int i=0;i<11;i++){
    tempY=y-height+height/10*i+1;
    canvas.drawLine(47,tempY , 50, tempY, paint);
    paint.setTextSize(12);                          //设置字体大小
    canvas.drawText(String.valueOf((int)(max/10*(10-i))),
            15,tempY+5, paint);                     //绘制纵轴题注
}
/******************************/
/**********绘制说明文字******************/
paint.setColor(Color.BLACK);                        //设置笔触的颜色
paint.setTextSize(21);                              //设置字体大小
/******************绘制标题************************/
if("outinfo".equals(passType)){
    canvas.drawText("个人理财通的支出统计图", 40,55, paint);//绘制标题
}else if("ininfo".equals(passType)){
    canvas.drawText("个人理财通的收入统计图", 40,55, paint);//绘制标题
}
/***********************************************/
paint.setTextSize(16);     //设置字体大小
String str_type="";
for(int i=0;i<type.length;i++){
    str_type+=type[i]+"   ";
}
canvas.drawText(str_type, 68,350, paint);           //绘制横轴题注
}
}
```

在 TotalChart 中，重写 onCreate()方法，并且在该方法中，首先获取 Intent 对象来获取传递的数据包，用于确定是统计支出数据还是收入数据，然后获取布局文件中添加的帧布局管理器，并将 MyView 视图添加到该帧布局管理器中，关键代码如下。

```java
@Override
protected void onCreate(Bundle savedInstanceState) {
    super.onCreate(savedInstanceState);
    setContentView(R.layout.chart);                 //设置使用的布局文件
    Intent intent=getIntent();                      //获取Intent对象
    Bundle bundle=intent.getExtras();               //获取传递的数据包
    passType=bundle.getString("passType");
    Resources res=getResources();                   //获取Resources对象
    if("outinfo".equals(passType)){
        type=res.getStringArray(R.array.outtype);   //获取支出类型数组
    }else if("ininfo".equals(passType)){
        type=res.getStringArray(R.array.intype);    //获取收入类型数组
    }
    //获取布局文件中添加的帧布局管理器
    FrameLayout ll=(FrameLayout)findViewById(R.id.canvas);
    ll.addView(new MyView(this));                   //将自定义的MyView视图添加到帧布局管理器中
}
```

13.11 便签管理模块设计

便签管理模块主要包括 3 部分，分别是"新增便签""便签信息浏览"和"修改/删除便签信息"，其中，"新增便签"用来添加便签信息，"便签信息浏览"用来显示所有的便签信息，"修改/删除便签信息"用来根据编号修改或者删除便签信息，本节将从这 3 个方面对便签管理模块进行详细介绍。

首先来看"新增便签"模块，"新增便签"窗口运行结果如图 13-11 所示。

图 13-11 新增便签

13.11.1 设计新增便签布局文件

在 res/layout 目录下新建一个 accountflag.xml，用来作为新增便签窗体的布局文件，该布局文件使用 LinearLayout 结合 RelativeLayout 进行布局，在该布局文件中添加 2 个 TextView 组件、1 个 EditText 组件和 2 个 Button 组件，实现代码如下。

```
<LinearLayout xmlns:android="http://schemas.android.com/apk/res/android"
    android:id="@+id/itemflag"
    android:layout_width="fill_parent"
    android:layout_height="fill_parent"
    android:orientation="vertical"
    android:paddingBottom="@dimen/activity_vertical_margin"
    android:paddingLeft="@dimen/activity_horizontal_margin"
    android:paddingRight="@dimen/activity_horizontal_margin"
    android:paddingTop="@dimen/activity_vertical_margin" >
    <!-- 显示标题文本框 -->
    <TextView
        android:layout_width="wrap_content"
        android:layout_height="wrap_content"
        android:layout_gravity="center"
        android:gravity="center_horizontal"
        android:text="新增便签"
        android:textSize="40sp"
        android:textStyle="bold" />
    <!-- 显示提示文字文本框 -->
```

```xml
<TextView
    android:id="@+id/tvFlag"
    android:layout_width="350dp"
    android:layout_height="wrap_content"
    android:text="请输入便签，最多输入200字"
    android:textColor="#8C6931"
    android:textSize="22sp" />
<!-- 输入便签内容编辑框 -->
<EditText
    android:id="@+id/txtFlag"
    android:layout_width="match_parent"
    android:layout_height="wrap_content"
    android:layout_below="@id/tvFlag"
    android:gravity="top"
    android:lines="10" />
<RelativeLayout
    android:layout_width="fill_parent"
    android:layout_height="fill_parent"
    android:padding="10dp" >
    <Button
        android:id="@+id/btnflagCancel"
        android:layout_width="wrap_content"
        android:layout_height="wrap_content"
        android:layout_alignParentRight="true"
        android:layout_marginLeft="10dp"
        android:text="取消" />
    <Button
        android:id="@+id/btnflagSave"
        android:layout_width="wrap_content"
        android:layout_height="wrap_content"
        android:layout_toLeftOf="@id/btnflagCancel"
        android:text="保存" />
</RelativeLayout>
</LinearLayout>
```

13.11.2 添加便签信息

在 com.mingrisoft.activity 包中创建一个 Accountflag.java 文件，该文件的布局文件设置为 accountflag.xml。在 Accountflag.java 文件中，首先创建类中需要用到的全局对象及变量，代码如下。

```java
EditText txtFlag;                               //创建EditText组件对象
Button btnflagSaveButton;                       //创建Button组件对象
Button btnflagCancelButton;                     //创建Button组件对象
```

在重写的 onCreate() 方法中，初始化创建的 EidtText 对象和 Button 对象，代码如下。

```java
txtFlag=(EditText) findViewById(R.id.txtFlag);                          //获取便签文本框
btnflagSaveButton=(Button) findViewById(R.id.btnflagSave);              //获取保存按钮
btnflagCancelButton=(Button) findViewById(R.id.btnflagCancel);          //获取取消按钮
```

填写完信息后，单击"保存"按钮，为该按钮设置监听事件，在监听事件中，使用 FlagDAO 对象的 add() 方法将用户的输入保存到便签信息表中，代码如下。

```java
btnflagSaveButton.setOnClickListener(new OnClickListener() {            //为保存按钮设置监听事件
    @Override
```

```
public void onClick(View arg0) {
    String strFlag= txtFlag.getText().toString();              //获取便签文本框的值
    if(!strFlag.isEmpty()){                                     //判断获取的值不为空
        FlagDAO flagDAO=new FlagDAO(Accountflag.this);          //创建FlagDAO对象
        //创建Tb_flag对象
        Tb_flag tb_flag=new Tb_flag(flagDAO.getMaxId()+1, strFlag);
        flagDAO.add(tb_flag);                                    //添加便签信息
        //弹出信息提示
        Toast.makeText(Accountflag.this,"【新增便签】数据添加成功!",Toast.LENGTH_SHORT).show();
    }else {
        Toast.makeText(Accountflag.this,"请输入便签！ ",Toast.LENGTH_SHORT).show();
    }
  }
});
```

13.11.3 清空便签文本框

单击"取消"按钮，清空便签文本框中的内容，代码如下。

```
btnflagCancelButton.setOnClickListener(new OnClickListener() {//为取消按钮设置监听事件
    @Override
    public void onClick(View arg0) {
        // TODO Auto-generated method stub
        txtFlag.setText("");                                    //清空便签文本框
    }
});
```

13.11.4 设计便签信息浏览布局文件

便签信息浏览窗体运行效果如图 13-12 所示。

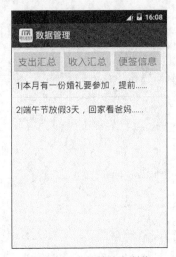

图 13-12　便签信息浏览

便签信息浏览功能是在数据管理窗体中实现的，该窗体的布局文件是 showinfo.xml，对应的 java 文件是 Showinfo.java，所以下面讲解时，会通过对 showinfo.xml 布局文件和 Showinfo.java 文件的讲解，来介绍便签信息浏览功能的实现过程。

在 res/layout 目录下新建一个 showinfo.xml，用来作为数据管理窗体的布局文件，该布局文件中可以调用支出/收入汇总图表和显示便签信息。showinfo.xml 布局文件使用 LinearLayout 结合 RelativeLayout 进行布局，在该布局文件中添加 3 个 Button 组件和一个 ListView 组件，代码如下。

```xml
<LinearLayout xmlns:android="http://schemas.android.com/apk/res/android"
    android:id="@+id/iteminfo" android:orientation="vertical"
    android:layout_width="wrap_content" android:layout_height="wrap_content"
    android:layout_marginTop="5dp"
    android:weightSum="1">
    <LinearLayout android:id="@+id/linearLayout1"
        android:layout_height="wrap_content"
        android:layout_width="match_parent"
        android:orientation="vertical"
        android:layout_weight="0.06">
        <RelativeLayout android:layout_height="wrap_content"
            android:layout_width="match_parent">
            <Button android:text="支出汇总"
                android:id="@+id/btnoutinfo"
                android:layout_width="wrap_content"
                android:layout_height="wrap_content"
                android:textSize="20dp"
                android:textColor="#8C6931"/>
            <Button android:text="收入汇总"
                android:id="@+id/btnininfo"
                android:layout_width="wrap_content"
                android:layout_height="wrap_content"
                android:layout_toRightOf="@id/btnoutinfo"
                android:textSize="20dp"
                android:textColor="#8C6931"
                />
            <Button android:text="便签信息"
                android:id="@+id/btnflaginfo"
                android:layout_width="wrap_content"
                android:layout_height="wrap_content"
                android:layout_toRightOf="@id/btnininfo"
                android:textSize="20dp"
                android:textColor="#8C6931"/>
        </RelativeLayout>
    </LinearLayout>
    <LinearLayout android:id="@+id/linearLayout2"
        android:layout_height="wrap_content"
        android:layout_width="match_parent"
        android:orientation="vertical"
        android:layout_weight="0.94">
        <ListView android:id="@+id/lvinfo"
            android:layout_width="match_parent"
            android:layout_height="match_parent"
            android:scrollbarAlwaysDrawVerticalTrack="true"/>
    </LinearLayout>
</LinearLayout>
```

13.11.5 显示所有的便签信息

在com.mingrisoft.activity包中创建一个Showinfo.java文件,该文件的布局文件设置为showinfo.xml。单击"便签信息"按钮,为该按钮设置监听事件,在监听事件中,调用ShowInfo()方法显示便签信息,代码如下。

```java
btnflaginfo.setOnClickListener(new OnClickListener() {    //为便签信息按钮设置监听事件
    @Override
    public void onClick(View arg0) {
        ShowInfo(R.id.btnflaginfo);                        //显示便签信息
    }
});
```

上面的代码中用到了 ShowInfo()方法,该方法为自定义的无返回值类型方法,主要用来根据传入的管理类型显示相应的信息,该方法中有一个 int 类型的参数,用来表示传入的管理类型,该参数的取值主要有 R.id.btnoutinfo、R.id.btnininfo 和 R.id.btnflaginfo 等 3 个值,分别用来显示支出信息、收入信息和便签信息。ShowInfo()方法代码如下。

```java
private void ShowInfo(int intType) {                // 用来根据传入的管理类型,显示相应的信息
    String[] strInfos = null;                       // 定义字符串数组,用来存储收入信息
    ArrayAdapter<String> arrayAdapter = null;       // 创建ArrayAdapter对象
    Intent intent = null;                           // 创建Intent对象
    switch (intType) {                              // 以intType为条件进行判断
     case R.id.btnoutinfo:                          // 如果是支出按钮btnoutinfo
        strType = "outinfo";                        // 为strType变量赋值
        // 使用TotalChart窗口初始化Intent对象
        intent = new Intent(Showinfo.this, TotalChart.class);
        intent.putExtra("passType", strType);       // 设置要传递的数据
        startActivity(intent);                      // 执行Intent,打开相应的Activity
        break;
     case R.id.btnininfo:                           // 如果是收入按钮btnininfo
        strType = "ininfo";                         // 为strType变量赋值
        // 使用TotalChart窗口初始化Intent对象
        intent = new Intent(Showinfo.this, TotalChart.class);
        intent.putExtra("passType", strType);       // 设置要传递的数据
        startActivity(intent);                      // 执行Intent,打开相应的Activity
        break;
     case R.id.btnflaginfo:                         // 如果是btnflaginfo按钮
        strType = "btnflaginfo";                    // 为strType变量赋值
        FlagDAO flaginfo = new FlagDAO(Showinfo.this);  // 创建FlagDAO对象
        // 获取所有便签信息,并存储到List泛型集合中
        List<Tb_flag> listFlags = flaginfo.getScrollData(0,
                    (int) flaginfo.getCount());
        strInfos = new String[listFlags.size()];    // 设置字符串数组的长度
        int n = 0;// 定义一个开始标识
        for (Tb_flag tb_flag : listFlags) {         // 遍历List泛型集合
            // 将便签相关信息组合成一个字符串,存储到字符串数组的相应位置
            strInfos[n] = tb_flag.getid() + "|" + tb_flag.getFlag();
            if (strInfos[n].length() > 15)          // 判断便签信息的长度是否大于15
                // 将位置大于15之后的字符串用……代替
                strInfos[n] = strInfos[n].substring(0, 15) + "……";
            n++;                                    // 标识加1
```

```
            }
            // 使用字符串数组初始化ArrayAdapter对象
            arrayAdapter = new ArrayAdapter<String>(this,
                    android.R.layout.simple_list_item_1, strInfos);
            lvinfo.setAdapter(arrayAdapter);                    // 为ListView列表设置数据源
            break;
        }
}
```

13.11.6 单击指定项时打开详细信息

当用户单击 ListView 列表中的某条便签记录时，为其设置监听事件，在监听事件中，根据用户单击的便签信息的编号，打开相应的 Activity，代码如下。

```
lvinfo.setOnItemClickListener(new OnItemClickListener(){      //为ListView添加项单击事件
    //重写onItemClick()方法
    @Override
    public void onItemClick(AdapterView<?> parent, View view, int position, long id){
        String strInfo=String.valueOf(((TextView) view).getText());  //记录单击的项信息
        String strid=strInfo.substring(0, strInfo.indexOf('|'));     //从项信息中截取编号
        Intent intent = null;                                        //创建Intent对象
        //判断如果是支出或者收入信息
        if (strType=="btnoutinfo" | strType=="btnininfo") {
            //使用InfoManage窗口初始化Intent对象
            intent=new Intent(Showinfo.this, InfoManage.class);
            intent.putExtra(FLAG, new String[]{strid,strType});      //设置要传递的数据
        }
        else if (strType=="btnflaginfo") {                           //判断如果是便签信息
            //使用FlagManage窗口初始化Intent对象
            intent=new Intent(Showinfo.this, FlagManage.class);
            intent.putExtra(FLAG, strid);                            //设置要传递的数据
        }
        startActivity(intent);                                       //执行Intent，打开相应的Activity
    }
});
```

13.11.7 设计修改/删除便签布局文件

修改/删除便签信息窗体运行效果如图 13-13 所示。

图 13-13 修改/删除便签信息

在 res/layout 目录下新建一个 flagmanage.xml，用来作为修改、删除便签信息窗体的布局文件，该布局文件使用 LinearLayout 结合 RelativeLayout 进行布局，在该布局文件中添加 2 个 TextView 组件、1 个 EditText 组件和 2 个 Button 组件，实现代码如下。

```xml
<LinearLayout xmlns:android="http://schemas.android.com/apk/res/android"
    android:id="@+id/flagmanage"
    android:orientation="vertical"
    android:layout_width="fill_parent"
    android:layout_height="fill_parent"
    >
    <LinearLayout
        android:orientation="vertical"
        android:layout_width="fill_parent"
        android:layout_height="fill_parent"
        android:layout_weight="3"
        >
        <TextView
            android:layout_width="wrap_content"
            android:layout_gravity="center"
            android:gravity="center_horizontal"
            android:text="便签管理"
            android:textSize="40sp"
            android:textStyle="bold"
            android:layout_height="wrap_content"/>
    </LinearLayout>
    <LinearLayout
        android:orientation="vertical"
        android:layout_width="fill_parent"
        android:layout_height="fill_parent"
        android:layout_weight="1"
        >
        <RelativeLayout android:layout_width="fill_parent"
            android:layout_height="fill_parent"
            android:padding="5dp"
            >
            <TextView android:layout_width="350dp"
                android:id="@+id/tvFlagManage"
                android:textSize="23sp"
                android:text="请输入便签，最多输入200字"
                android:textColor="#8C6931"
                android:layout_alignParentRight="true"
                android:layout_height="wrap_content"
            />
            <EditText
                android:id="@+id/txtFlagManage"
                android:layout_width="350dp"
                android:layout_height="400dp"
                android:layout_below="@id/tvFlagManage"
                android:gravity="top"
                android:singleLine="false"
            />
```

```xml
                </RelativeLayout>
        </LinearLayout>
        <LinearLayout
            android:orientation="vertical"
            android:layout_width="fill_parent"
            android:layout_height="fill_parent"
            android:layout_weight="3"
            >
            <RelativeLayout android:layout_width="fill_parent"
                android:layout_height="fill_parent"
                android:padding="10dp"
                >
                <Button
                    android:id="@+id/btnFlagManageDelete"
                    android:layout_width="80dp"
                    android:layout_height="wrap_content"
                    android:layout_alignParentRight="true"
                    android:layout_marginLeft="10dp"
                    android:text="删除"
                    />
                Button
                    android:id="@+id/btnFlagManageEdit"
                    android:layout_width="80dp"
                    android:layout_height="wrap_content"
                    android:layout_toLeftOf="@id/btnFlagManageDelete"
                    android:text="修改"
                    android:maxLength="200"
                    />
            </RelativeLayout>
        </LinearLayout>
</LinearLayout>
```

13.11.8 显示指定编号的便签信息

在com.mingrisoft.activity包中创建一个FlagManage.java文件,该文件的布局文件设置为flagmanage.xml。在FlagManage.java文件中,首先创建类中需要用到的全局对象及变量,代码如下。

```
EditText txtFlag;                                           //创建EditText对象
Button btnEdit,btnDel;                                      //创建两个Button对象
String strid;                                               //创建字符串,表示便签的id
```

在重写的onCreate()方法中,初始化创建的EidtText对象和Button对象,代码如下。

```
txtFlag=(EditText) findViewById(R.id.txtFlagManage);        //获取便签文本框
btnEdit=(Button) findViewById(R.id.btnFlagManageEdit);      //获取修改按钮
btnDel=(Button) findViewById(R.id.btnFlagManageDelete);     //获取删除按钮
```

在重写的onCreate()方法中,初始化各组件对象后,使用字符串记录传入的id,并根据该id显示便签信息,代码如下。

```
Intent intent=getIntent();                                  //创建Intent对象
Bundle bundle=intent.getExtras();                           //获取便签id
strid=bundle.getString(Showinfo.FLAG);                      //将便签id转换为字符串
final FlagDAO flagDAO=new FlagDAO(FlagManage.this);         //创建FlagDAO对象
//根据便签id查找便签信息,并显示在文本框中
```

txtFlag.setText(flagDAO.find(Integer.parseInt(strid)).getFlag());

13.11.9 修改便签信息

当用户修改完显示的便签信息后,单击"修改"按钮,调用FlagDAO对象的update()方法修改便签信息。代码如下。

```
btnEdit.setOnClickListener(new OnClickListener() {         //为修改按钮设置监听事件
    @Override
    public void onClick(View arg0) {
        Tb_flag tb_flag=new Tb_flag();                     //创建Tb_flag对象
        tb_flag.setid(Integer.parseInt(strid));            //设置便签id
        tb_flag.setFlag(txtFlag.getText().toString());     //设置便签值
        flagDAO.update(tb_flag);                           //修改便签信息
        //弹出信息提示
        Toast.makeText(FlagManage.this,"〖便签数据〗修改成功!",Toast.LENGTH_SHORT).show();
    }
});
```

13.11.10 删除便签信息

单击"删除"按钮,调用FlagDAO对象的detele()方法删除便签信息,并弹出信息提示。代码如下。

```
btnDel.setOnClickListener(new OnClickListener() {          //为删除按钮设置监听事件
    @Override
    public void onClick(View arg0) {
        flagDAO.detele(Integer.parseInt(strid));           //根据指定的id删除便签信息
        Toast.makeText(FlagManage.this,"〖便签数据〗删除成功!", oast.LENGTH_SHORT).show();
    }
});
```

13.12 系统设置模块设计

系统设置模块主要对个人理财通中的登录密码进行设置,系统设置窗体运行结果如图13-14所示。

图 13-14 系统设置

在系统设置模块中，可以将登录密码设置为空。

13.12.1 设计系统设置布局文件

在 res/layout 目录下新建一个 sysset.xml，用来作为系统设置窗体的布局文件，该布局文件中，将布局方式修改为 RelativeLayout，然后添加一个 TextView 组件、一个 EditText 组件和两个 Button 组件，实现代码如下：

```xml
<RelativeLayout xmlns:android="http://schemas.android.com/apk/res/android"
    xmlns:tools="http://schemas.android.com/tools"
    android:layout_width="match_parent"
    android:layout_height="match_parent"
    android:padding="5dp"
    android:paddingBottom="@dimen/activity_vertical_margin"
    android:paddingLeft="@dimen/activity_horizontal_margin"
    android:paddingRight="@dimen/activity_horizontal_margin"
    android:paddingTop="@dimen/activity_vertical_margin"
    tools:context="com.mingrisoft.MainActivity" >
    <!-- 添加"请输入密码"文本框 TextView-->
    <TextView android:id="@+id/tvPwd"
        android:layout_width="wrap_content"
        android:layout_height="wrap_content"
        android:text="请输入密码："
        android:textSize="25sp"
        android:textColor="#8C6931"
        />
    <!-- 添加输入密码的编辑框EditText -->
    <EditText android:id="@+id/txtPwd"
        android:layout_width="match_parent"
        android:layout_height="wrap_content"
        android:layout_below="@id/tvPwd"
        android:inputType="textPassword"
        android:hint="请输入密码"
        />
    <!-- 添加"取消"按钮 -->
    <Button android:id="@+id/btnsetCancel"
        android:layout_width="wrap_content"
        android:layout_height="wrap_content"
        android:layout_below="@id/txtPwd"
        android:layout_alignParentRight="true"
        android:layout_marginLeft="10dp"
        android:text="取消"
        />
    <!-- 添加"设置"按钮 -->
    <Button android:id="@+id/btnSet"
        android:layout_width="wrap_content"
```

```xml
        android:layout_height="wrap_content"
        android:layout_below="@id/txtPwd"
        android:layout_toLeftOf="@id/btnsetCancel"
        android:text="设置"
    />
</RelativeLayout>
```

13.12.2 设置登录密码

在 com.mingrisoft.activity 包中创建 1 个 Sysset.java 文件，该文件的布局文件设置为 sysset.xml。在 Sysset.java 文件中，首先创建 1 个 EidtText 对象和 2 个 Button 对象，代码如下。

```
EditText txtpwd;                                              //创建EditText对象
Button btnSet,btnsetCancel;                                   //创建两个Button对象
```

在重写的 onCreate()方法中，初始化创建的 EidtText 对象和 Button 对象，代码如下。

```
txtpwd=(EditText) findViewById(R.id.txtPwd);                  //获取密码文本框
btnSet=(Button) findViewById(R.id.btnSet);                    //获取设置按钮
btnsetCancel=(Button) findViewById(R.id.btnsetCancel);        //获取取消按钮
```

当用户单击"设置"按钮时，为"设置"按钮添加监听事件，在监听事件中，首先创建 PwdDAO 类的对象和 Tb_pwd 类的对象，然后判断数据库中是否已经设置密码，如果没有，则添加用户密码；否则，修改用户密码，最后弹出提示信息。代码如下。

```java
btnSet.setOnClickListener(new OnClickListener() {              //为设置按钮添加监听事件
    @Override
    public void onClick(View arg0) {
        PwdDAO pwdDAO=new PwdDAO(Sysset.this);                 //创建PwdDAO对象
        //根据输入的密码创建Tb_pwd对象
        Tb_pwd tb_pwd=new Tb_pwd(txtpwd.getText().toString());
        if(pwdDAO.getCount()==0){                              //判断数据库中是否已经设置了密码
            pwdDAO.add(tb_pwd);                                //添加用户密码
        }
        else {
            pwdDAO.update(tb_pwd);                             //修改用户密码
        }
        //弹出信息提示
        Toast.makeText(Sysset.this, "〖密码〗设置成功！", Toast.LENGTH_SHORT).show();
    }
});
```

13.12.3 重置密码文本框

单击"取消"按钮，清空密码文本框，并为其设置初始提示，代码如下。

```java
btnsetCancel.setOnClickListener(new OnClickListener() {
    @Override
    public void onClick(View arg0) {
        // TODO Auto-generated method stub
        txtpwd.setText("");                                    //清空密码文本框
        txtpwd.setHint("请输入密码");                          //为密码文本框设置提示
    }
});
```

小 结

本章重点讲解了个人理财通系统中关键模块的开发过程。通过对本章的学习，读者应该能够熟悉软件的开发流程，并重点掌握如何在 Android 项目中对多个不同的数据表进行添加、修改、删除以及查询等操作；另外，读者还应该掌握如何使用多种布局管理器对 Android 程序的界面进行布局。

第14章
课程设计——简易打地鼠游戏

本章要点：

掌握Android简单游戏的开发过程 ■
掌握FrameLayout（帧布局管理器）
的使用 ■
掌握使用Thread线程和Handler消息
处理技术更新UI界面 ■
提高应用的开发能力，能够运用合理的
控制流程编写高效的代码 ■
培养分析问题、解决实际问题的能力 ■

■ 本章以"简易打地鼠"作为这一学期的课程设计之一，本次课程设计旨在提升学生的动手能力，加强大家对专业理论知识的理解和实际应用。

14.1 功能概述

打地鼠游戏大家应该都不会陌生，无论是在游戏机上，还是在手机上，都可能玩过这样的游戏。在本课程设计中将实现这样一个打地鼠游戏：在窗体上放置一张有多个"洞穴"的背景图片，然后在每个洞穴处随机显示地鼠，用户可以用鼠标点击或者触摸出现的地鼠，如果点击或者触摸到了，则该地鼠将不再显示，同时在屏幕上通过消息提示框显示打到了几只地鼠，如图 14-1 所示。

配置使用说明

图 14-1　打地鼠游戏主界面

14.2 设计思路

实现打地鼠游戏应用的主要技术是 FrameLayout（帧布局管理器）、ImageView（图像视图）组件、Thread 线程和 Handler 消息处理技术。简易打地鼠的具体要求设计思路如下。

（1）布局界面。在打地鼠游戏的布局文件中，首先放置一个 FrameLayout 帧布局管理器，并为其设置背景图片，作为打地鼠游戏的背景（包括洞穴），然后在这个帧布局管理器中放置一个用于显示地鼠的 ImageView 组件。

（2）记录洞穴的位置。创建一个二维数组，用于保存每个洞穴的位置坐标。

（3）控制地鼠随机出现。在实现控制地鼠随机出现时，首先创建一个 Thread 线程对象，并且在该线程中每隔一段时间（随机产生间隔时间）随机获取一个地鼠出现的位置，然后将这个位置保存到 Message 对象中，并调用 sendMessage() 方法发送，接下来再创建一个 Handler 对象，获取消息中保存的地鼠位置的索引值，并设置地鼠在获取的位置显示。

（4）记录打到地鼠的个数。获取布局文件中添加的 ImageView 组件，并为其设置 OnTouchListener 触摸监听器，在重写的 onTouch() 方法中，首先设置组件不显示，然后累加计数器的值，再通过 Toast 消息提示框显示。

14.3 设计过程

在实现打地鼠游戏时，大致需要分为搭建开发环境、准备资源、布局页面和实现代码等 4 个部分，下面进行详细介绍。

14.3.1 搭建开发环境

本程序的开发环境及运行环境具体如下。
- 操作系统：Windows 7。
- JDK 环境：Java SE Development KET(JDK) version 7。
- 开发工具：Eclipse 4.4.2+Android 5.0。
- 开发语言：Java、XML。
- 运行平台：Windows、Linux 各版本。

14.3.2 准备资源

在实现本实例前，首先需要准备游戏中所需的图片资源，这里共包括图标、一张游戏背景图片以及一张地鼠图片，如图 14-2 所示，并把它们放置在项目根目录下的 res/drawable-mdpi/文件夹中，放置后的效果如图 14-3 所示。

图 14-2　准备的 3 张图片　　　　　图 14-3　放置后的图片资源

将图片资源放置到 drawable-mdpi 文件夹后，系统将自动在 gen 目录下的 com.mingrisoft 包中的 R.java 文件中添加对应的图片 id。打开 R.java 文件，可以看到下面的图片 id：

```
public static final class drawable {
    public static final int background=0x7f020000;
    public static final int ic_launcher=0x7f020001;
    public static final int mouse=0x7f020002;
}
```

 ic_launcher.png 是创建 Android 程序时自动生成的图片文件。

14.3.3 布局页面

修改新建项目的 res/layout 目录下的布局文件 activity_main.xml，首先将默认添加的相对布局管理器和 TextView 组件删除，然后添加一个帧布局管理器，并为其设置背景图片，最后在该布局管理器中添加一个用于显示地鼠的 ImageView 组件，并设置其显示一张地鼠图片，关键代码如下。

```xml
<FrameLayout xmlns:android="http://schemas.android.com/apk/res/android"
    android:id="@+id/fl"
    android:background="@drawable/background"
    android:layout_width="match_parent"
    android:layout_height="match_parent">
    <ImageView
        android:id="@+id/imageView1"
        android:layout_width="wrap_content"
        android:layout_height="wrap_content"
        android:src="@drawable/mouse" />
</FrameLayout>
```

14.3.4 实现代码

（1）首先在 MainActivity 中声明程序中所需的成员变量，具体代码如下。

```java
private int i = 0;                                  // 记录其打到了几只地鼠
private ImageView mouse;                            // 声明一个ImageView对象
private Handler handler;                            // 声明一个Handler对象
public int[][] position = new int[][] { { 95, 134 }, { 369, 117 },
    { 231, 99 }, { 240, 119 }, { 323, 93 }, { 350, 151 },
    { 181, 146 } };                                 // 创建一个表示地鼠位置的数组
```

（2）创建并开启一个新线程，在重写的 run() 方法中，创建一个记录地鼠位置的索引值的变量，并实现一个循环，在该循环中，首先生成一个随机数，并获取一个 Message 对象，然后将生成的随机数作为地鼠位置的索引值保存到 Message 对象中，再为该 Message 设置一个消息标识，并发送消息，最后让线程休眠一段时间（该时间随机产生），具体代码如下。

```java
Thread t = new Thread(new Runnable() {
    @Override
    public void run() {
        int index = 0;                              // 创建一个记录地鼠位置的索引值
        while (!Thread.currentThread().isInterrupted()) {
            index = new Random().nextInt(position.length);  // 产生一个随机数
            Message m = handler.obtainMessage();    // 获取一个Message
            m.arg1 = index;                         // 保存地鼠标位置的索引值
            m.what = 0x101;                         // 设置消息标识
            handler.sendMessage(m);                 // 发送消息
            try {
                Thread.sleep(new Random().nextInt(500) + 500);  // 休眠一段时间
            } catch (InterruptedException e) {
                e.printStackTrace();
            }
        }
    }
```

```
});
    t.start();                                                              // 开启线程
```

（3）创建一个 Handler 对象，在重写的 handleMessage()方法中，首先定义一个记录地鼠位置索引值的变量，然后使用 if 语句根据消息标识判断是否为指定的消息，如果是，则获取消息中保存的地鼠位置的索引值，并设置地鼠在指定位置显示，具体代码如下。

```
handler = new Handler() {
    @Override
    public void handleMessage(Message msg) {
        int index = 0;
        if (msg.what == 0x101) {
            index = msg.arg1;                                    // 获取位置索引值
            mouse.setX(position[index][0]);                      // 设置X轴位置
            mouse.setY(position[index][1]);                      // 设置Y轴位置
            mouse.setVisibility(View.VISIBLE);                   // 设置地鼠显示
        }
        super.handleMessage(msg);
    }
};
```

（4）获取布局管理器中添加的 ImageView 组件，并为该组件添加触摸监听器，在重写的 onTouch()方法中，首先设置地鼠不显示，然后将 *i* 的值+1，再通过消息提示框显示打到了几只地鼠，具体代码如下：

```
mouse = (ImageView) findViewById(R.id.imageView1);               // 获取ImageView对象
mouse.setOnTouchListener(new OnTouchListener() {
    @Override
    public boolean onTouch(View v, MotionEvent event) {
        v.setVisibility(View.INVISIBLE);                         // 设置地鼠不显示
        i++;
        Toast.makeText(MainActivity.this, "打到[ " + i + " ]只地鼠！ ",
                Toast.LENGTH_SHORT).show();                      // 显示消息提示框
        return false;
    }
});
```

（5）在 AndroidManifest.xml 文件的<activity>标记中使用 android:screenOrientation 属性，设置采用横屏模式，关键代码如下：

```
<activity
    android:name=".MainActivity"
    android:screenOrientation="landscape"
    android:label="@string/app_name" >
```

14.4 运行调试

项目开发完成后，就可以在模拟器中运行该项目了。在"项目资源管理器"中选择项目名称节点，并在该节点上单击鼠标右键，在弹出的快捷菜单中选择"运行方式"/"Android Application"菜单项，即可在 Android 模拟器中运行该程序。运行程序，在屏幕上将随机显示地鼠，触摸地鼠后，该地鼠将不显示，同时在屏幕上通过消息提示框显示打到了几只地鼠，如图 14-4 所示。

图 14-4 打地鼠游戏

 在模拟器上运行程序时，可以使用数字键盘上的 7 或 9 进行横屏和竖模模式切换。

14.5 课程设计总结

本章通过一个打地鼠小游戏，重点演示了线程消息处理技术在实际中的应用，线程消息处理技术在实际开发中经常用到，所以大家应该熟练掌握该游戏的开发过程，并通过对该游戏的学习，掌握线程消息处理技术的使用；另外，通过完成本课程设计，读者还可以巩固前面所学到的 Android 界面布局、资源文件及常用组件等知识。